제주 오름 여행

제주 오름 여행

지은이 문신희·문신기

초판 발행일 2021년 12월 5일
개정판 발행일 2025년 5월 1일

기획 및 발행 유명종
편집 이지혜
디자인 이다혜, 이민
조판 신우인쇄
용지 에스에이치페이퍼
인쇄 신우인쇄

발행처 디스커버리미디어
출판등록 제 2021-000025호(2004. 02. 11)
주소 서울시 마포구 연남로5길 32, 202호
전화 02-587-5558

ISBN 979-11-88829-51-4 13980

*사진을 제공해준 제주특별자치도청과 제주관광공사, 임재영 기자님, 강경필 작가님, 빈중권 작가님,
송인희 작가님, 이다혜 작가님, 정용혁 작가님, 그 외 모든 분들께 감사드립니다.
편집상 크게 사용한 사진에만 카피라이트 표기했음을 밝힙니다.

제주 오름 여행

제주의 자연을 가장 특별하게 경험하는 여정

디스커버리미디어

오름과 주변 명소·맛집·카페 지도

함덕해수욕장
잠녀해녀촌
너븐숭이
4.3기념관
1132
서우봉
카페 델문도
구좌읍
조천읍
종달리수국길
1112
우도
1136
지미봉
술의 식물원
비자림
구좌지앵
모뉴에트
두산봉
오름나그네
치저스
다랑쉬오름
선녀와 나무꾼
안돌오름
아끈다랑쉬오름
비밀의 숲
맛나식당
아부오름
높은오름
제주레일
바이크
성산
일출봉
부대오름
거문오름
손지오름
스누피가든
광치기해변
선흘 민오름
동검은이오름
블루보틀제주
가시아방국수
부소오름
성산읍
절물오름
성미가든
산굼부리
백약이오름
좌보미오름
비치미
오름
청초밭
섭지코지
렛츠런팜
제주
개오름
허브올레
큰사슴이
오름
보롬왓
1132
붉은오름
영주산
정석
항공관
목장카페
드르쿰다
물찻오름
유채꽃
프라자
사려니숲길
성판악탐방로
성읍민속
마을
영아리오름
녹산로
따라비오름
사라오름
1131
조랑말체험
공원
김영갑 갤러리
두모악
물영아리오름
가시식당
나목도식당
아줄레주
수악길
이승악
표선면
97
수악
서귀다원
휴애리자연생활공원
동백포레스트
영천악
제주농업생태원
남원읍
칡오름
서귀포
감귤박물관
효돈천
베케
쇠소깍
테라로사
제지기오름
거리식당
보목해녀의집

지은이의 말

개정증보판을 내면서

〈제주 오름 여행〉을 낸 지 4년 만에 개정판을 냅니다. 책을 낸 뒤에도 틈틈이 오름에 올랐습니다. 매혹적인 오름의 곡선, 신비한 분화구와 그림 같은 들판, 그 들판 위에 배처럼 떠 있는 또 다른 오름들은 여전히 아름다웠습니다. 오름 사이 사이에 콩테로 그려놓은 것 같은 돌담과 바람에 흔들리는 억새, 평화로워 보이는 소와 말들의 풍경 또한 여전했습니다. 개정증보판에 우도와 성산일출봉 전망 명소로 많이 알려진 동부의 두산봉을 추가했습니다.

오름은 제주도 사람 내면에 자리 잡은, 이름만 들어도 가슴이 설레는 마음의 고향 같은 곳입니다. 오름은 작은 산을 뜻하는 제주 사투리로, 제주도와 동시에 탄생한 368개의 기생화산을 일컫습니다. 한라산이 제주의 아버지라면 오름은 제주를 키워낸 어머니입니다. 사람들은 오름 곁에서 농사를 짓고, 소와 말을 기르고, 약초와 식수를 구하며 살았습니다. 그리고 죽어서는 오름에 묻혔습니다. 오름이 제주도이고 제주도가 오름입니다.

저희 형제에게도 오름은 중요한 삶의 무대였습니다. 어린 시절 서귀포의 산매봉은 단골 소풍 장소였고, 송악산의 넓은 초지는 가족 나들이 명소였으며, 명절에는 산소가 있는 모슬봉을 꼭 찾았습니다. 과거나 지금이나 오름에 기대어 살아가는 제주도민의 모습은 변하지 않았습니다.

이 책은 가장 인기가 많은 오름 64개를 담은 오름 여행 가이드북입니다. 제주를 대표하고 접근성이 좋으며 독특한 미학을 보여주는 오름을 담았습니다. 각 오름이 품고 있는 이야기와 함께 제주 문화와 역사, 자연 그리고 오름 찾아가는 법, 등산로 정보, 오를 때 필요한 사항, 주변 편의 시설 등 다양한 정보까지 담으려고 노력했습니다. 여기에 더해 현지인이기에 더 잘 아는 로컬 명소, 맛집, 카페 정보 그리고 SNS의 핫스폿까지 다양하게 담았습니다. 오름을 올라 제주의 자연을 느끼고 내려와서는 로컬 명소와 음식, 제주의 과거 혹은 현재의 문화를 느껴보시길 바랍니다. 조금은 특별한 제주를 만나고 느끼게 될 거라 믿어 의심치 않습니다.

마지막으로 멋진 개정판을 책을 낼 수 있게 도와주신 유명종 편집장님, 이지혜 팀장님, 디자이너 이다혜 님 외 디스커버리미디어 식구들에게 감사드립니다. 늘 세상에서 든든한 지원군이 되어준 부모님과 가족에게 감사의 말씀을 전하고 늘 묵묵하게 응원해 주는 벗들에게도 고마운 마음을 전합니다. 아울러 이 책을 선택한 모든 독자에게 고개 숙여 깊은 감사 인사를 드립니다. 그리고 섬 제주에게 감사한 마음을 다시 한번 가슴에 새겨봅니다.

2025년 봄, 서귀포에서

문신희·문신기

목차

PART 4

제주 서부 오름 애월읍·한림읍·한경면·대정읍

PART 5

제주 동부 오름 구좌읍·성산읍·표선면

PART 6
제주 남부 오름 안덕면·서귀포시·남원읍

PART 7
한라산의 오름 백록담·사라오름·윗세오름·어승생악

PART 1

오름 여행 설명서

알면 더 볼 수 있고, 더 느끼며 즐길 수 있다. '오름 여행 설명서'를 준비한 까닭이다. 오름이 언제 어떤 과정을 거쳐 생겼는지, 자연휴식년제를 실시하는 오름 리스트, 오름 여행을 위한 복장과 준비물을 준비했다. 당신의 오름 여행이 특별하고 즐겁길 기대한다

©제주도청

오름 미리 알기

오름에 관해 알고 싶은 두세 가지 것들

오름은 산 또는 봉우리를 뜻하는 제주어이다. 전문 용어로는 소형화산체, 측화산, 기생화산이라고 부른다. 오름의 생김새는 제법 다양하다. 산정에 동그란 분화구를 품은 오름이 있는가 하면, 거문오름 같은 말굽형 분화구도 많다. 거대한 싱크홀, 정상의 분화구는 아름다움을 넘어 신비롭기까지 하다. 오름 속으로 한 걸음 더 들어가 보자. 알면 더 많이 보고 더 많이 느낄 수 있으므로.

오름이 뭐예요?

새별, 아부, 용눈이, 산방산, 송악산, 다랑쉬, 성산일출봉……. 제주도는 오름의 왕국이다. 이 아름다운 섬은 무려 368개 오름을 알처럼 제 가슴에 품고 있다. 오름은 산 또는 봉우리를 뜻하는 제주어이다. 학술적으로는 측화산, 기생화산이라고 부른다. 커다란 화산체한라산 언저리 또는 옆에 가까이 있다고 해서 이렇게 부른다. 형성 과정에 의미를 두고 '분석구'라고 부르기도 한다. 오름은 지표면 가까이에 있는 마그마가 분출하여 생겼는데, 이때 하늘 높이 솟은 돌분석이 분화구 둘레에 쌓이면서 생긴 언덕이다. 이 분출한 돌, 즉 분석을 제주도에서는 '송이'라고 부른다.
분화구 둘레에 쌓인 송이는 시간이 지남에 따라 작은 알갱이가 되고, 나중에는 더 작아져 흙이 되었다. 바람은

풀과 꽃과 나무 씨앗을 오름에게 날라다 주었고, 하늘은 햇빛과 비를 내려 식물이 잘 자라게 도와주었다. 마그마, 송이, 바람, 비, 햇빛, 들꽃, 억새 그리고 숱한 삼나무와 소나무! 우리가 지금 보고 있는 신비로운 오름을 만든 건 9할이 자연이었다.

한라산이 먼저 생겼다

오름은 제주도 화산체의 막내이다. 한라산 자락에 깃든 소형화산체라는 의미에서도 그렇지만, 형성 시기에서도 그렇다. 주요 분화구, 즉 한라산 백록담이 분출을 마친 뒤 생긴 까닭이다. 다만, 산방산·수월봉·성산일출봉 등 서귀포 권역의 일부 수성화산체바닷속에서 폭발해서 생긴 오름는 한라산보다 먼저 생겼다. 백록담이 생기고 얼마나 흘렀을까. 어느 날 갑자기, 한라산 밑에 있던 마그마가 약한 지반을 뚫고 지상으로 올라왔다. 화산은 불꽃 축제라도 벌이듯 제주도 곳곳에서 분출했다. 300개가 넘는 오름이 대부분 이때 태어났다. 제주도처럼 주요 화산 근처에서 수백 개 측화산이 폭발한 예는 세계적으로도 아주 이례적이다.

한라산은 이름이 무척 시적이다. 한자어를 풀면 은하수를 잡을 수 있는 산이다. 한라산이 처음 생긴 건 약 20만 년 전이다. 하지만 지금의 한라산과는 생김새가 크게 달랐다. 높이는 1600m. 지리산은 물론 설악산보다 낮은 평범한 봉우리였다. 마그마는 약 20만 년을 더 뜸을 들이다, 그러니까 지금으로부터 약 2만5천 년 전, 마침내 남한에서 제일 높은 산과 신비로운 산정호수를 만들어 주었다. 우리 조상들은 하늘 높이 솟은 산에 '한라'라는 멋진 이름을, 산정호수엔 '백록담'이라는 문학적인 이름을 지어주었다. 화산은 우리에게 은하수를 잡을 수 있는 산과 흰 사슴이 사는 아름다운 호수를 선물해 주었다.

뒤이어 오름이 나타났다

백록담이 생기고 얼마 지나지 않아 마그마는 제주도 전역에서 마지막 불꽃 축제를 벌였다. 이 무렵 368개 오름과 수많은 용암동굴이 생겨났다. 약 2만 5천 년 전이었다. 오름 생김새는 제법 다양하다. 성산일출봉, 금오름, 물찻오름, 아부오름처럼 산정에 동그란 분화구를 품은 오름이 있는가 하면, 거문오름 같은 말굽형 분화구도 많다. 말굽형 오름은 용암이 흘러내려 분화구가 한쪽이 터진 형태를 말한다. 또 송악산처럼 시간 차이를 두고 연속으로 분화한 이중 분화구 오름도 있다. 또 분화구 없는 오름도 많은데, 이는 마그마의 에너지가 약해 분출하기 전에 사그라든 까닭이다.

한라산이 제주도의 아버지라면, 바다와 오름은 제주도를 살린 어머니이다. 제주도 사람들은 오름 기슭에서 말과 소를 키웠다. 화전을 일구고 밭농사를 지었다. 고사리와 약초, 산채를 뜯었다. 물을 구했고, 지붕을 덮을 풀을 베었다. 풍년과 풍어를 비는 제사를 지냈고, 비상시 오름은 봉수대 역할도 했다.

오름은 무척 신비롭다. 밖에서 봐도 아름답지만, 정상에 올라 내려다보는 분화구는 아름다움을 넘어 신비롭기까지 하다. 게다가 오름은 제주도의 최고 전망대이다. 오름이 없어도 제주도는 아름다운 섬이다. 하지만 지금과 같은 최상급 섬은 되지 못했을 것이다. 제주에 가서, 특히 서부나 동부로 가서 아무 오름이나 올라가 보라. 푸르게 물결치는 오름 풍경은 신비롭고 감동적이다. 그 자체로 자연의 판타지이다. 오름은 제주의 풍경 미학을 완성해준다.

Travel Information

오름 여행자를 위한 탐방 정보

탐방 시간

한라산에 있는 몇몇 오름윗세오름, 사라오름, 물찻오름을 제외하면 대부분 입구에서 15~30분 남짓이면 정상에 오를 수 있다. 아부오름과 누운오름처럼 10분도 걸리지 않은 오름도 있다. 분화구 둘레를 걸어도 왕복 1시간~1시간 30분이면 충분하다.

최적 탐방 시기

탐방 최적 시기는 봄부터 가을까지이다. 겨울에도 가능하지만, 날씨와 풍경이 나머지 계절만 못하다. 눈이나 비가 올 때는 탐방로가 미끄럽고 시야감이 떨어진다.

탐방 준비물

운동화 또는 등산화, 모자, 선크림, 선글라스, 생수, 등산 스틱(선택), 간식, 휴대전화

탐방 복장

대부분 평상복 차림으로 오를 수 있다. 숲이 우거지고 풀, 억새가 많은 오름은 긴 팔 상·하의 차림이 좋다. 한라산의 오름을 오를 때는 등산복에 여벌 옷을 준비하는 게 좋다.

One More

출입 금지 오름 리스트

백약이오름 훼손이 심한 정상부만 자연휴식년제로 출입할 수 없다. 정상 부근의 나무 계단까지는 오를 수 있다. 정상 진입 금지 덕에 나무 계단이 포토 스폿이 되었다.

송악산 송악산엔 3개 정상 탐방로가 있다. 이 중에서 1코스, 2코스와 1, 2코스를 통해 오를 수 있는 제1전망대를 탐방할 수 있다. 3코스와 제2전망대는 2027년 7월 31일까지 출입할 수 없다.

물찻오름 2008년부터 자연휴식년제를 이어오고 있다. 매년 봄 4~5일 남짓 열리는 '사려니숲길 에코 힐링 체험' 행사https://www.facebook.com/saryeoni/ 기간에만 특별 개방한다. 개방 기간은 페이스북 페이지에서 확인하자.

돌오름 안덕면의 돌오름(도너리오름)은 2026년 12월31일까지 자연휴식년제 기간이어서 출입할 수 없다.

문석이오름 오름 전체가 사유지이다. 소유주 의사에 따라 출입할 수 없다.

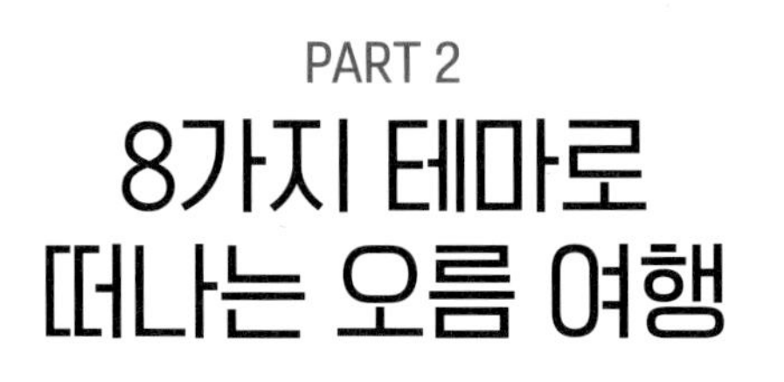

PART 2

8가지 테마로 떠나는 오름 여행

사람마다 개성과 매력이 다르듯 오름 또한 그러하다. 분화구가 아름다운 오름, 숲길이 매력적인 오름, 전망이 아름다운 오름, 꽃밭이 아름다운 오름, 인생 사진 찍기 좋은 오름……. 8가지 테마로 하는 오름 여행. 오름 맞춤 여행으로 당신을 초대한다.

OREUM 01

분화구가 아름다운 오름

성산일출봉 170p

제주 오름의 최고봉이다. 일출봉은 오름이지만 바다에서 분출했다는 점이 다른 오름과 다르다. 생김새가 성처럼 생겨 '성산'이라는 이름을 얻었다. 8만 평의 분화구는 넓고, 신비롭고, 장엄하다. 원래 본섬과 떨어진 섬이었으나, 파도에 밀려온 모래와 자갈이 쌓이면서 본섬과 연결됐다. 입구에서 정상까지는 25분 남짓 걸린다.

아부오름 180p

구좌읍 송당리에 있다. 5분이면 정상에 오를 수 있다. 높은오름, 민오름, 백약이오름, 당오름 등 수많은 오름이 동서남북으로 아부오름을 보호하고 있다. 아부오름의 유명세와 조형적인 아름다움은 선두 그룹에 속하지만, 원형경기장을 연상시키는 분화구가 특히 아름답다. 분화구 안에 원을 그리며 도넛 모양으로 자라는 삼나무가 인상적이다.

다랑쉬오름 192p

동부의 오름 군락 가운데 단연 손꼽히는 오름이다. 생김새가 인공적으로 만든 원형 삼각뿔 같다. 20분 남짓이면 정상에 닿는다. 꼭대기에 도착하면 거대한 깔때기 모양으로 움푹 파인 장엄하고 아름다운 분화구가 여행자를 맞이한다. 깊이 115m로 백록담과 같고, 둘레는 무려 1,500m나 된다. 내려다보면 웅장한 분화구에 압도된다.

OREUM 02

숲길이 아름다운 오름

절물오름 56p

절물오름에 가기 위해서는 절물자연휴양림을 거쳐야 한다. 우리나라에서 가장 많은 여행자가 방문하는 휴양림으로, 입구부터 수령 40년이 넘은 삼나무가 울창한 숲을 이루고 있다. 걷기만 해도 저절로 힐링이 된다. 이 길을 10분쯤 걸으면 오름 입구가 나온다. 20분쯤 걸으면 정상에 닿는다. 오름 군락과 웅장한 한라산이 손에 잡힐 듯 다가온다.

물찻오름 72p

물찻오름에 가려면 사려니숲길을 지나야 한다. 사려니숲길은 우리나라의 최고 힐링 숲길이다. 산소의 질이 가장 좋다는 해발 500m에 있다. 삼나무, 졸참나무와 서어나무, 때죽나무, 편백나무가 울창하고, 단풍나무도 무성하다. 비자림로 사려니숲길 입구에서 4.7km, 붉은오름 입구에서 3.5km를 걸으면 물찻오름 입구가 나온다.

붉은오름 210p

붉은오름은 오름을 덮고 있는 돌과 흙이 붉은빛을 띠어 이런 이름을 얻었다. 붉은오름의 가장 큰 매력은 휴양림을 품고 있다는 점이다. 2백만 평 면적에 숙박 시설, 유아 숲체원, 목재문화체험장 등을 갖추고 있다. 또 하나의 매력은 아름다운 숲길이다. 삼나무와 소나무가 울창한 숲을 이루고 있다. 나무 데크와 야자수 매트 길이라 걷기도 좋다.

©제주도청

OREUM 03 전망이 아름다운 오름

높은오름 198p

제주 동부의 최고 오름 전망대이다. 해발 높이 405m, 순수 오름 높이 175m로 입구에서 25분 남짓이면 정상에 닿는다. 정상에 서면 오름 군락이 장엄하게 물결친다. 당오름, 아부오름, 백약이오름, 좌보미오름, 동검은이오름(거미오름)을 거쳐 손지오름, 용눈이오름, 다랑쉬오름까지 오름의 파노라마가 감동적으로 펼쳐진다.

송악산 156p

으뜸 절경을 품은 바닷가 오름이다. 정상에 오르면 한라산부터 가파도와 저 멀리 마라도까지 제주 최고의 풍경이 달려든다. 지금은 자연휴식년제가 시행 중이라 정상부엔 오를 수 없다. 다행히 해안절벽을 따라 이어진 송악산 둘레길을 걸으면 가파도, 형제섬, 산방산, 군산, 한라산으로 이어지는 병풍 같은 풍경을 한눈에 담을 수 있다.

도두봉 34p

제주시에서 가장 인기가 많은 오름이다. 핫플로 떠오른 도두동 무지개해안도로 옆에 봉긋 솟아 있다. 10분 이내에 정상에 닿지만, 풍경은 엄청나다. 남쪽으로는 한라산의 북쪽 몸매와 오름 군락이 다가오고, 제주시와 제주공항의 활주로가 뒤이어 시야에 닿는다. 서쪽으로는 이호해수욕장이 가까이 다가와 있고, 북쪽으로는 망망대해가 펼쳐진다.

OREUM 04
꽃밭이 아름다운 오름

서우봉 60p
서우봉은 함덕해수욕장 동쪽에 있다. 망오름과 서모봉 두 개 봉우리를 합해 서우봉이라 부른다. 함덕해수욕장의 쪽빛 바다는 언제나 옳다. 마찬가지로 서우봉의 유채꽃 핀 풍경도 언제나 옳다. 언제나 옳은 두 개 풍경이 만나면 어떻게 될까? 금상첨화란 말이 딱 어울린다. 오름엔 유채꽃밭, 그 아래는 에메랄드빛 바다. 돈 주고도 살 수 없는 풍경이다.

이승악 이승이오름 328p
이승악오름의 다른 이름은 이승이오름이다. 남원읍 신례리 한라산 동남쪽 자락에 있다. 이승이오름은 오름보다 가는 길이 더 유명하다. 이승악에 가려면 서성로에서 오름 입구까지 이어지는 목장길을 지나야 하는데, 동남부 중산간에서 손꼽히는 명품 길이다. 특히 3월 중하순 즈음엔 목장길 따라 화사한 벚꽃이 피어나는데, 화양연화가 따로 없다.

송악산 156p
송악산은 전망도 빼어나지만, 꽃이 아름답고 전망도 뒤지지 않는다. 자연휴식년제를 실시 중이라 정상부엔 오를 수 없지만, 둘레길만 걸어도 아름답고 만족스럽다. 특히 봄에는 유채꽃이, 초여름엔 수국이 흐드러지게 피어나는데, 걸음을 옮길 때마다 꽃이 화사하게 반겨주니 여행자의 마음도 덩달아 화사해진다. 송악산 둘레길은 올레 10코스의 일부이다.

OREUM 05

인생 사진 찍기 좋은 오름

도두봉 34p

도두봉은 능선이 바다로 곧장 떨어지는 오름이다. 핫플로 떠오른 도두동 무지개해안도로 바로 옆에 있다. 도두봉에 오르면 '키세스 초콜릿 존'을 찾아보자. 정상으로 오르는 숲의 실루엣이 키세스 초콜릿 모양을 하고 있어서 이런 이름을 얻었다. 도두봉에서 가장 핫한 포토존으로, 무지개해안도로와 마찬가지로 인생 사진을 얻기 좋다.

새별오름 90p

새별오름을 여행 중이라면, 잊지 말고 '나 홀로 나무'를 찾아보자. '나 홀로 나무'는 웨딩과 인생 사진 성지이다. 푸른 초원 위에 홀로 서 있는 나무를 보고 있으면 저절로 카메라를 들게 된다. 나무가 왼쪽의 이달봉과 오른쪽의 새별오름이 사이에 오게 하고 찍으면 가장 멋진 사진을 얻을 수 있다. 주소 제주시 한림읍 금악리 산 30-8

서우봉 60p

봄에 제주를 여행한다면 서우봉으로 가야 한다. 바다와 해변, 오름과 유채꽃을 한꺼번에 즐길 수 있는 까닭이다. 특히 유채꽃 환하게 피는 서우봉엔 인생 사진을 찍으려는 여행자의 발길이 봄 내내 이어진다. 함덕해수욕장과 에메랄드빛 바다를 배경으로 포즈를 취해보자. 찰칵, 당신이 유채꽃밭과 바다 사이에서 환하게 웃고 있다.

OREUM 06

산정호수가 아름다운 오름

백록담 340p

약 2만5천 년 전, 화산은 우리에게 아름답고 신비로운 산정호수를 만들어주었다. 흰 사슴이 고고하게 물을 마시는 연못. 깊이 108m, 둘레 1,720m. 1875년 한라산에 오른 면암 최익현은 백록담 절경에 반해 맹자와 소동파에게 꼭 보여주고 싶다고 했다. 백록담까지 오를 수 있는 길은 딱 두 곳이다. 성판악과 관음사 탐방로이다.

금오름 122p

새별오름과 더불어 제주 서부를 대표하는 중형 오름이다. 순수 오름 높이 178m로 20여 분이면 정상에 오를 수 있다. 금오름의 백미는 단연 분화구다. 깊이 52m인 분화구 가운데에는 금악담今岳潭이라는 산정호수가 있다. 호수라기보다 연못에 가깝지만 산 정상에서 만나는 물은 신비로움 그 자체다. 산정호수를 보기 위해서는 비가 온 다음 날 찾는 것이 좋다.

물영아리오름 324p

물영아리오름 정상엔 아름답고 신비로운 습지가 있다. 제주도엔 람사르 습지 다섯 개가 있다. 이 중에서 물영아리습지가 가장 먼저 등재되었다. 건기에는 습지이지만, 큰비가 내리면 산정호수로 변한다. 물안개가 피어오르면 더없이 신비롭다. 푸른 목초지와 매혹적인 삼나무 숲길, 그리고 산정호수. 신비로운 물영아리오름이 당신을 초대한다.

억새가 아름다운 오름

새별오름 90p

제주 서부에서 가장 인기가 많은 오름이다. 서부 풍경은 마치 몽골 초원 같다. 드넓은 초원에 새별오름이 불쑥 솟아 있다. 멀리서 보면 초원의 피라미드 같다. 피라미드엔 억새가 장관이다. 억새도, 사람도 바람의 장단에 맞춰 학처럼 춤춘다. 우아하고 감동적이다. 정상에 서면 동쪽으로는 한라산이, 서쪽으로는 이달봉이 그림처럼 앉아 있다.

따라비오름 236p

제주 동부의 중산간 표선면 가시리에 있다. 따라비오름의 첫인상은 평범한 편이다. 아직만 실망하기는 아직 이르다. 따라비오름의 진면목은 정상에서 만날 수 있다. 정상은 온통 억새밭이다. 가을마다 햇빛을 받은 황금빛 억새가 바람 따라 파도처럼 물결친다. 다른 계절도 아름답지만, 가을엔 특히 따라비오름이 정답이다.

산굼부리 70p

산굼부리 입구부터 억새가 춤을 춘다. 사방은 억새 평원이다. 억새는 여행자를 반기기라도 하는 듯 추임새를 넣으며 어깨를 들썩이고 팔을 휘젓는다. 장관도 이런 장관이 없다. 저절로 카메라 버튼을 누르게 된다. 산굼부리는 오름 전망대이다. 제주 동부 오름 군락지 한가운데 있는 까닭에 어디에 눈을 두어도 굽이치는 오름이 시야 가득 들어온다.

OREUM 08 노을이 아름다운 오름

수월봉 140p

제주도에서 해가 제일 먼저 뜨는 곳은 성산일출봉이다. 그럼 제주도에서 해가 지는 곳은 어디일까? 수월봉이다. 성산일출봉에 떠오른 해는 한라산을 지나 제주의 서쪽 끝 한경면 고산리의 수월봉에서 작별을 고한다. 수월봉은 제주도에서 낙조가 아름답기로 첫손에 꼽힌다. 해가 바다에 닿는 순간 빨강, 주황, 노랑의 오묘한 색채 미학은 넋을 잃게 만든다.

사라봉 40p

사라봉은 제주시민이 가장 많이 찾는 오름이다. 제주항이 한눈에 들어오고, 서쪽 하늘 위로는 비행기들이 쉴새 없이 뜨고 내린다. 사라봉은 수월봉 버금가는 해넘이 명소이다. 붉게 물든 저녁노을과 붉게 물든 바다는 너무 아름다워 절로 감탄사가 나온다. 옛 제주 사람들은 사봉낙조, 그러니까 사라봉에서 감상하는 석양을 영주십경의 하나로 꼽았다.

금오름 122p

금오름은 새별오름과 더불어 제주 서부를 대표하는 오름이다. TV 프로그램 〈효리네 민박〉에서 이효리가 아이유와 함께 석양을 감상하기 위해 방문한 뒤 유명해졌다. 산정 연못 '금악담'만큼이나 석양이 아름답기로 유명한 오름이다. 비양도와 한림 바다, 그리고 석양빛으로 붉게 물든 제주 서부 풍경은 마치 인상파 화가 모네의 작품처럼 몽환적이다.

PART 3

제주 북부 오름

제주시·조천읍

01 도두봉

OREUM **무지개해안도로 옆 공항 전망 명소**

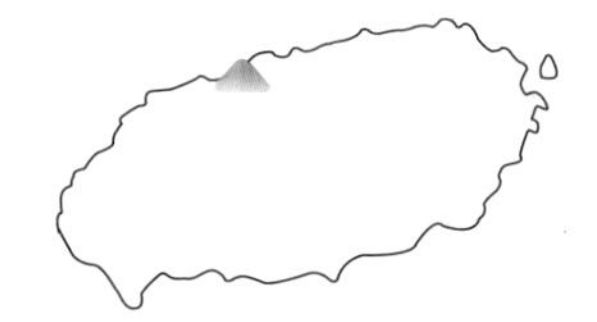

도두봉도들오름은 핫플로 떠오른 도두동 무지개해안도로 옆에 있다. 푸른 바다와 제주공항, 제주시 전경, 그리고 멀리 한라산까지 한 아름에 품을 수 있다. 아이들은 이 중에서 비행기가 뜨고 내리는 모습을 제일 좋아한다. 올레 17코스가 도두봉을 지난다.

주소 제주시 도두일동 산1
순수 오름 높이 55m
해발 높이 65.3m
등반 시간 편도 10분

Travel Tip 도두봉 여행 정보

인기도 중 접근성 상 난이도 하 정상 전망 상 등반로 상태 상 편의시설 화장실과 주차장(남쪽 입구), 전망대
여행 포인트 바다 전망과 제주공항 전망, 도두동 무지개해안도로, 벚꽃 탐방로 주변 오름 없음

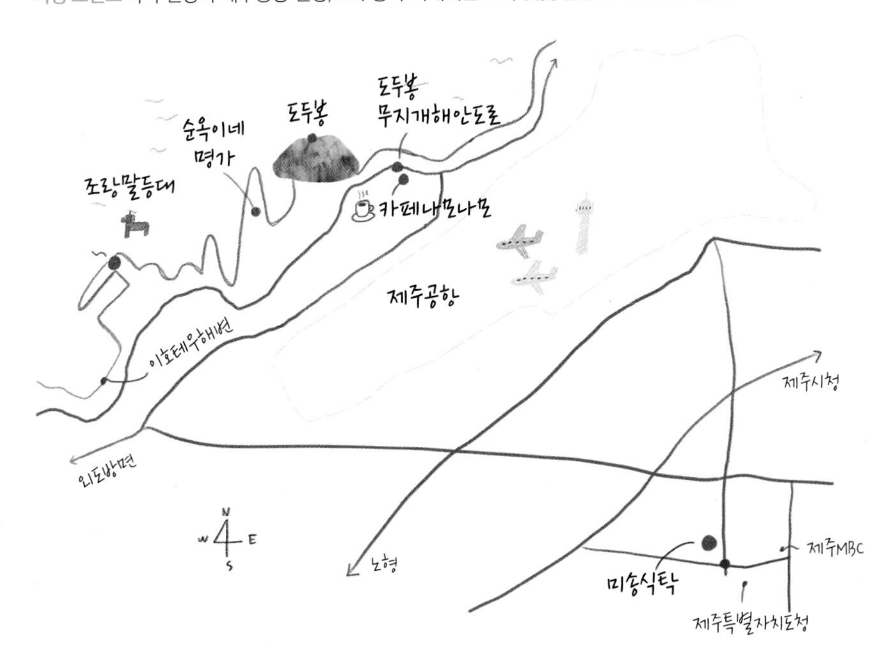

How to go 도두봉 찾아가기

승용차 내비게이션에 '도두봉' 찍고 출발. 제주공항에서 15분

콜택시

제주시 **제주사랑호출택시** 064-726-1000 **VIP콜택시** 064-711-6666 **삼화콜택시** 064-756-9090

버스

❶ 제주공항 6번 정류장노형 방면에서 454번 탑승 → 도두봉정류장 하차 → 도두봉 남쪽 입구까지 13분 도보 이동(800m). 총 40분 소요

❷ 제주공항 3번 정류장용담, 시청 방면에서 453번 탑승 → 오래물광장정류장 하차 → 도두봉 남쪽 입구까지 도보 8분 이동(560m). 총 40분 소요

쪽빛 바다, 그리고 뜨고 내리는 비행기

도두봉도들오름은 제주시에 있는 오름 중에서 가장 인기가 높다. 제주시에서 보기 드물게 사방으로 아름다운 풍경을 감상할 수 있다. 예전엔 낙조가 아름다운 사라봉이 더 유명했지만, 지금은 인기 순위가 바뀌었다. 멋진 전망에 '키세스 존'이 인생 사진 성지로 인기를 끌고 있는 까닭이다. 여기에 핫플로 떠오른 도두동 무지개해안도로 옆에 있어서 서로 시너지 효과까지 내고 있다. 도두봉은 용두암에서 시작된 용담해안도로5km 서쪽 끝에 봉긋 솟아 있다. 입구는 동쪽, 서쪽, 남쪽에 있는데 어느 쪽으로 올라도 10분 이내에 정상에 닿는다. 남쪽, 정안사 입구에서 오르는 길이 제일 짧다. 정상은 소박하다. 하지만 엄청난 풍경이 펼쳐진다. 동쪽으로 시선을 돌리면 사라봉 쪽부터 해안도로가 아름다운 곡선을 그리며 다가온다. 남쪽으로는 한라산의 북쪽 몸매와 오름들이 보이고, 제주시와 제주공항의 활주로가 뒤이어 시야에 닿는다. 서쪽으로는 이호해수욕장이 가까이 다가와 있고, 북쪽으로는 망망대해가 펼쳐진다. 이 중에서 제일 재밌는 풍경은 비행기가 뜨고 내리는 모습이다.

Trekking Map 도두봉 탐방 지도

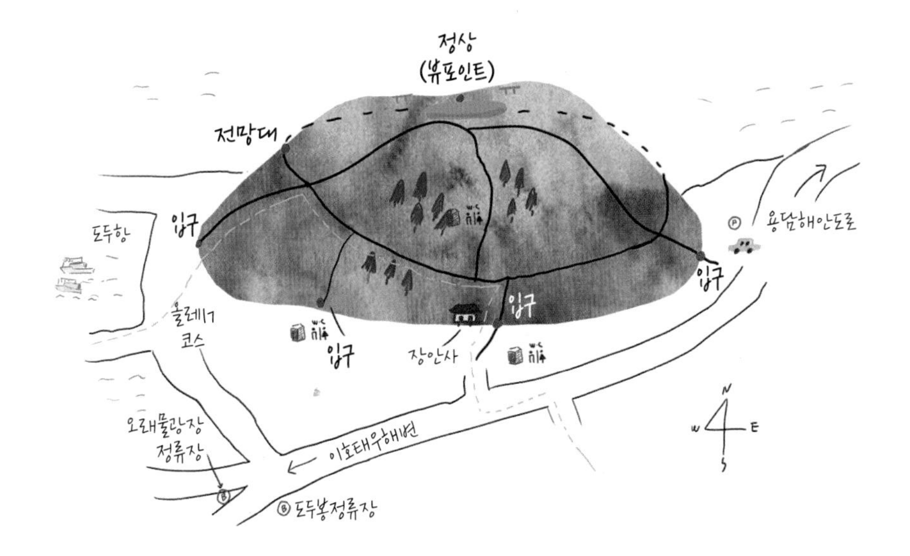

Trekking Tip 도두봉 오르기

❶ 오름 입구 남쪽, 동쪽, 서쪽에 입구가 있다. 남쪽은 장안사, 동쪽은 무지개해안도로 방면, 서쪽은 도두항 방면이다. 버스 정류장은 서쪽 장안사 방면과 가까이 있다.

❷ 트레킹 코스 어느 입구에서 출발하든 10분이면 정상에 닿는다. 제주공항과 바다 전망이 좋다. 둘레길까지 포함해도 30~40분이면 오름 전체를 둘러볼 수 있다. 도두봉으로 올레 17코스가 지난다. 올레길 일부 구간을 함께 걸어도 좋다.

❸ 준비물 운동화, 모자, 선크림, 선글라스, 생수

❹ 유의사항 주차장, 화장실. 화장실은 남쪽 입구 장안사 앞에 있다.

❺ 기타 동쪽 입구로 내려가면 무지개해안도로와 이어진다. 멋진 사진을 남겨보자.

HOT SPOT

도두동 무지개해안도로

제주시 서해안로 448
도두봉에서 도보 3분

알록달록 무지갯빛 해안도로

용담해안도로의 제주 공항 북쪽 구간을 이르는 말이다. 용두암에서 서쪽으로 가다가 어영소공원을 지나면 무지개해안도로가 나온다. 제주 올레 17코스 구간이기도 한데, 자동차가 바다로 추락하는 것을 막기 위해 설치한 시멘트 방호 구조물에 알록달록 색을 칠했다. 그리고 길가에 낚시하는 소년 조형물도 설치했다. 빨주노초파남보, 알록달록 무지개해안도로와 에메랄드빛 바다가 어우러져 매혹적인 풍경을 연출해준다. 인스타그램에 사진이 올라오면서 알려지기 시작하더니 지금은 제주시에서 손꼽히는 핫플이 되었다.

HOT SPOT

조랑말등대

제주시 이호1동 374-4
도두봉에서 자동차로 4분

하양과 빨강, 색 대비가 아름다운 쌍등대

이호해수욕장은 제주 시내에서 가장 가까운 해변이다. 부드럽게 곡선을 그리는 해안 모습이 초승달 같다고 해서 현지인에겐 초승달 해변으로도 통한다. 이 아름다운 해변을 더 빛나게 해주는 게 바로 조랑말 등대이다. 해수욕장 동북쪽 이호방파제에 있다. 빨강과 하양 색채가 강렬한 한 쌍의 조랑말 등대로, 도두동의 무지개해안도로와 더불어 제주시에서 손꼽히는 인생 사진 명소이다. 등대 앞에서 자세를 취하면 그대로 인생 사진이 나온다. 낮에도 아름답지만, 조명을 받아 은은하게 빛나는 야경도 무척 아름답다.

RESTAURANT

순옥이네명가

제주시 도공로 8(도두일동 2615-5)
064-743-4813
09:00~21:00(브레이크타임 15:30 ~17:00, 둘째·넷째 화요일 휴무)
주차 길가 및 공영주차장
도두봉에서 도보 5~7분

도두항의 전복 전문점

도두봉 서남쪽, 도두항 근처에 있는 전복 맛집이다. 도두봉에서 도보로 5~7분, 자동차로 1분 거리에 있다. 전복죽, 전복뚝배기, 전복찜, 전복물회 등 전복으로 만든 음식을 두루 즐길 수 있다. 가격이 다른 가게보다 비교적 합리적인데다가 맛도 언제 가도 평균 이상이어서 여행자에게 인기가 많다. 전복 전문점이지만, 고등어구이, 성게보말미역국도 먹을 수 있다. 성게, 소라, 돌멍게, 해삼 등은 계절 메뉴라 제철에만 먹을 수 있다. 점심시간엔 10분 남짓 기다릴 때가 많다.

CAFE

카페 나모나모

제주시 도두봉6길 4
064-713-7782
10:00~22:00
편의시설 주차장, 엘리베이터, 드라이브스루
도두봉에서 도보 5분

무지개해안도로 옆 바다 전망 카페

도두동 무지개해안로에 있는 베이커리 카페다. 무지개해안도로 주변에 전망 좋은 바다 전망 카페가 많지만, 나모나모는 그중에서도 오션 뷰가 좋기로 유명하다. 4층 건물로, 루프톱까지 포함하면 5층이 모두 카페이다. 카페 안으로 들어가면 빵 냄새와 커피 향이 먼저 반겨준다. 층마다 인테리어가 다르고 좌석 배치도 차별화했다. 루프톱엔 테이블은 물론 편안하게 누워 바다를 감상할 수 있는 선베드까지 갖추어 놓았다. 1층 포토존에선 무지개해안도로를 배경으로 사진을 찍을 수 있다. 차에서 주문할 수 있는 드라이브스루 코너도 운영한다.

02 사라봉

OREUM **벚꽃과 석양 명소**

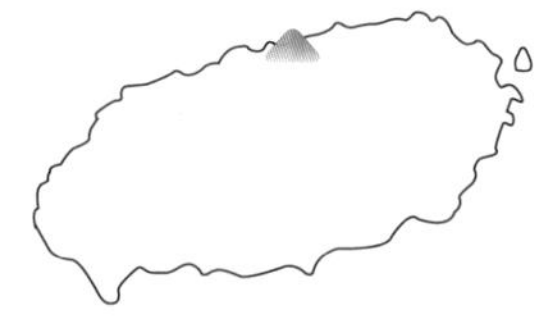

- **주소** 제주시 사라봉동길 74
- **순수 오름 높이** 98m
- **해발 높이** 148m
- **등반 시간** 편도 10분

영주는 제주도의 옛 이름 가운데 하나이다. 제주도의 가장 아름다운 풍경을 영주십경이라 부른다. 그중 하나가 '사봉낙조'이다. 사봉낙조란 사라봉 정상에서 감상하는 일몰과 석양빛으로 붉게 물든 바다를 뜻한다. 사라봉의 해지는 풍경은 너무 아름다워 감탄사가 절로 나온다.

Travel Tip 사라봉 여행 정보

인기도 상 접근성 상 난이도 하 정상 전망 중 등반로 상태 상 편의시설 화장실, 운동기구, 전망대, 주차장 여행 포인트 사라봉 낙조 감상하기, 벚꽃길 산책, 올레 18코스 산책 주변 오름 별도봉

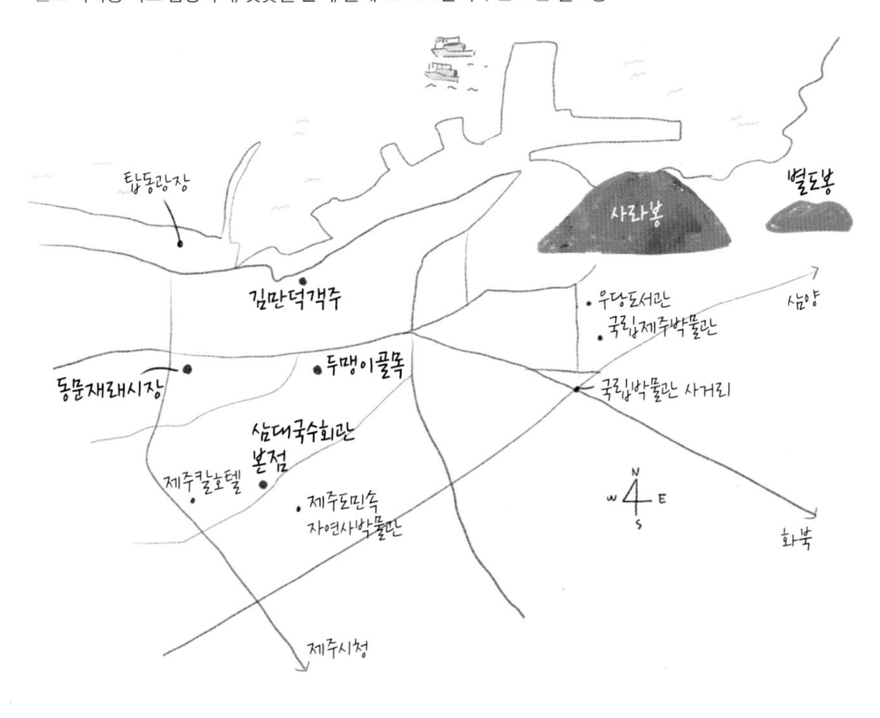

How to go 사라봉 찾아가기

승용차 내비게이션에 '사라봉', '사라봉 주차장' 또는 '우당도서관'으로 검색. 제주공항에서 20분

콜택시

제주시 **제주관광콜택시** 064-727-2128 **516콜택시** 064-751-66516 **제주스마일관광 콜택시** 064-744-1960

버스

❶ 제주국제공항 3번 정류장용담, 시청에서 326, 316, 325번 승차 → 6개 정류장 이동 → 우당도서관 입구 하차 → 도보 12분 이동. 총 40분 소요

❷ 제주버스터미널에서 201, 331, 335, 336, 3006번 탑승 → 20분 이동 → 국립제주박물관 하차 → 도보로 15분 이동. 총 35분 소요

제주시민처럼 산책하기

사라봉은 제주시민이 가장 많이 찾는 오름이다. 바다를 품은 제주항이 한눈에 들어오고, 서쪽 하늘 위로는 비행기들이 쉴새 없이 뜨고 내린다. 남으로는 한라산과 제주 시내 전경을 온전히 품을 수 있다. 특히 사라봉에서 감상하는 저녁노을과 붉게 물든 바다는 너무 아름다워 절로 감탄사가 나온다. 옛 제주 사람들은 '사봉낙조'를 영주십경 중 하나로 꼽았다. 사라봉은 검은 해송이 숲을 이루고 있다. 봄에는 탐방로를 따라 벚꽃이 팝콘처럼 피어난다. 4월 초에는 탐방로를 걸으며 화사한 벚꽃 엔딩을 즐길 수 있다. 사라봉 북쪽 중턱엔 1916년 처음 불을 밝힌 산지 등대가 있다. 이곳에서 바라보는 야경은 밤에 찾은 사람만 누릴 수 있는 특권이다. 산지 등대 주변에 주차장이 따로 있어서 차로 이동해도 된다. 사라봉 남쪽 기슭엔 조선 정조 때 노블레스 오블리주를 실천한 김만덕 할머니를 기리는 기념비모충사 김만덕 묘탑가 있다. 매년 10월 중순 '만덕제'가 이곳에서 열린다. 또 매년 2월 14일에는 유네스코 인류무형문화유산에 등재된 칠머리당 영등굿바람의 여신인 영등할머니와 바다의 신인 용왕에게 평안과 풍요를 기원하는 굿이 사라봉에서 펼쳐진다. 올레 18코스가 사라봉 정상을 지난다.

Trekking Map 사라봉 탐방 지도

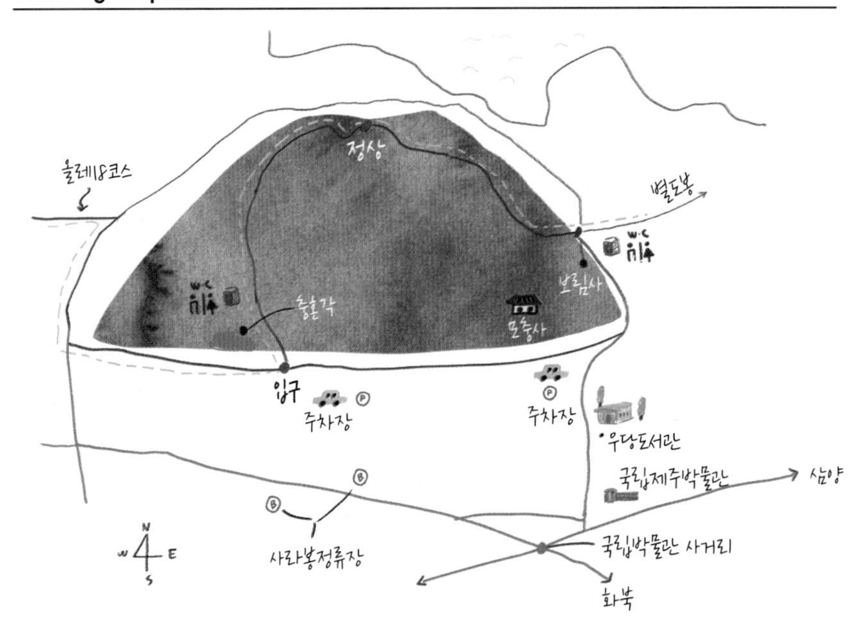

Trekking Tip 사라봉 오르기

❶ 오름 입구 사라봉 입구는 세 곳이다. 동쪽 보림사, 서쪽 충혼각, 북쪽 산지 등대에서 오를 수 있다.

❷ 트레킹 코스 일반적으로 동쪽 입구에서 오른다. '사라봉공원 주차장 1' 또는 우당도서관 앞에 주차하고 북쪽으로 4~5분 걸어가면 보림사가 나오고, 여기에서 조금 더 가면 사라봉과 별도봉 갈림길이 나온다. 왼쪽 길이 사라봉 탐방로이다. 10분이면 정상에 닿는다.

❸ 준비물 운동화, 모자, 선크림, 선글라스, 생수

❹ 유의사항 탐방길 중간엔 화장실이 없다. 입구 화장실을 이용하자.

❺ 기타 시간 여유가 있다면 사라봉 → 별도봉 둘레길→ 별도봉 동쪽 입구 → 별도봉 정상 순으로 걸어 다시 사라봉 보림사 방향 입구동쪽 입구. 사라봉과 별도봉 갈림길로 되돌아와도 된다. 사라봉 → 별도봉 정상 → 별도봉 동쪽 입구 → 별도봉 둘레길 → 사라봉 동쪽 입구 순으로 걸어도 좋다. 일부 구간은 올레 18코스와 겹친다. 1시간 30분 소요

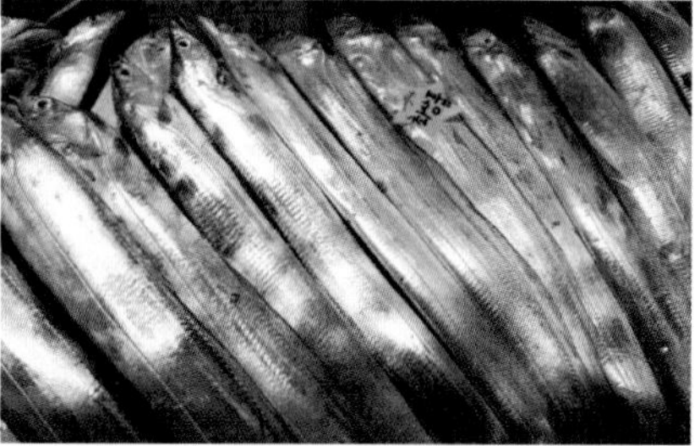

HOT SPOT

동문재래시장

제주시 중앙로13길 16-12
주차 동문시장 공영주차장 (동문로4길 9)
사라봉에서 자동차로 10분

제주도의 1등 전통 시장

제주 읍성이 있던 시절 동성문 자리에 있다고 해서 동문시장이라는 이름을 얻었다. 제주도에서 가장 오래되고 가장 큰 전통 시장이다. 청과시장에선 달큼한 감귤 향이 반겨주고, 수산시장에선 바다 내음과 비릿한 생선 냄새가 먼저 다가온다. 제주 바다를 통째 옮겨놓은 것 같다. 그뿐이 아니다. 채소, 건어물, 오메기떡, 떡볶이, 호떡까지, 동문시장엔 없는 게 없다. 무엇보다 생선회는 가성비가 최고다. 수산시장에서 해산물을 산 뒤 시장 안 아무 음식점이나 들고 가 1인당 자릿세를 1만 원 안팎 내면 즉석에서 회도 떠주고 노릇노릇하게 구워준다. 범양식당이 가장 유명하다.

HOT SPOT

두맹이골목

제주시 일도2동 1050-1
사라봉에서 자동차로 5분

추억이 흐르는 벽화마을

두맹이골목은 60~70년대 풍경을 간직하고 있다. 제주읍성 밖에 있던 이곳에 드문드문 집이 들어서기 시작해 1960년대에 이르러 지금과 같은 마을이 되었다. 골목이 미로처럼 뻗어있다. 골목을 돌 때마다 벽화가 다가와 여행자를 추억의 골목으로 안내한다. 고래가 헤엄치고, 파도가 철썩인다. 아이들이 말타기 놀이를 하고, 태권브이는 벽에서 뛰쳐나올 듯 생생하다. 벽화를 볼 때마다 옛 기억이 떠올라 자꾸 걸음을 멈추게 된다. 비석 치기, 땅따먹기, 딱지치기하던 어린 시절의 추억을 더듬을 즈음, 나비 한 마리가 하늘하늘 벽화에서 날아오른다.

RESTAURANT

삼대국수회관 본점

제주시 삼성로 41
064-759-6645
매일 08:30~01:30
주차 지하 주차장
사라봉에서 자동차로 7분

맛 좋고 양도 많은 고기국수

제주시 일도이동 신산공원 건너편 국수문화거리에 있다. 자매국수, 올래국수, 국수마당이 제주 3대 고기국수로 꼽히지만, 삼대국수회관도 이에 뒤지지 않는다. 식당이 넓은 까닭에 줄 서서 기다리기 싫어하는 사람들이 즐겨 찾는다. 대표 메뉴는 고기국수, 비빔국수, 멸치국수, 돔베고기이다. 여름철에는 열무국수도 판매한다. 돼지 사골로 육수를 내는데, 오랫동안 끓여 맛이 진하다. 면은 굵기가 파스타 면에 가까운 중면이다. 면발이 탱탱해 좋다. 게다가 양도 많고, 고기도 다른 집보다 많이 올려준다. 연동과 노형동에 지점이 있다.

RESTAURANT

김만덕객주

제주시 임항로 68
064-727-8800
11:00~22:00(월요일 휴무)
사라봉에서 자동차로 6분

조선 시대 주막 체험

제주항 근처 구도심 건입동에 있는 미니 민속촌이다. 제주의 거상 김만덕이 운영하던 객주보통 음식점, 숙박업, 화물 보관·운반업을 함께 운영했다.를 재현해 놓았다. 김만덕1739~1812은 1790년대 초 제주에 큰 흉년이 들자 곡식을 관청에 보내고 도민들에게 나눠주어 기아를 면하게 했다. 그 공을 인정받아 정조의 배려로 여자로서는 특별하게 금강산을 여행하였다. 김만덕 객주에서는 메밀과 무채로 만든 제주 전통음식 빙떡과 해물파전, 순대국밥, 자리물회, 한치물회, 막걸리 따위를 판매한다. 걸어서 3분 거리에 김만덕 기념관이 있다.

03 별도봉

OREUM 한때 제주의 관문이었다

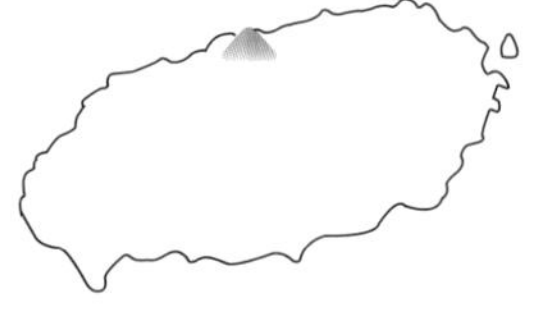

별도는 제주 역사에 자주 등장한다. 삼별초 군대가 제주에서 관군과 맞서 싸운 곳이 별도봉이다. '묵호의 난'을 진압하기 위해 최영 장군이 군대를 이끌고 입도한 곳도 이곳이다. 조선 시대까지 별도포구는 유일하게 육지로 가는 배가 뜨는 곳이었다. 정상에서 바라보는 풍경도 아름답지만, 바다를 낀 둘레길도 절경이다.

주소 제주시 화북동 4472번지
순수 오름 높이 101m
해발 높이 136m
등반 시간 40분

Travel Tip 별도봉 여행 정보

인기도 상 접근성 상 난이도 중 정상 전망 상 등반로 상태 상 편의시설 화장실, 운동기구, 전망대, 공원, 주차장
여행 포인트 올레 18코스 산책, 토끼 찾아보기, 사라봉과 연계 트레킹 주변 오름 사라봉

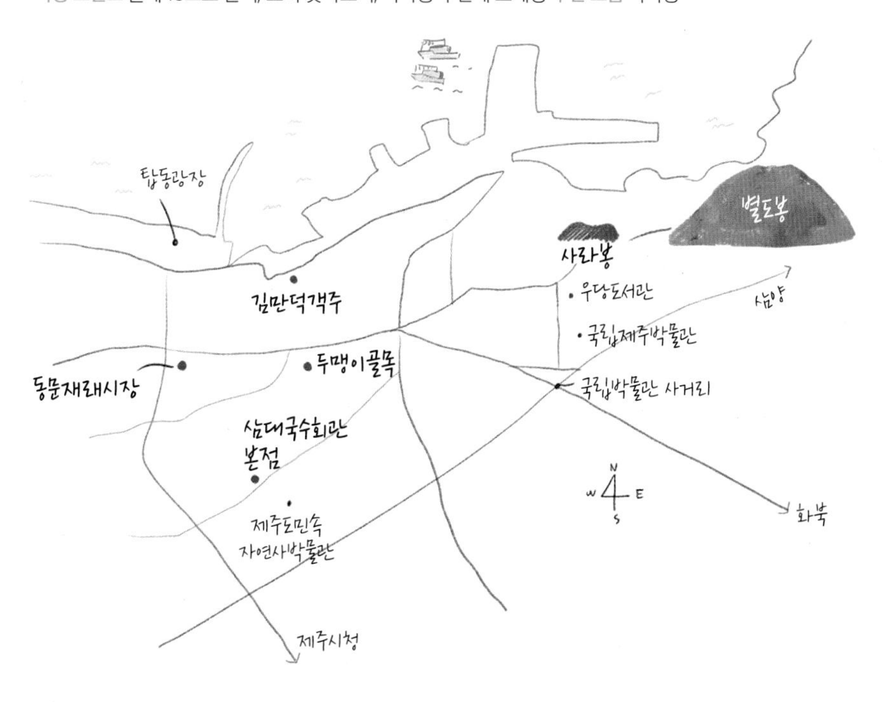

How to go 별도봉 찾아가기

승용차 내비게이션에 '별도봉' 또는 '우당도서관'으로 검색서쪽 입구가 사라봉과 같음, 동쪽 입구는 '제주시 화북일동 4595'로 검색. 제주공항에서 20분 소요

콜택시
제주시 **제주관광콜택시** 064-727-2128 **516콜택시** 064-751-66516 **제주스마일관광 콜택시** 064-744-1960
버스
❶ 제주국제공항 2번 정류장일주동로, 5.16도로에서 101번 승차 → 4개 정류장 이동 → 오현중고등학교 하차 → 도보로 10분600m 이동. 총 43분 소요
❷ 제주버스터미널에서 201번 탑승 → 12개 정류장 이동 → 오현중고등학교 하차 → 도보로 10분600m 이동. 총 37 소요

제주의 역사를 품다

별도봉베리 오름은 사라봉 바로 동쪽에 있다. 별도란 '육지에서 배가 들어온다(도)'는 의미로, '배' 발음이 '별'로 변하면서 '별도'가 되었다. '별도'란 이름은 '화북'으로도 불렸는데, "북쪽(北)에서 쌀(禾)이 들어온다."라는 뜻으로 둘 다 '제주의 관문'의 의미로 쓰인 것이다. 삼별초 군대가 제주에서 관군과 맞서 싸운 곳이 별도봉이다. 제주로 파견되는 제주 목사와 판관 등 관리와 정치범들이 입도한 곳도 이곳이었다. 별도포구는 조선 시대 중기 약 200년 동안 조천포구와 함께 육지로 가는 배가 뜨는 희망의 항구였다. 일제 강점기 이전까지 별도포구는 제주의 관문이었다. 별도봉 여행은 북쪽 둘레길부터 시작하는 게 좋다. 사라봉 옆 서쪽 입구로 진입하여 왼쪽 탐방로 접어들면 기암절벽을 따라 이어지는 별도봉 둘레길이다. 바다를 낀 산책로가 절경이다. 별도봉을 반 바퀴 돌면 동쪽 입구가 나온다. 이곳에서 정상까지는 10분 남짓 걸린다. 정상에 오르면 제주 동부의 오름 능선과 한라산이 시야 가득 잡힌다. 고개를 동쪽으로 돌리면 별도포구화북포구가 보인다. 직선거리로 800m이다. 시간이 된다면 18코스를 따라 별도포구까지 걷기를 권한다. 별도 포구 동쪽 언덕에 있는 환해장성배를 타고 들어오는 외적의 침입을 막기 위해 해안선을 따라가며 쌓은 성까지 가보자.

Trekking Map 별도봉 탐방 지도

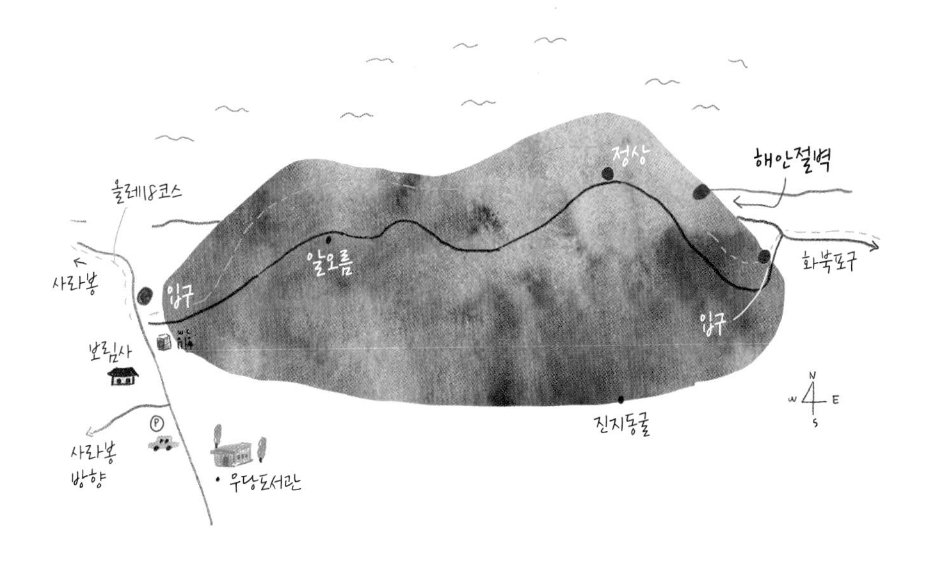

Trekking Tip 별도봉 오르기

❶ 오름 입구 입구가 서쪽, 동쪽 두 군데다. 서쪽 입구는 사라봉 갈림길이고, 동쪽 입구는 오현고등학교 북동쪽에 있다.

❷ 트레킹 코스 별도봉 서쪽 입구사라봉 동쪽 입구에서 출발하자마자 갈림길이 나온다. 해안으로 가는 왼쪽 탐방로를 선택한다. 별도봉 둘레길이다. 해안 절경을 감상하며 반 바퀴를 돌면 별도봉에서 내려오는 올레 18코스와 만난다. 이곳이 동쪽 입구이다. 여기서 오르막을 10분쯤 오르면 별도봉 정상이다.

❸ 준비물 운동화, 모자, 선크림, 선글라스, 생수

❹ 유의사항 의외로 경사가 만만치 않다.

TIP 주변 명소, 맛집, 카페 정보는 44쪽 사라봉을 참고하세요.

04 민오름 오라 민오름

OREUM **전망 좋은 신제주의 뒷동산**

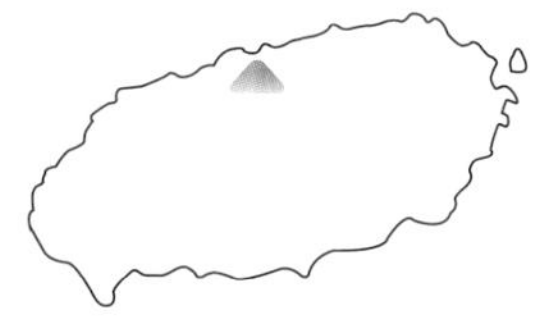

예전엔 민둥산이었기에 민오름이란 이름을 얻었지만, 지금은 숲이 울창하다. 밖에서 보면 동네 뒷동산 같지만, 정상에 오르면 전망이 너무 좋아 깜짝 놀란다. 남쪽으로는 신제주와 푸른 바다가 펼쳐지고, 뒤에선 한라산이 손에 잡힐 듯 성큼 다가와 있다.

- **주소** 제주시 오라2동 3208-1
- **순수 오름 높이** 114m
- **해발 높이** 539m
- **등반 시간** 둘레길 포함 편도 30분

Travel Tip 민오름 여행 정보

인기도 상 접근성 상 난이도 중 정상 전망 중 등반로 상태 상 편의시설 운동시설

여행 포인트 정상 전망, 민오름 둘레길 트레킹 주변 오름 광이오름

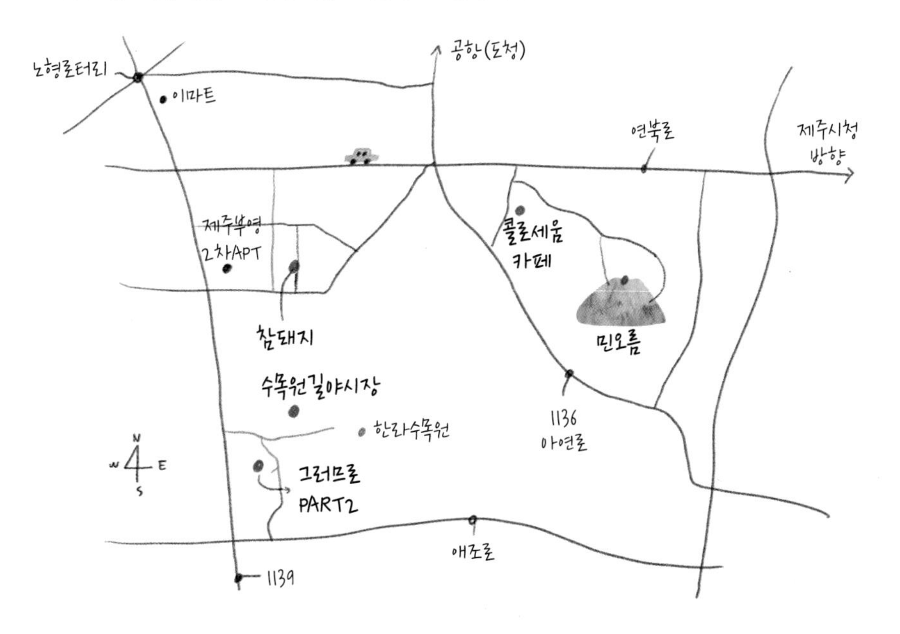

How to go 민오름 찾아가기

승용차 내비게이션에 '민오름'으로 검색주소가 '오라동'으로 되어 있는지 확인 또는 '콜로세움 카페' 검색. 제주공항에서 14분 소요

콜택시

제주시 **제주관광콜택시** 064-727-2128 **516콜택시** 064-751-66516 **제주스마일관광 콜택시** 064-744-1960

버스

❶ 제주국제공항 6번 정류장노형, 연동에서 315, 316, 365, 465, 466, 3003번 승차 → 6개 정류장 이동 → 연동주민센터 정류장에서 471, 473번 환승 → 오름가름정류장 하차 → 민오름까지 도보로 10분 이동. 총 30분 소요

❷ 제주버스터미널에서 335 336, 360, 3004, 3008번 탑승 후 ①번과 같은 경로로 이동. 총 31분 소요

북쪽엔 신제주, 남쪽엔 한라산

제주엔 민오름이 여럿이다. 오라, 송당, 봉개, 수망, 선흘에 있다. 예전에는 민둥산이라 민오름이라 불렸지만, 지금은 숲이 울창하다. 오라 민오름은 신제주 북쪽에 있는데, 도심과 가까워 뒷동산 같다. 하지만 가파른 계단이 많아 제법 숨이 차다. 오름 입구는 동쪽에 있지만 주차하기가 마땅치 않다. 오름 서북쪽의 콜로세움 카페 근처에 차를 세우고 둘레길을 걸어 입구로 가는 게 편하다. 콜로세움 카페에서 정상까지 25분 남짓 걸린다. 밖에서 보면 동네 뒷동산 같지만, 정상에 오르면 전망이 너무 좋아 깜짝 놀란다. 북쪽으로는 신제주와 푸른 바다가 펼쳐지고, 뒤에선 한라산이 손에 잡힐 듯 성큼 다가서 있다. 정상 풀밭엔 운동기구를 설치해 놓았다. 공기 좋고 전망 좋아 천국의 헬스장이 따로 없다. 아름다운 오름이지만 민오름엔 아픈 역사가 숨어있다. 4.3항쟁 발발 직후 무장대와 토벌대의 평화협상이 이루어졌다. 그즈음 '오라리 방화사건'이라는 조작 영상이 유포되었다. 군경은 이 방화를 무장대의 소행으로 간주하고 평화협상을 깨고 무자비한 진압 작전을 펼쳤다. 오라리 방화사건의 배경이 곧 민오름이다. 민오름의 화산 송이화산토를 부르는 제주어가 유난히 빨간 건 이런 까닭이 있어서일까?

Trekking Map 민오름 탐방 지도

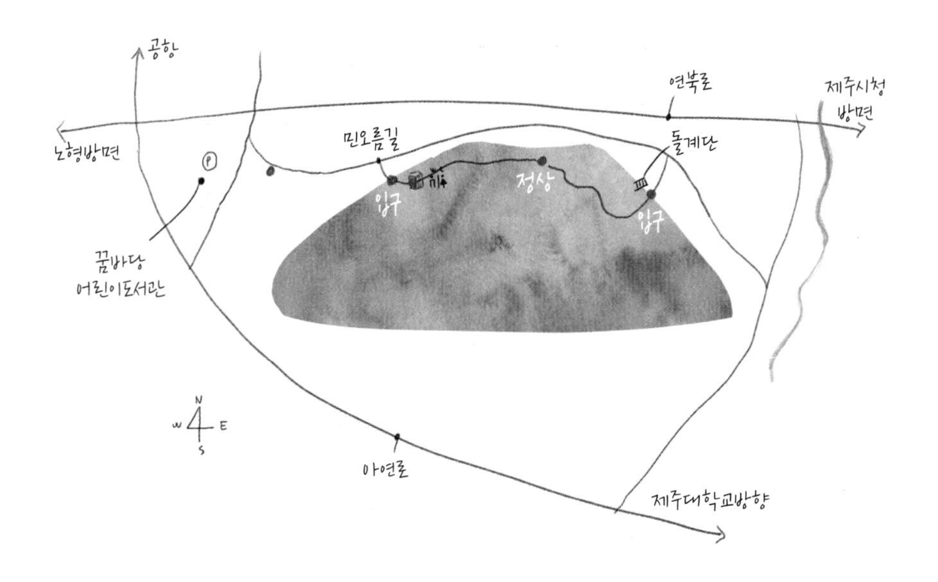

Trekking Tip 민오름 오르기

❶ 오름 입구 오름 동쪽에 있다.

❷ 트레킹 코스 서북쪽 콜로세움 카페에서 15분쯤 북쪽 둘레길을 걸어 입구로 향한다. 오름 입구에서 정상까지 10분이면 오를 수 있다. 내려올 때도 같은 코스를 이용한다.

❸ 준비물 운동화, 모자, 선크림, 선글라스, 생수

❹ 유의사항 제법 가파른 계단이 많다.

❺ 기타 정상 풀밭에 운동기구가 있다.

HOT SPOT

수목원길야시장

- 제주시 은수길 69
- 064-752-3001
- 18:00~22:00, 18:00~23:00(6~9월)
- **주차** 가능
- 민오름에서 자동차로 8분

낭만이 흐르는 솔숲 야시장

제주시 연동 수목원 테마파크 옆에 들어서는 야시장이다. 제주에서 가장 많이 알려진 야시장으로, 비가 올 때를 빼고 일 년 내내 열린다. 푸드 트럭과 소나무 사이로 이어진 조명이 낭만적인 분위기를 연출해준다. 푸드 트럭에서는 큐브 스테이크, 양꼬치, 코코넛 새우튀김, 분짜, 생과일 주스, 맥주 등 다양한 먹을거리를 판매한다. 액세서리와 장식용 소품, 기념품 가게에도 여행자의 발길이 이어진다. 어른들은 소나무를 배경으로 행복을 카메라에 담고, 아이들은 신이 나 강아지처럼 뛰어다닌다. 수목원길 야시장엔 밤이 늦도록 낭만이 흐른다.

RESTAURANT

참돼지

- 제주시 연화로3길 10
- 064-742-3392
- 매일 17:00~재료 소진 시
- **주차** 바로 옆 공영주차장 및 주택가 골목길
- 민오름에서 자동차로 5분

현지인이 더 알아주는 등갈비와 돼지왕갈비탕

여행자보다 도민들에게 더 유명한 맛집이다. 신제주 연동의 한라중학교 근처에 있다. 대표 메뉴는 돼지왕갈비탕과 등갈비뼈갈비이다. 돼지왕갈비탕은 맑은 육수에 왕갈비, 메밀가루, 무채 등을 넣고 푹 끓이는 제주 음식이다. 이 집에서는 웰빙탕이라고 부른다. 맛이 깊고 칼칼해 카~ 소리가 절로 나온다. 웰빙탕은 최소 1시간 전에 전화로 예약해야 한다. 등갈비는 초벌구이한 다음 노릇노릇 구워 먹기 좋게 잘라준다. 재료가 떨어지면 일찍 문을 닫는다. 한식이 아니라 근사하게 서양 음식을 즐기고 싶다면 민오름 옆 '송쿠쉐'로 가면 된다. 송쿠쉐 제주시 신대로13길 43-80 507-1400-0230 매일 11:30~22:00(브레이크타임 15:00~17:30, 월요일 휴무)

CAFE

콜로세움

제주시 민오름길 14

070-8211-0478

매일 09:00~22:00

주차 가능

민오름 서북쪽 기슭

민오름 아래 숲속 베이커리 카페

제주도 빵집 투어 리스트에 들어가는 베이커리 카페이다. 규모가 크고 빵도 맛있지만, 무엇보다 여행자들이 스케줄을 바꿀 만큼 분위기가 정말 좋다. 우선, 위치가 '갑'이다. 민오름 서북쪽 기슭에 있어서, 카페가 숲속으로 들어온 것 같다. 분위기는 더 설명할 것도 없다. 빵은 1층에서 굽는다. 통유리로 빵 굽는 모습을 볼 수 있다. 아침마다 빵을 굽는데. 당일 판매를 원칙으로 삼고 있다. 갓 구운 빵으로 브런치를 즐기는 사람도 꽤 많다. 테이블을 널찍널찍하게 배치해 여유를 즐기기 좋다. 당일 판매하고 남은 빵은 푸드뱅크에 기부하는 착한 가게이기도 하다.

CAFE

그러므로 Part2

제주시 수목원길 16-14

070-8844-2984

10:30~21:00(월요일 휴무)

주차 가능

민오름에서 자동차로 8분

꽃밭과 정원이 있는 풍경

미술관 같은 카페이다. 유채꽃밭과 넓은 정원, 현대적인 건물. 그러므로 Part 2는 인기 좋은 카페의 조건을 두루 갖추고 있다. 사람들은 올레길을 닮은 진입로에 들어서서 연신 카메라 셔터를 누른다. 그러므로 Part 2는 한라수목원 가는 길에 있다. 진입로엔 푸른 잔디와 얇은 돌이 깔려 있고, 제주 감성이 묻어나는 낮은 돌담이 카페로 안내한다. 이 멋진 카페의 시그니처 메뉴는 '메리하하'이다. 차가운 커피인데, 첫 모금을 길게 마셔야 부드러운 우유와 고소한 커피의 풍미를 온전히 느낄 수 있다. 디저트도 다양한데, 블루베리 타르트의 인기가 제일 좋다.

05 절물오름

OREUM 휴양림에 포옥 안긴

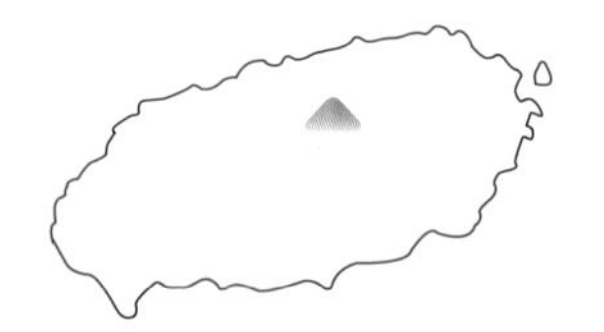

절물오름은 절물자연휴양림 안쪽에 있다. 수령 40년, 삼나무 울울창창한 휴양림을 지나면 이윽고 오름 입구가 나온다. 숲길을 20분쯤 걸으면 전망대와 말굽형 분화구, 분화구 둘레길이 여행자를 맞이한다. 전망대에 오르면 한라산이 거느린 오름 군락과 웅장한 한라산이 다가오고, 제주 시가지와 푸른 바다도 시야에 잡힌다.

- **주소** 제주시 명림로 584
- **순수 오름 높이** 147m
- **해발 높이** 697m
- **등반 시간** 편도 20분, 분화구 둘레길 20분
- **탐방 안내** 064-728-1510

Travel Tip 절물오름 여행 정보

인기도 중 접근성 상 난이도 중 정상 전망 상 등반로 상태 상 편의시설 주차장, 화장실, 산림욕장, 연못, 숙박시설 여행 포인트 정상 전망 감상하기, 분화구 둘레길 걷기, 절물자연휴양림 산책하기 주변 오름 민오름봉개, 거친오름, 큰개오리오름

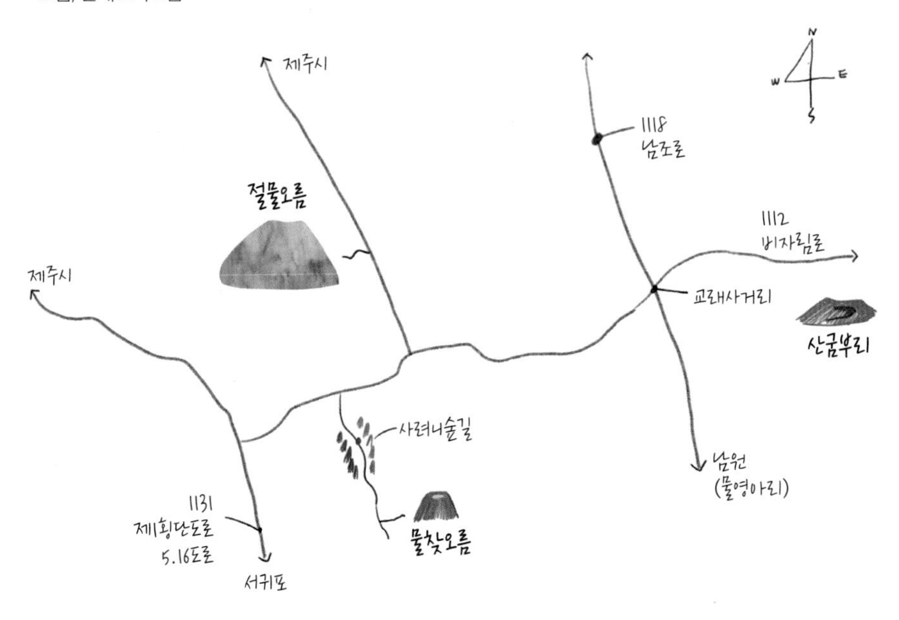

How to go 절물오름 찾아가기

승용차 내비게이션에서 '절물자연휴양림' 검색. 제주공항에서 38분, 서귀포시에서 45분, 중문관광단지에서 1시간 소요

콜택시

제주시 **제주관광콜택시** 064-727-2128 **516콜택시** 064-751-66516 **제주스마일관광 콜택시** 064-744-1960
조천읍 **교래번영로호출 콜택시** 064-727-0082 **조천만세콜택시** 064-784-7477 **조천/함덕콜택시** 064-784-8288

버스

제주국제공항 4번 정류장표선, 성산, 남원 또는 제주버스터미널에서 111, 121, 131번 승차 → 봉개동환승정류장에 하차하여 343, 344번으로 환승 → 절물자연휴양림 정류장 하차 → 절물자연휴양림 지나 절물오름 입구까지 10분 도보 이동. 총 1시간 소요

삼나무 숲길 지나 오름으로

절물오름에 가기 위해서는 절물자연휴양림으로 가야 한다. 우리나라에서 가장 많은 여행자가 방문하는 휴양림으로, 제주시 북동쪽 봉개동에 있다. 휴양림 입구부터 수령 40년이 넘은 삼나무가 울창한 숲을 이루고 있다. 절물휴양림은 삼나무를 비롯한 침엽수가 전체 나무의 90%에 이른다. 피톤치드는 침엽수에서 많이 나온다. 휴양림이 피톤치드 천연 공장인 셈이다. 매표소에서 정면을 바라보면 휴양림에서 제일 넓은 길이 보인다. '물이 흐르는 건강 산책로'이다. 비스듬히 경사를 이룬 이 길을 7분쯤 오르면 제법 큰 연못이 나온다. 연못을 지나 왼쪽 길로 3분쯤 더 가면 절물오름 입구가 나온다. 입구에서 정상까지 거리는 800m이다. 숲길을 20분쯤 걸으면 정상에 닿는다. 말굽형 분화구가 여행자를 맞이한다. 남쪽과 동쪽에 전망대가 있는데, 전망대에 오르면 한라산이 거느린 오름 군락과 웅장한 한라산, 제주 시내와 푸른 바다가 손에 잡힐 듯 다가온다. 분화구 둘레길도 걸어보자. 20분이면 다 돌 수 있다. '절물'은 옛날에 이곳에 절이 있었는데, 절 주변에 유명한 천연 샘물이 있어서 붙여진 이름이다. 절이 있는 오름이라 하여 '사악寺岳'이라고도 부른다.

Trekking Map 절물오름 탐방 지도

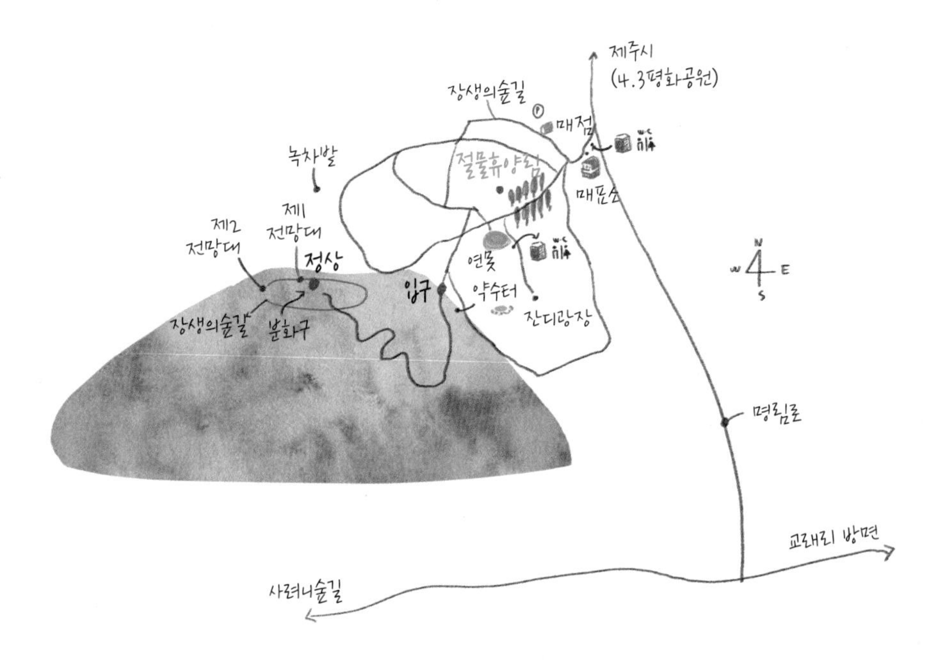

Trekking Tip 절물오름 오르기

❶ 오름 입구 절물휴양림의 '물이 흐르는 건강 산책로'를 따라 10분 걸어가면 절물오름 입구가 나타난다.

❷ 트레킹 코스 오름 입구에서 정상까지 거리는 800m이다. 20분이면 오를 수 있다. 오름도 매력적이지만 휴양림은 더 매력적이다. 하산 후에는 절물휴양림에서 산책도 하고, 산림욕도 즐기자.

❸ 준비물 간편복, 운동화, 모자, 선크림, 선글라스, 생수

❹ 유의사항 전망대를 제외한 모든 편의시설은 휴양림 안에 있다.

06 서우봉

OREUM 여행 엽서처럼 풍경이 아름다운

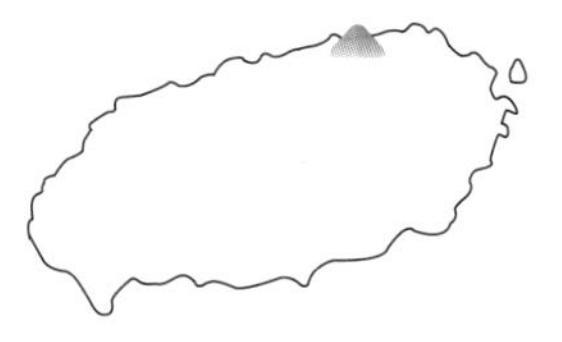

서우봉은 함덕의 쪽빛 바다와 맞닿아 있다. 노란 유채가 산을 물들이는 3월이 가장 아름답지만, 여름과 가을에도 이에 뒤지지 않는다. 여름에는 해바라기가, 가을엔 코스모스가 서우봉을 여행 엽서처럼 매혹적으로 꾸며준다. 올레 19코스가 서우봉을 지난다.

- **주소** 제주시 조천읍 함덕리 169-1
- **순수 오름 높이** 106m
- **해발 높이** 111m
- **등반 시간** 40분

Travel Tip 서우봉 여행 정보

인기도 상 접근성 상 난이도 하 정상 전망 중 등반로 상태 상 편의시설 화장실, 벤치, 주차장

여행 포인트 함덕해수욕장, 캠핑, 차박 캠핑, 유채꽃

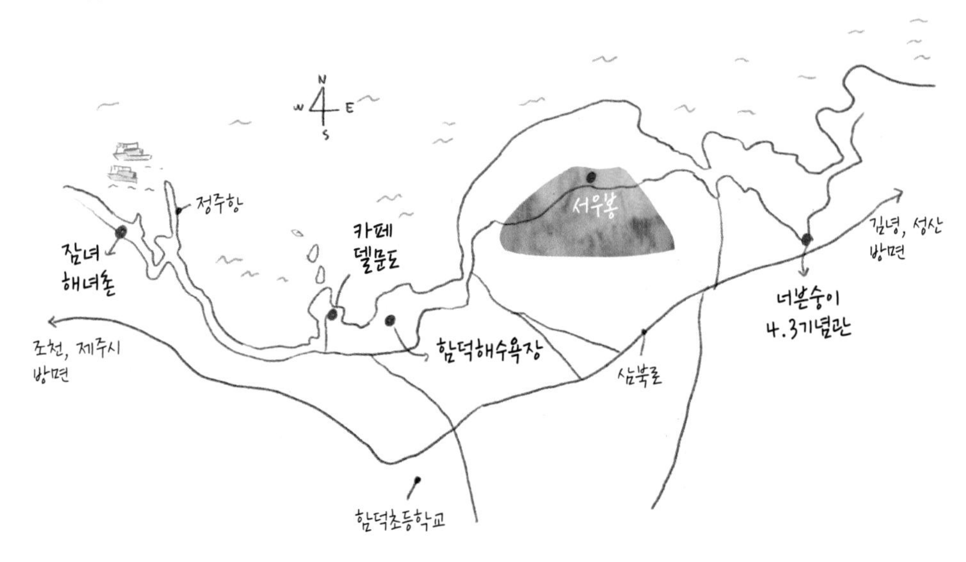

How to go 서우봉 찾아가기

승용차 내비게이션에 서우봉으로 검색 → 제주공항에서 30분, 서귀포와 중문관광단지에서 1시간 15분 소요

콜택시

제주시 **제주관광콜택시** 064-727-2128 **516콜택시** 064-751-66516 **제주스마일관광 콜택시** 064-744-1960

조천읍 **교래번영로콜택시** 064-727-0082 **조천만세콜택시** 064-784-7477 **조천/함덕콜택시** 064-784-8288

버스

❶ 제주국제공항 2번 정류장일주동로, 516도로과 제주버스터미널에서 101번 탑승 → 10개 또는 9개 정류장 이동 → 함덕환승정류장에서 하차 → 도보 13분 이동. 총 1시간 5분 소요

❷ 서귀포시 중앙로터리 동 정류장에서 101번 승차 → 11개 정류장 이동 → 함덕환승정류장에서 하차 → 도보 13분 이동. 총 1시간 50분 소요

쪽빛 바다, 은빛 모래 그리고 노란 유채꽃

함덕해수욕장은 협재, 중문색달과 더불어 '제주도 3대 해수욕장'으로 대접받는다. 함덕서우봉해변이라 부르기도 한다. 함덕해수욕장의 쪽빛 바다는 언제나 옳다. 하얀 백사장과 에메랄드빛 바다, 그리고 서우봉의 노란 유채꽃이 만들어내는 그림 같은 풍경은 돈을 주고도 볼 수 없다. 서우봉에서 본 함덕해수욕장이나, 함덕해수욕장에서 보는 서우봉이나 모두 인생 사진을 얻을 수 있는 핫 스폿이다. 서우봉은 함덕해수욕장 동쪽에 있다. 망오름과 서모봉 두 개 봉우리를 합해 서우봉이라 부른다. 낮고 긴 타원형 화산체이다. 바다와 맞닿아 있는데 오름 높이가 106m로 낮은 편인데다가 함덕리 주민들이 산책로를 잘 만들어 놓아 등산하기 어렵지 않다. 제주의 사라봉이나 서귀포의 삼매봉처럼 잘 꾸며놓은 공원에 가까워 평상복 차림으로도 쉽게 오를 수 있다. 노란 유채가 서우봉을 물들일 무렵에 가장 인기가 좋지만, 여름과 가을에도 이에 뒤지지 않는다. 여름에는 해바라기가, 가을엔 코스모스가 서우봉을 매혹적으로 만들어 준다. 올레 19코스가 서우봉을 지난다. 야영과 카라반 캠핑도 가능한 곳이니 도전해보자.

Trekking Map 서우봉 탐방 지도

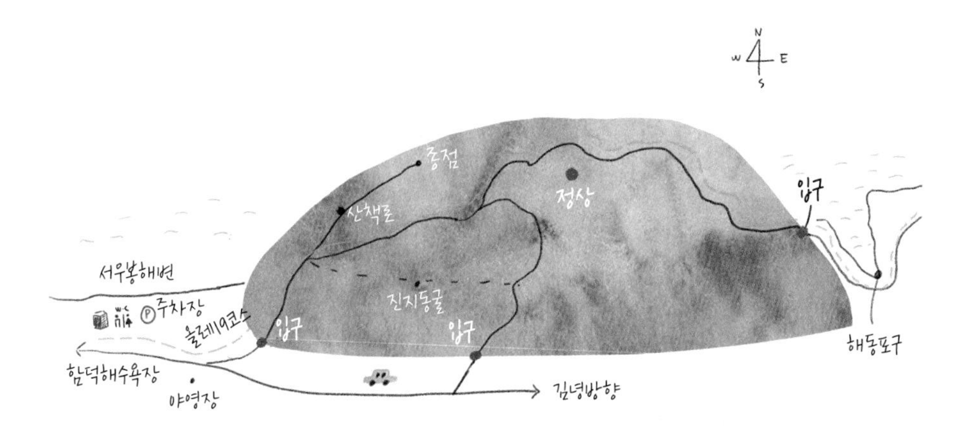

Trekking Tip 서우봉 오르기

❶ 오름 입구 서우봉에 오르는 길은 세 군데이다. 함덕해수욕장 입구, 서모봉 표지석 입구, 북촌리 방면 입구가 있는데, 해수욕장을 한눈에 조망할 수 있는 함덕해수욕장 입구로 가장 많이 오른다.

❷ 트레킹 코스 함덕해수욕장 입구에서 오르다 보면 좌측에 넓게 펼쳐진 유채밭이 있다. 매년 3월이면 장관을 이룬다. 유채밭을 지나 정상으로 가면 망오름과 서모봉 사잇길로 갈 수 있다.

❸ 준비물 간편복, 운동화, 모자, 선글라스, 음료

❹ 기타 트레킹 코스를 순환하도록 조성해 놓아 다른 입구를 택하더라도 정상에 오를 수 있다.

HOT SPOT

함덕해수욕장

제주시 조천읍 조함해안로 525
서우봉 입구에서 서쪽으로 걸어서 5분

이국적인 에메랄드빛 바다

함덕해수욕장 물빛은 협재, 김녕과 함께 제주에서 가장 아름다운 쪽빛으로 꼽힌다. 함덕해수욕장 일대는 원래 바다였다. 아주 먼 옛날 수면이 낮아지더니 은빛 모래가 반짝이는 해변이 요술처럼 나타났다. 해변 경사가 부드럽고 수심이 얕아 물놀이하기 좋다. 아이들은 모래놀이를 하고, 젊은 이들은 카약을 타며 함덕 바다를 즐긴다. 해수욕장 중간 즈음엔 바닷가로 돌출한 암석 '올린여'가 있다. 이 현무암 위에 구름다리를 놓았는데, 다리를 오가며 바다 위를 걷는 기분을 느낄 수 있다. 여름철엔 밤에도 개장해 제주도의 푸른 밤을 만끽할 수 있다.

HOT SPOT

너븐숭이 4·3기념관

제주시 조천읍 북촌3길 3
064-783-4303
평일 09:00~18:00 **주말** 09:00~18:00(둘째·넷째 월요일, 1월 1일, 추석 연휴, 설 연휴 휴무)
서우봉 입구에서 자동차로 6분

소설 <순이 삼촌>의 실제 무대

환상의 섬 제주엔 지울 수 없는 아픔이 있다. 1948년 미군정과 이승만 정부가 저지른 4·3학살이다. 이듬해 6월까지 무려 민간인 약 3만 명을 학살했다. 서우봉을 옆에 둔 한적한 마을 북촌리에도 학살의 광풍이 불었다. 작가 현기영은 소설 〈순이 삼촌〉으로 북촌리 학살을 생생히 증언했다. 시신과 뒤엉켜 있다가 기적적으로 살아남은, 제주에선 흔히 '삼촌'으로 불리는 순이 아주머니의 이야기를 너븐숭이 4·3기념관에서 만날 수 있다. 무자비하게 희생당한 갓난아기들이 자그마한 돌무더기 무덤으로 증언하는 너븐숭이 언덕도 둘러보자.

RESTAURANT

잠녀해녀촌

제주시 조천읍 함덕5길 36
(함덕리 3150-4)
064-782-6769
07:00~20:30(연중무휴)
주차 가능
서우봉 입구에서 자동차로 4분

함덕 할망들이 끓여주는 성게보말죽

함덕해수욕장 서북쪽 정주항 근처에 있다. 조천에서 보말죽 또는 성게보말죽을 먹고 싶다면 잠녀해녀촌으로 가야 한다. 식당 이름에서 알 수 있듯이 함덕의 해녀 할망들이 건져 올린 성게와 보말로 죽을 만든다. 이 집의 죽은 정말 맛있다. 보말죽 먹는 방법을 소개하면 이렇다. 밑반찬으로 나오는 톳무침을 보말죽에 넣는다. 톳무침이 떨어지면 셀프코너에 가서 톳무침을 가져와 보말죽에 넣는다. 그리고 잘 비벼서 먹는다. 제주 토박이가 알려주는 보말죽 먹는 방법이니 어디강 곧지 맙써. 여름철엔 물회도 추천한다.

RESTAURANT

카페 델문도

제주시 조천읍 조함해안로 519-10
064-702-0007
매일 07:00~24:00
주차 가능
서우봉 입구에서 도보 5분

함덕해변의 오션 뷰 카페

1년 내내, 사시사철 수많은 인파가 모여드는 카페 1번지가 있다. 바로 카페 델문도다. 함덕해수욕장 중간, 바다로 돌출한 현무암 위에 있다. 델문도는 푸르른 바다와 서우봉, 함덕해변 모두를 한꺼번에 감상할 수 있는 곳이다. 제주도에 오션 뷰 카페가 많지만, 이곳은 남다르다. 바로 코앞이 바다다. 야외 테라스로 나가면 바로 아래에 바다가 있다. 커피는 물론 베이커리까지, 모든 걸 갖춘 델문도 카페. 이른 아침부터 늦은 밤까지 문을 열지만, 그래도 사람의 발길이 끊이지 않는다. 기다리는 게 싫어 찾지 않으려 해도 끝내는 찾게 된다.

07 거문오름

OREUM **세계자연유산 트리플 크라운**

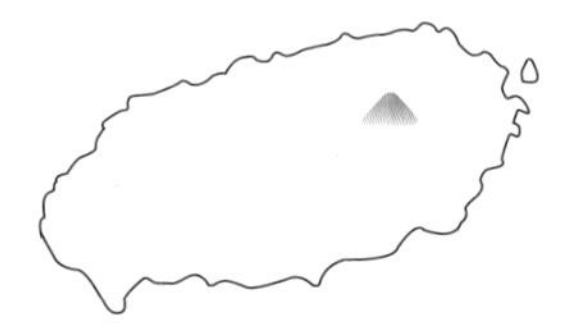

거문오름은 한라산, 성산일출봉과 더불어 세계자연유산에 등재되었다. 유네스코 생물권보호구역과 세계지질공원 인증까지 받으면서 제주에서 유일하게 세계유산 트리플 크라운을 달성했다. 거문오름은 그 자체로 화산과 지질 교과서이다. 예약제로 하루 450명만 탐방할 수 있다.

- **주소** 제주시 조천읍 선교로 569-36
- **전화** 064-710-8980, 8981
- **홈페이지** www.jeju.go.kr/wnhcenter/index.htm
- **순수 오름 높이** 112m
- **해발 높이** 456m
- **탐방 시간** 09:00~13:00(하루 450명 한정 예약제. 30분 간격 출발. 탐방 희망 전 달 1일 09:00~17:00까지 홈페이지에서 선착순 예약. 당일 예약 불가. 화요일, 1월 1일, 설·추석 휴무)
  등반 시간 정상 코스 1시간(1.8km), 분화구 코스 2시간 30분(5.5km), 전체 코스 3시간 30분(10km)

ⓒ제주도청

Travel Tip 거문오름 여행 정보

인기도 중 접근성 상 난이도 중 정상 전망 중 등반로 상태 중 편의시설 제주세계자연유산센터, 주차장, 화장실, 전시실, 전망대 여행 포인트 땅속에서 바람이 나오는 풍혈 구경하기, 겨울에도 울창한 숲 유지하는 용암 함몰 구멍 구경하기, 정상에서 분화구 감상하기 주변 오름 부대오름, 부소오름, 선흘 민오름

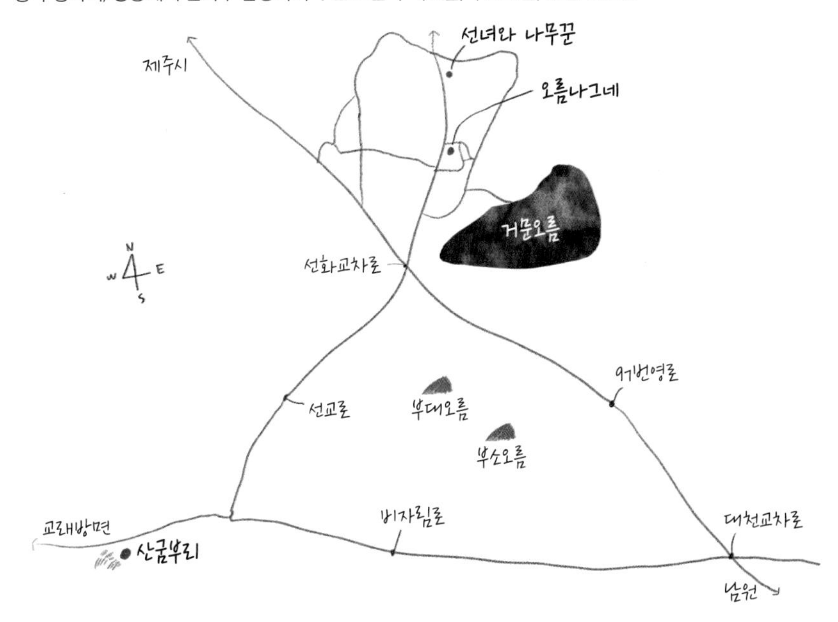

How to go 거문오름 찾아가기

승용차 내비게이션에 '거문오름' 또는 '제주세계자연유산센터' 찍고 출발. 제주공항에서 40분, 중문에서 60분, 서귀포에서 50분 소요

콜택시

조천읍 **교래번영로콜택시** 064-727-0082 **조천만세콜택시** 064-784-7477 **조천/함덕콜택시** 064-784-8288

구좌읍 **김녕콜택시** 064-784-9910 **구좌콜개인택시** 064-783-4994

버스 ❶ 제주공항 1번 정류장표선, 성산 방면에서 111, 122번 버스 승차 → 8개 정류장 이동 →거문오름 입구서 정류장에서 하차 → 858m 도로로 이동 → 거문오름 입구. 총 1시간 소요

❷ 서귀포시청 제1청사 부근 중앙로터리동 정류장에서 182번 승차 → 10개 정류장 → 제주대학교 병원동 정류장에서 하차 후 길 건너 제주대학교 병원서 정류장에서 111, 122번으로 환승 → 2개 정류장 이동 - 거문오름 입구서 정류장에서 하차 → 858m 도로로 이동 → 거문오름 입구. 총 1시간 40분 소요

화산과 지질 교과서

10~30만 년 전 제주 동부에 수차례의 거대한 화산 폭발이 일어났다. 이때 해발 465m의 거문오름이 생겨나고 정상에는 백록담보다 세 배나 큰 거대한 말발굽 분화구가 만들어졌다. 화산 폭발은 여기에서 그치지 않았다. 화산이 폭발할 때 생긴 거대한 용암의 강이 북동쪽 해안가로 쏟아져 내려가면서 벵뒤굴에서 만장굴, 김녕굴, 용천동굴, 당처물동굴까지 13km에 이르는 직선형 용암동굴을 만들고, 제주에서 가장 긴 용암 협곡도 만들었다. 탐방객은 해설사 설명을 들으며 용암 협곡, 풍혈, 화산탄, 수직 동굴, 정상 전망대 등을 돌아볼 수 있다. 거문오름 탄생 이야기, 오름에 얽힌 전설, 자연 생태계에 관한 설명을 들을 수 있어서 탐방 시간이 알차다. 거문오름은 밀림 같다. 숲이 우거져 낮인데도 초저녁처럼 어둡다. 이 숲은 동북쪽으로 거의 해안까지 이어지는데, 이를 선흘곶자왈이라 부른다. 제주엔 곶자왈이 몇 개 더 있다. 면적은 한반도 0.05%에 불과하지만, 한반도 식물 종의 22%가 곶자왈에서 살고 있다. 제주도의 허파이자 생태계의 보고이다.

Trekking Map 거문오름 탐방 지도

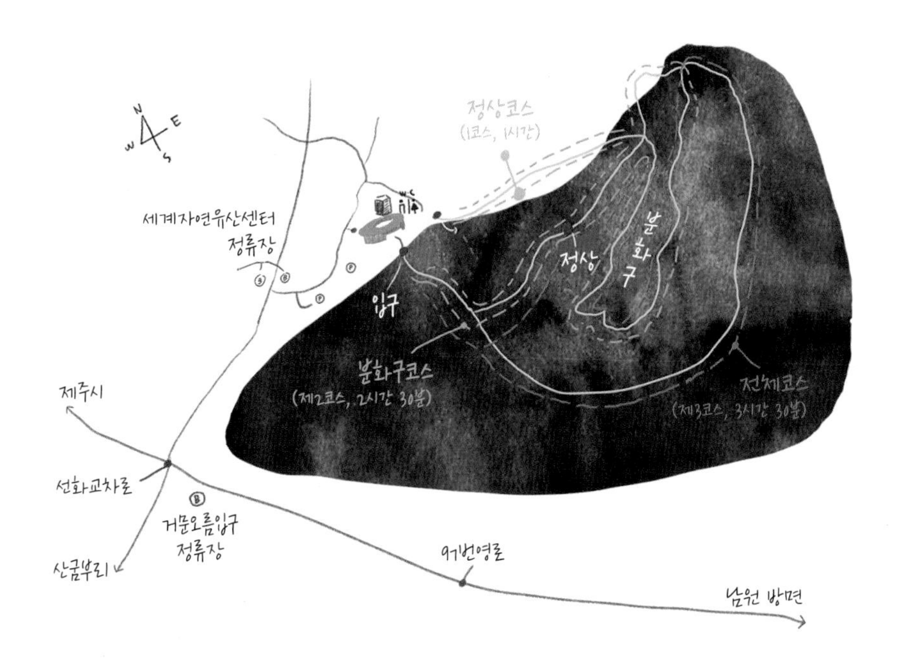

Trekking Tip 거문오름 오르기

❶ 오름 입구 810-2번 관광지 순환 버스에서 내리면 바로 제주세계자연유산센터가 보인다. 센터 안에 거문오름 탐방안내소가 있다. 해설사를 따라 이곳에서 출발한다.

❷ 트레킹 코스 탐방 코스는 정상 코스1.8km, 1시간 소요, 분화구 코스5.5km, 2시간 30분, 전체 코스10km, 3시간 30분 등 모두 세 개다.

❸ 준비물 등산화, 등산 스틱, 모자, 선크림, 선글라스, 생수, 간식

❹ 유의사항 거문오름은 세계자연유산이자 천연기념물이다. 탐방로를 이탈하지 말고 해설사의 안내에 따르자.

❺ 기타 탐방 후엔 제주세계자연유산센터에 꼭 들르자. 제주도와 한라산의 생성 과정부터 화산, 용암동굴, 오름, 바닷속 생태까지 재현해 놓아 보고 체험하는 재미가 쏠쏠하다.

HOT SPOT

산굼부리

제주시 조천읍 비자림로 768(교래리 산 38) 064-783-9900

09:00~18:00(11~2월 09:00~17:00, 연중무휴) ₩ 입장료 3,000원~6,000원

춤추는 억새와 신비로운 분화구

산굼부리 입구부터 억새가 춤을 춘다. 여행자를 반기기라도 하는 듯 추임새를 넣으며 어깨를 들썩이고 팔을 휘젓는다. 사방은 억새 평원이다. 늦가을부터 이른 봄까지 억새가 장관을 연출한다. 억새에 취해 기분 좋게 구릉을 오르면 갑자기 거대한 웅덩이가 나타난다. 예감하지 못한 비현실적인 광경에 사람들은 탄성을 지른다. 분화구는 무슨 비밀을 간직한 듯 신비롭다. 그런데 다른 오름과 조금 다르다. 오름은 대부분 산과 분화구로 이루어져 있다. 그러나 산굼부리엔 오름, 즉 산은 없고 땅이 푹 꺼진 분화구만 있다. 산굼부리는 지표로 올라오던 마그마가 갑자기 줄어들어 땅속 빈 공간이 무너져 내려 만들어졌다. 이런 굼부리를 피트형 분화구라 하는데, 백두산 천지가 이런 원리로 생겼다. 다만 분화구 지름이 2km가 넘는 천지는 칼데라, 그보다 작은 산굼부리는 함몰 분화구라 부른다. 산굼부리는 오름 전망대이다. 제주 동부 오름 군락지 한가운데 있는 까닭에 어디에 눈을 두어도 굽이치는 오름이 시야 가득 들어온다.

ⓒ제주관광공사

HOT SPOT

선녀와 나무꾼

제주시 조천읍 선교로 267
064-784-9001
09:00~18:00(입장 마감 17:00)
₩ 입장료 10,000원~13,000원
거문오름에서 자동차로 5분

어릴 적 추억 소환하기

옛 추억을 떠올릴 수 있는 실내 테마공원이다. 60년대부터 90년대까지 시대별 생활상을 실제 소품과 모형을 통해 재현해 놓았다. 60년대의 달동네 가옥을 아련한 기분으로 구경할 수 있다. 노점과 다방, 서점과 우체국이 있는 70년대 거리를 거닐다 보면 저절로 추억의 책장을 넘기게 된다. 옛 영화관을 재현한 공간도 있다. 스크린엔 70년대 추억의 히트작인 <고교 얄개>가 흐른다. 도시락을 올려놓은 석탄 난로가 있는 옛 교실 역시 발길을 잡는다. 테마공원 곳곳에 포토 존에서 추억의 사진을 남길 수 있다.

RESTAURANT

오름나그네

제주시 조천읍 선교로 525
064-784-2277
10:00~15:00(화요일 휴무)
주차 가능
거문오름에서 자동차로 2분, 걸어서 8~9분

국물이 끝내주는 보말칼국수

해산물 칼국수로 유명한 집이다. 제주세계자연유산센터 길 건너편 마을에 있다. 직선거리로 500m 남짓이라 걸어서 갈 수도 있다. 산골짜기에 해산물 칼국수 맛집이 있다니 조금 의외다 싶다. 하지만 맛은 끝내준다. 보말칼국수의 인기가 제일 좋다. 진한 국물 맛을 표현하려면 지면이 모자란다. 전복성게칼국수와 버섯들깨칼국수도 이에 뒤지지 않는다. 해물파전과 도토리묵무침은 메뉴판만 봐도 저절로 군침이 돈다. 오름 등반 후 갈증이 나던 차에 막걸리 한잔 들이키고 싶어진다.

08 물찻오름

OREUM 사려니숲길의 신비로운 오름

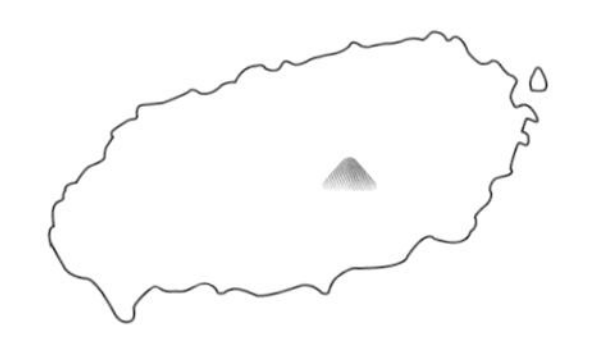

물찻오름은 자연휴식제를 실시 중이어서 쉬이 오를 수 없다. '사려니숲길 에코 힐링 체험' 행사가 열리는 5일 남짓 기간에만 출입할 수 있다. 분화구를 채운 산정호수가 신비롭게 아름답다.

- **주소** 제주시 조천읍 교래리 산137-1
  물찻오름 입구 비자림로 입구 제주시 봉개동 산 78-1(승용차 이용 시 사려니숲 주차장에 주차. 제주시 봉개동 산 64-1) 붉은오름 입구 서귀포시 표선면 가시리 산 158-4
- **순수 오름 높이** 167m
- **해발 높이** 718m
- **등반 시간** 1시간~1시간 30분

©임재영

Travel Tip 물찻오름 여행 정보

인기도 상 접근성 입산 금지자연휴식년제 실시 중, 사려니숲 에코힐링 체험 행사 때 특별 개방. https://www.facebook.com/saryeoni/
난이도 중 정상 전망 중 등반로 상태 상 여행 포인트 사려니숲길 산책, 산정호수 감상

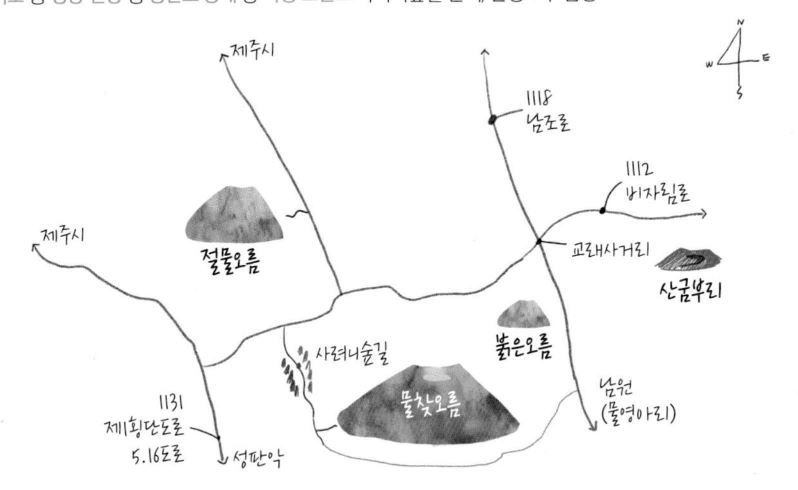

How to go 물찻오름 입구 찾아가기

승용차 ❶ 내비게이션에 '사려니숲 주차장'으로 검색 → 제주공항에서 40분, 중문관광단지에서 54분 소요
❷ 내비게이션에 '사려니숲길 붉은오름 입구'로 검색 → 제주공항에서 44분, 중문관광단지에서 1시간 12분 소요

콜택시
조천읍 **교래번영로콜택시** 064-727-0082 **조천만세콜택시** 064-784-7477 **조천/함덕콜택시** 064-784-8288
표선면 **표선24시콜택시** 064-787-3787 **표선호출개인택시** 064-787-2420

버스 비자림로 입구 ❶ 제주국제공항 1번 정류장표선, 성산, 남원에서 112, 122, 132번 승차 → 9개 정류장 이동 → 비자림로 교래 입구에서 212, 222, 232번 환승 → 1개 정류장 이동 → 사려니숲길 정류장 하차. 총 43분 소요
❷ 제주시 버스터미널에서 212, 222, 232번 탑승 → 29개 정류장 이동 → 사려니숲길 정류장 하차. 총 46분 소요
❸ 서귀포시 버스터미널에서 182번 탑승 → 8개 정류장 이동 → 교래 입구 정류장 하차 → 비자림로 교래 입구 정류장까지 98m 도보 이동 → 비자림로 교래 입구 정류장에서 212, 222, 232번 승차 → 1개 정류장 이동 → 사려니숲길 정류장 하차. 총 53분 소요

붉은오름 입구 ❶ 제주국제공항 1번 정류장표선, 성산, 남원에서 131번·132번, 제주버스터미널에서 131번 승차 → 붉은오름 정류장에서 하차. 총 50~55분 소요
❷ 매일올레시장 7번 입구 정류장 또는 동문로터리 정류장에서 231, 232번 승차 → 57개 정류장 이동 → 붉은오름 정류장 하차. 총 1시간 10분 소요

산정호수를 품었다

오름이 300개가 훨씬 넘지만, 호수를 품은 오름은 많지 않다. 백록담, 물찻오름, 사라오름, 물장오리, 물영아리. 몇몇 오름만이 굼부리에 호수를 갖고 있다. 이 중에서 오르기 가장 어려운 오름은 단연 물찻오름이다. 이유는 간단하다. 생태복원을 위해 일 년 중 약 4~5일 남짓 열리는 '사려니숲길 에코 힐링 체험' 행사https://www.facebook.com/saryeoni/ 기간에만 개방되는 특별한 오름이기 때문이다. 이 행사는 보통 5~8월 사이에 열린다. 사전 예약한 소수의 인원만이 출입할 수 있다. 참가자는 전문 해설사의 환경해설을 들으며 물찻오름에 오를 수 있다. 물찻오름의 다른 이름은 '검은오름'이다. '검은'은 제주어로 크고 신성하다는 뜻이다. 높이 솟은 봉우리와 움푹 패인 굼부리의 모습을 보면 그 타이틀이 무색하지 않다. 높은 고도와 산정호수는 곧잘 안개를 부른다. 안개는 산정호수를 더욱 신성케 한다. 나이 지긋한 한 예비역 특전사는 물찻오름을 이렇게 예찬했다. "훈련 중에 헬기를 타고 하늘에서 본 물찻오름이 그렇게 아름다울 수 없었다. 40년이 지난 지금도 기억이 생생하다."

Trekking Map 물찻오름 탐방 지도

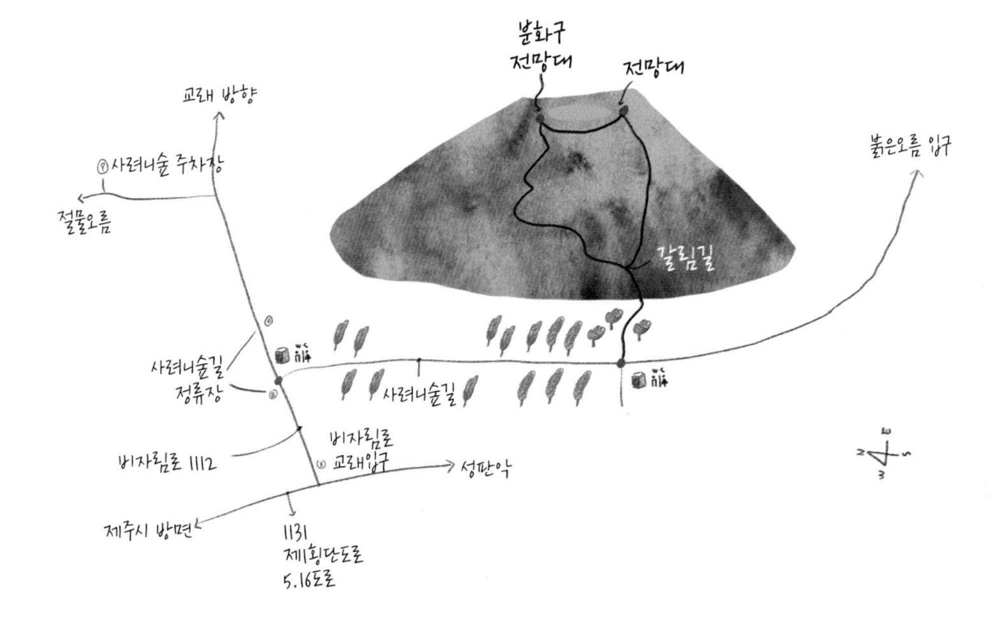

Trekking Tip 물찻오름 오르기

❶ 오름 입구 물찻오름은 사려니숲길에서 출발한다. 비자림로 사려니숲길 입구에서 4.7km, 남조로 붉은오름 입구에서 3.5km 거리에 물찻오름 입구가 있다. 1시간~1시간 반 정도의 트래킹 코스다. 사려니숲 주차장제주시 봉개동 산 64-1을 이용하면 2.2km의 숲길 트레킹를 먼저 즐긴 뒤 비자림로 사려니숲길 입구에 도착할 수 있다.

❷ 트레킹 코스 물찻오름 표지석을 보고 안내 표지판을 따라 오른다. 산 정상에 오르면 산정호수로 다시 내려가는 길과 분화구 둘레를 도는 산책길이 있다. 산정호수는 숲이 우거져 내려가야 볼 수 있다. 정상의 산책길도 수풀이 우거져 있지만, 한라산을 볼 수 있는 전망대가 있어 아쉽지 않다.

❸ 준비물 등산복, 등산화, 등산 스틱, 장갑, 음료수. 선글라스, 선크림, 모자

❹ 유의사항 물찻오름은 자연휴식제를 실시하고 있다. 탐방로를 이탈하지 말고 해설사의 안내에 따르자.

❺ 기타 버스를 이용하면 붉은오름 입구에서 출발해 비자림로 입구로 나올 수 있다. 그 반대도 가능하다. 이렇게 하면 붉은오름-비자림로 코스 사려니숲길을 모두 걸을 수 있다.

09 부소오름

OREUM

삼나무 숲길이 아름답다

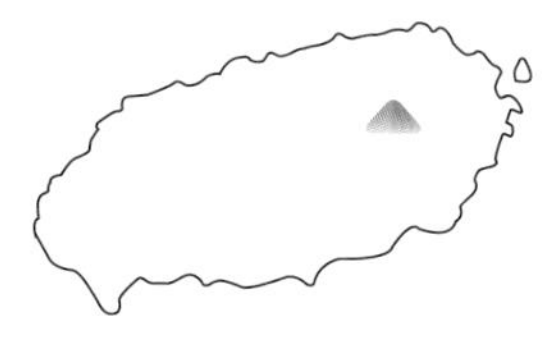

부소오름은 몇 해 전까지 도민과 동호회원만 찾는 비밀 오름이었다. 요즘에는 SNS를 타고 삼나무 숲길로 유명해지면서 여행객들도 많이 찾는다. 특히 웨딩 촬영지로 유명하다. 하늘을 다 덮을 정도로 키가 큰 삼나무 숲길이 이국적인 풍경을 연출해준다.

- **주소** 제주시 조천읍 교래리 산2
- **순수 오름 높이** 129m
- **해발 높이** 469.2m
- **등반 시간** 40분

Travel Tip 부소오름 여행 정보

인기도 중 접근성 중 난이도 중 정상 전망 하 등반로 상태 중 편의시설 없음

여행 포인트 삼나무 숲길, 천미천 계곡 트레킹 주변 오름 부대오름, 거문오름, 선흘 민오름, 산굼부리

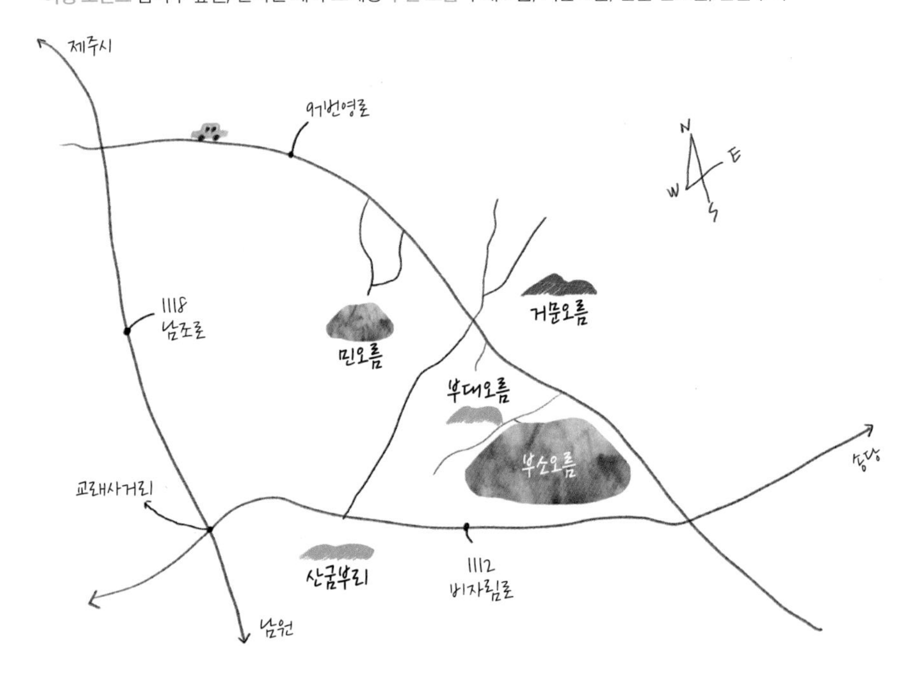

How to go 부소오름 찾아가기

승용차 내비게이션에 '부소오름' 찍고 출발. 제주공항에서 40분, 서귀포에서 55분, 중문관광단지에서 1시간 2분 소요

콜택시 조천읍 **교래번영로호출콜택시** 064-727-0082 **조천읍만세호출** 064-784-7477

버스 ❶ 제주국제공항 정류장에서 111, 121번 승차표선, 성산, 남원 → 5개 정류장 이동 → 남조로 검문소 정류장에서 211, 221번으로 환승 → 6개 정류장 이동 → 거문오름입구 정류장에서 하차 → 남조로97 도로 따라 동남쪽으로 1.3km 이동. 총 1시간 5분 소요

❷ 제주버스터미널에서 211, 221번 탑승 후 ❶번과 같은 코스로 이동. 총 55분 소요

❸ 서귀포 동문로터리에서 231번 승차 → 66개 정류장 이동 → 남조로 검문소 정류장 하차 후 211, 221번 환승 → 6개 정류장 이동 후 거문오름입구 정류장에서 하차 → 남조로97 도로 따라 동남쪽으로 1.3km 이동. 총 2시간 소요

천미천과 부대오름 트레킹은 덤이다

부소오름부소악은 동부 중산간에 숨어있는 아름다운 오름이다. 예전에는 오름 동호회원들만 찾는 비밀 장소였는데, SNS를 타고 삼나무 숲길이 알려졌다. 특히 웨딩 촬영지로 유명하다. 진입로부터 하늘 높이 자란 삼나무 숲이다. 하늘을 다 덮을 정도로 키가 큰 삼나무가 이국적인 풍경을 연출해 준다. 삼나무가 호위 무사처럼 지켜주는 거 같다. 작은 돌이 깔린 오솔길을 걷는 기분이 좋다. 점점 세상의 소리와 멀어져 숲도 마음도 고요해진다. 삼나무 숲이 끝나면 부소오름이 나타난다. 왼쪽이 부소오름부소악이고 우측에 있는 오름이 부대오름이다. 부소오름 입구는 삼나무 숲을 지나 임도를 한참 더 걸어가면 나온다. 입구로 들어서면 길은 두 갈래로 나뉜다. 1코스, 2코스 둘 다 정상에 닿는다. 올라갈 땐 1코스로, 내려올 땐 2코스를 선택하는 것도 좋다. 정상에 이르면 산굼부리도 보이고 송당리 오름 군락도 시야에 잡히지만 다른 오름처럼 멋진 전망을 즐길 수는 없다. 하지만 숲이 아름다운 데다 하산 후 천미천 야생 트레킹까지 즐길 수 있어 매력적이다. 천미천은 제주에서 가장 긴 하천47.2km이다. 부소악, 천미천, 부대오름을 코스로 잡아 트레킹해도 좋다.

Trekking Map 부소오름 탐방 지도

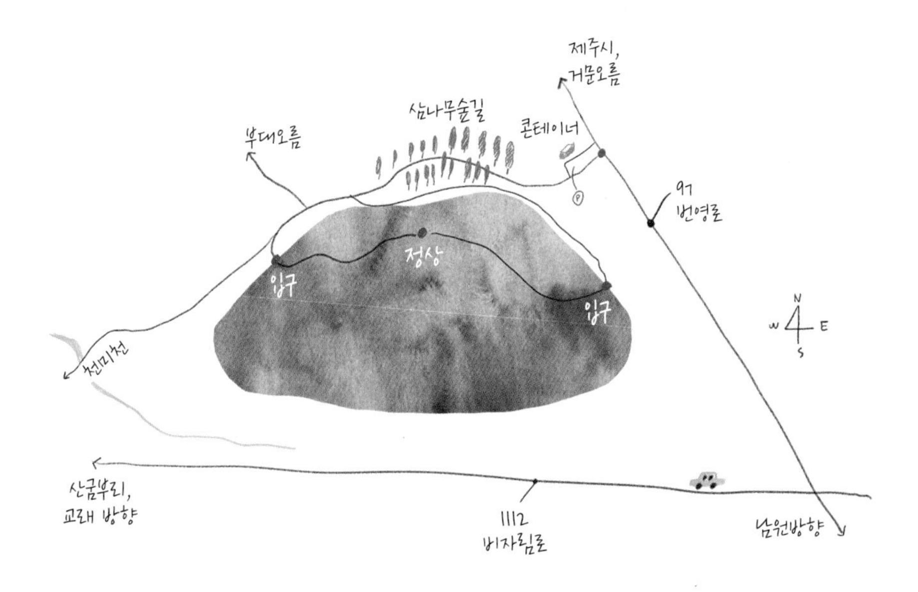

Trekking Tip 부소오름 오르기

❶ 오름 입구 번영로와 근접해 있지만, 이정표가 없어 잘 찾아야 한다. '제주오름승마랜드'에서 번영로를 따라 남서쪽 800~900m 내려오면 진입로가 나온다. 진입로 입구에 회색 컨테이너가 하나 있다. 이윽고 긴 삼나무 숲길과 부소오름 둘레길이 이어진다. 한 10분쯤 가면 오름 입구가 나온다.

❷ 트레킹 코스 오름 안으로 들어가면 1코스, 2코스를 선택할 수 있다. 둘 다 정상으로 가는 길이다.

❸ 준비물 등산복, 등산화, 등산 스틱, 모자, 장갑, 생수 선크림, 선글라스

❹ 유의사항 화장실, 주차장 등 편의시설이 없다.

❺ 기타 삼나무 숲길을 기준으로 좌측이 부소오름이고 우측이 부대오름이다. 그리고 부소오름 남쪽은 천미천이다. 두 시간쯤 잡고 부소오름, 천미천, 부대오름까지 트레킹해도 좋다.

10 부대오름

OREUM 전망보다 숲길

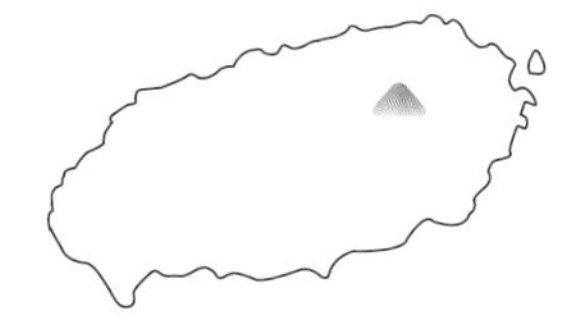

숲길이 아름다운 부대오름은 말굽형 오름의 전형을 보여준다. 분화구가 터진 방향으로 목장이 들어와 있어서 고즈넉한 풍경을 연출한다. 동남쪽 부소오름과 길 하나를 사이에 두고 있어서 마치 형제 오름 같다. 두 오름을 더불어 트레킹하기 좋다.

주소 제주시 조천읍 선흘리 산103번지
순수 오름 높이 109m
해발 높이 467m
등반 시간 30분

Travel Tip 부대오름 여행 정보

인기도 하 접근성 중 난이도 중 정상 전망 하 등반로 상태 중 편의시설 없음필요 시 제주오름승마랜드의 말벗카페 이용
여행 포인트 부대악-부소악-천미천 트레킹, 말타기 체험 주변 오름 부소오름, 골체오름, 거문오름, 선흘 민오름, 산굼부리

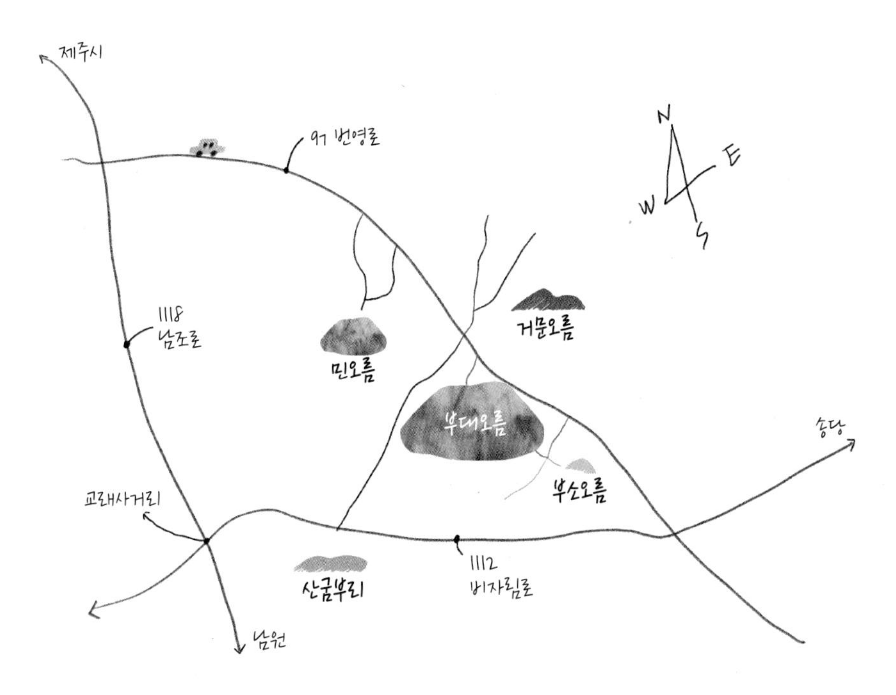

How to go 부대오름 찾아가기

승용차 내비게이션에 '제주오름 승마랜드' 또는 '부대악' 또는 '부대오름' 검색. 제주공항에서 40분, 서귀포에서 55분, 중문관광단지에서 1시간 2분 소요

콜택시 조천읍 **교래번영로호출콜택시** 064-727-0082 **조천읍만세호출** 064-784-7477

버스 ❶ 제주국제공항 정류장에서 111, 121번 승차표선, 성산, 남원 → 5개 정류장 이동 → 남조로 검문소 정류장에서 211, 221번으로 환승 → 6개 정류장 이동 → 거문오름입구 정류장에서 하차 → 남조로97 도로 따라 동남쪽으로 도보 5분 이동. 총 1시간 소요
❷ 제주버스터미널에서 211, 221번 탑승 후 ❶번과 같은 코스로 이동. 총 50분 소요
❸ 서귀포 동문로터리에서 231번 승차 → 66개 정류장 이동 → 남조로검문소 정류장 하차 후 211, 221번 환승 → 6개 정류장 이동 후 거문오름입구 정류장에서 하차 → 남조로97 도로 따라 동남쪽으로 도보 5분 이동. 총 1시간 50분 소요

말굽형 분화구가 인상적인

부대오름 또한 정상에서 보는 풍광보다는 숲길이 좋은 오름이다. 부소오름 바로 옆에 붙어있다. 엄연히 다른 오름이지만, 길 하나를 사이에 두고 있어서 마치 형제 오름 같다. 부대오름은 말굽형 오름의 전형을 보여준다. 분화구가 터진 방향으로 목장이 들어와 있어서 고즈넉한 풍경을 연출한다. 'ㄷ' 모양으로 정상이 따로 없이 산책길이 난 능선을 따라 오름 전체를 거닐 수 있다. 능선 산책길엔 숲과 나무가 무성해 사색에 잠기며 걷기 좋다. 부대오름을 한 바퀴 돌고 나면 바로 옆 부소오름으로 들어갈 수 있는 임도가 나온다. 부소오름 역시 조망할 수 있는 즐거움보다 숲길을 걷는 즐거움이 더 큰 오름이다. 숲이 울창해서 노루가 살고 있다. 부소오름까지 걸었다면 이번에는 남쪽 등반로로 내려와 천미천 트레킹을 즐겨보자. 한라산에서 시작된 물줄기가 부대오름, 부소오름, 성읍을 지나 표선 앞바다로 흘러간다. 검은 현무암 사이로 냇물이 흐른다. 천미천 탐험은 두 오름이 주는 특별한 보너스이다.

Trekking Map 부대오름 탐방 지도

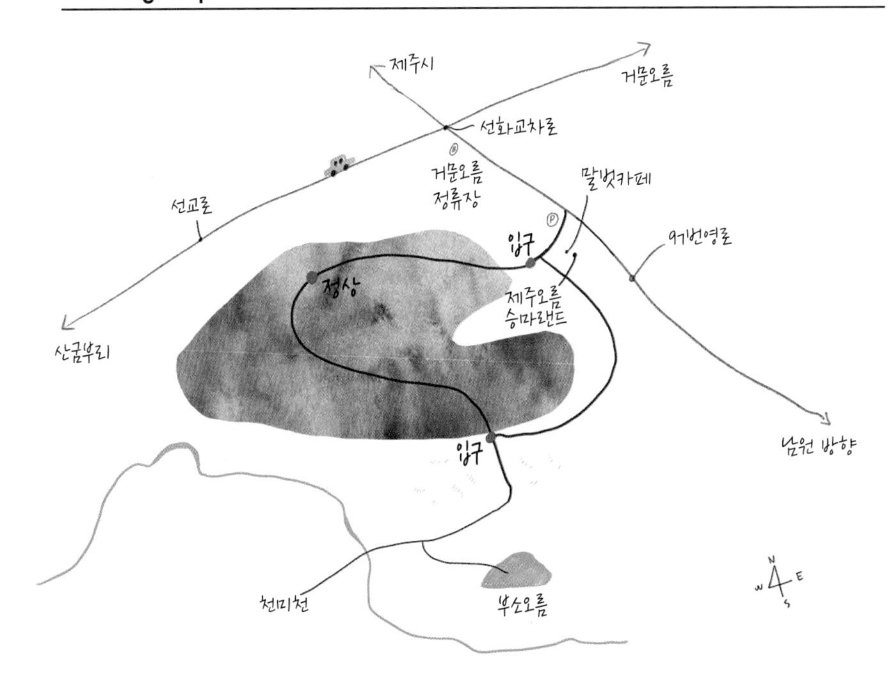

Trekking Tip 부대오름 오르기

❶ 오름 입구 제주오름승마랜드 옆에 입구가 있다. 부대오름 주차장에 차를 세우고 승마장사유지을 지나 입구로 가는 방법과 오름 서북쪽, 골체오름과 부대오름 사이 길가에 주차하고 둘레길을 걸어 입구로 가는 방법이 있다.

❷ 트레킹 코스 입구에서 시작해 오름을 오른 뒤 능선을 따라 한 바퀴 돌아 내려올 수 있다. 능선 한 바퀴 도는데 30분 정도 걸린다. 임도로 내려서면 눈앞에 부소오름이 서 있다.

❸ 준비물 등산복, 등산화, 등산 스틱, 모자, 장갑, 생수 선크림, 선글라스

❹ 유의사항 부대오름 진입로는 승마장이다. 사유지이므로 정해진 길로만 다니자.

❺ 기타 화장실 등 편의시설이 없다. 필요하면 제주오름승마랜드의 말벗카페를 이용하자.

11 선흘 민오름

OREUM

우도와 성산일출봉까지 한눈에

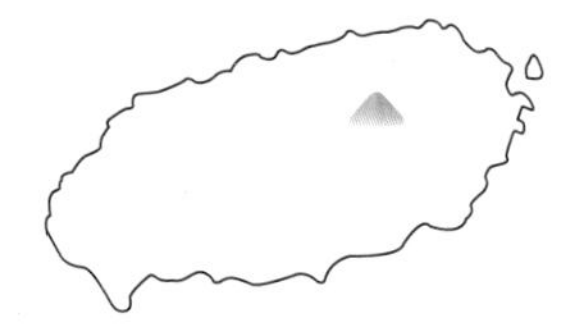

제주도 동부는 곶자왈 사이사이에 수많은 오름이 군락을 이루고 있다. 선흘 민오름 정상에 오르면 오름 군락을 다 눈에 넣을 수 있다. 단언컨대 오름의 교향곡이다. 심지어 시선을 멀리 던지면 다랑쉬오름과 성산일출봉 그리고 우도까지 조망할 수 있다.

주소 제주시 조천읍 선흘리 산141번지
순수 오름 높이 118m
해발 높이 518m
등반 시간 입구에서 편도 20~25분

Travel Tip 선흘 민오름 여행 정보

인기도 하 접근성 하 난이도 중 정상 전망 중 등반로 상태 중 편의시설 없음 여행 포인트 성산일출봉과 동부의 오름 군락이 한눈에 보이는 명품 전망

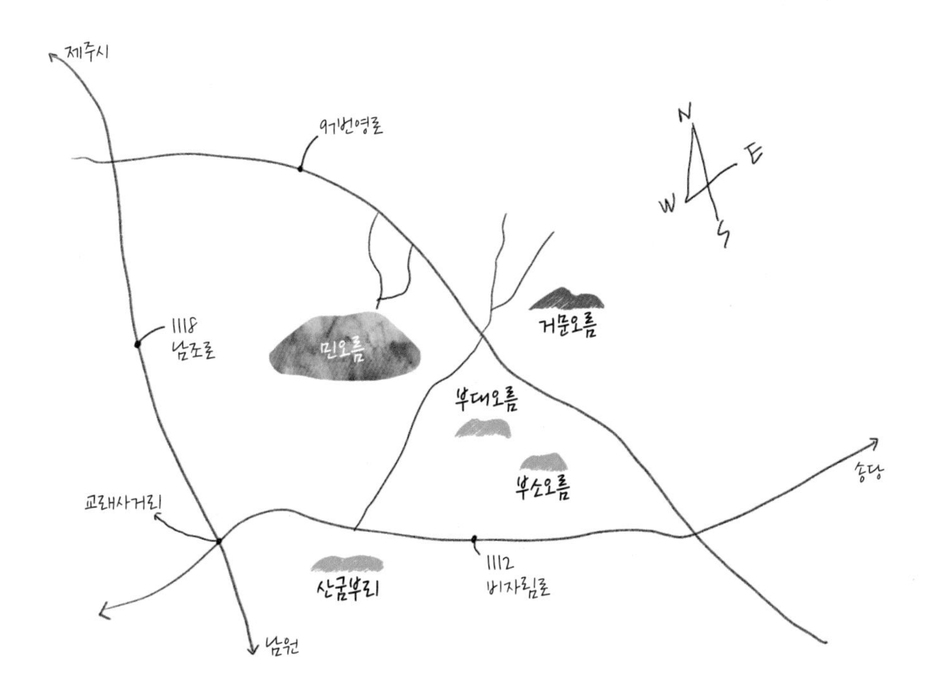

How to go 선흘 민오름 찾아가기

승용차 내비게이션에서 주소 검색 → 제주공항에서 40분, 서귀포에서 55분, 중문관광단지에서 1시간 6분 소요

콜택시

조천읍 **제주스마일택시관광** 064-747-1960 **중앙교통** 064-782-7111 **조천읍만세호출** 064-784-7477

버스 ❶ 제주국제공항 정류장에서 111, 121번 승차표선, 성산, 남원 → 5개 정류장 이동 → 남조로 검문소 정류장에서 211, 221번으로 환승 → 6개 정류장 이동 → 거문오름입구 정류장에서 하차 → 선화교차로에서 서쪽으로 선교로 따라 1.7km 도보 이동. 총 1시간 15분 소요

❷ 서귀포버스터미널에서 182번, 서귀포 동문로터리에서 281번 승차 → 약 30여 분간 516도로 이동 → 교래입구 정류장에서 하차 후 비자림로 교래 입구 정류장에서 212, 222번 환승 → 산굼부리 교차로 동부위생처리장 입구 정류장에서 하차 → 선교로 따라 북동쪽으로 1.6km 도보 이동. 총 1시간 45분 소요

발길이 뜸하지만 전망은 명품이다

조천읍 선흘리는 곶자왈 지대로 유명하다. 이곳에 많이 알려지지 않은 오름이 있다. 선흘 민오름이다. 선흘 민오름에 가려면 삼나무 숲과 '오소록한'은밀한 공동묘지를 지나야 한다. 선교로에서 오름 입구를 찾아 발길을 돌리면 하늘을 밀어 올릴 듯 높이 솟은 삼나무 숲이 먼저 반겨준다. 삼나무 숲을 지나면 공동묘지가 나오고 조금 오싹한 기분을 느끼며 2~3분 더 걸으면 선흘 민오름 입구가 나타난다. '산불 조심' 현수막이 있는 입구를 지나 리본을 따라 본격적으로 등반을 시작하면 다시 황홀한 명품 삼나무 숲길이 시작된다. 등산로는 비포장이고 경사가 제법 심하다. 제주도 동부는 곶자왈 사이사이에 수많은 오름이 옹기종기 어깨를 맞대고 군락을 이루고 있다. 선흘 민오름 정상에 오르면 오름 군락을 다 눈에 넣을 수 있다. 단언컨대 오름의 교향곡이다. 골체오름, 부대오름, 대천이오름, 거문오름……. 심지어 시선을 멀리 던지면 다랑쉬오름과 성산일출봉 그리고 우도까지 조망할 수 있다. 선흘 민오름은 입구 찾기가 어렵다. 다음 페이지의 선흘 민오름 오르기를 참고하자.

Trekking Map 선흘 민오름 탐방 지도

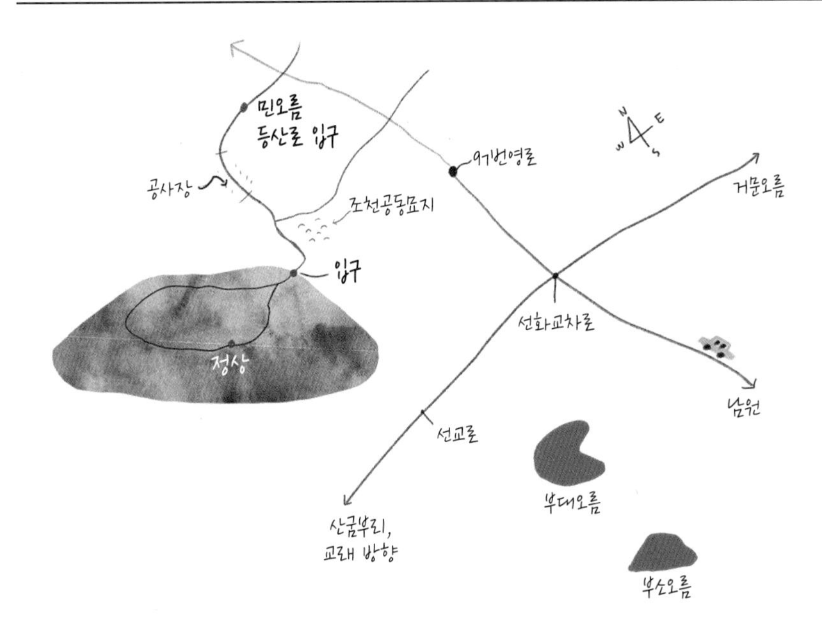

Trekking Tip 선흘 민오름 오르기

❶ 오름 입구 오름 동쪽에 있다. 도보든 자동차를 이용하든 선교로로 들어서는 게 중요하다. 선교로 도로변에 주차하고 공동묘지를 관통하면 입구가 나타난다. '산불 조심' 현수막이 걸린 곳이 오름 입구이다. 다른 오름에서도 입구를 찾을 수 없을 땐 '산불 조심' 현수막을 찾자. 대부분은 그곳이 입구이다.

❷ 트레킹 코스 입구에서 삼나무 숲으로 들어가 리본을 따라 등반을 시작하면 된다. 자연 생성 등반로로 길이 좁고 제법 가파르다. 25분 남짓이면 정상에 닿는다.

❸ 준비물 등산복, 등산화, 등산 스틱, 모자, 장갑, 생수 필수

❹ 유의사항 산 정상부에도 조릿대가 높이 자라 반바지 차림은 불가능하다. 공동묘지를 지나야 오름 입구가 나온다. 가능하면 동행과 함께 등반하자.

❺ 기타 화장실과 주차장이 없다. 차는 길가에 주차하자.

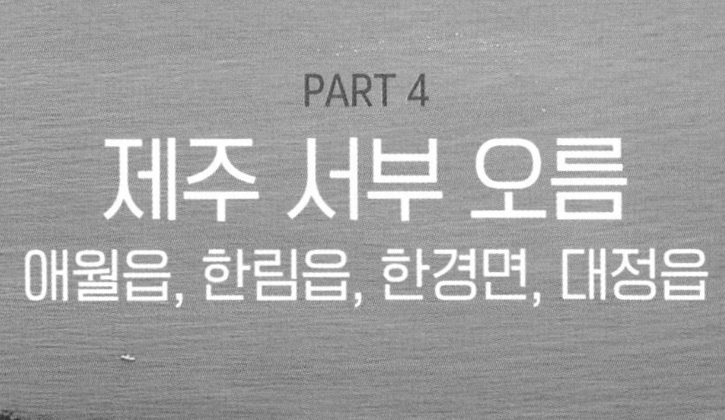

PART 4

제주 서부 오름

애월읍, 한림읍, 한경면, 대정읍

01 새별오름

OREUM 억새가 한없이 아름다운

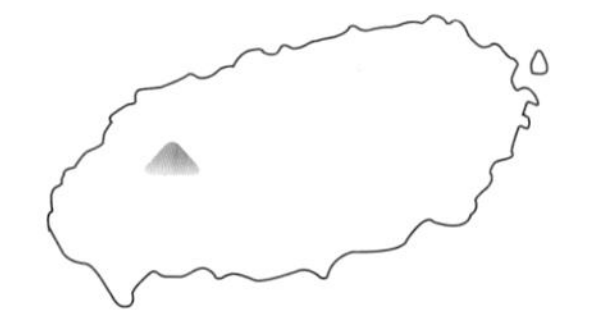

새별오름을 품은 제주 서부 풍경은 마치 몽골 초원 같다. 멀리서 보면 새별오름은 초원의 피라미드 같다. 화산이 만든 피라미드엔 억새가 장관이다. 억새도, 사람도 바람의 장단에 맞춰 학처럼 춤춘다. 우아하고 감동적이다.

주소 제주시 애월읍 봉성리 산 59-8
순수 오름 높이 119 m
해발 높이 519.3m
등반 시간 편도 15분

Travel Tip 새별오름 여행 정보

인기도 상 접근성 상 난이도 중 정상 전망 상 등반로 상태 상비 오는 날은 미끄러움

편의시설 주차장, 화장실, 산책로 여행 포인트 억새밭, 핑크뮬리, 정상 뷰, 푸드 트럭 주변 오름 이달봉, 금오름

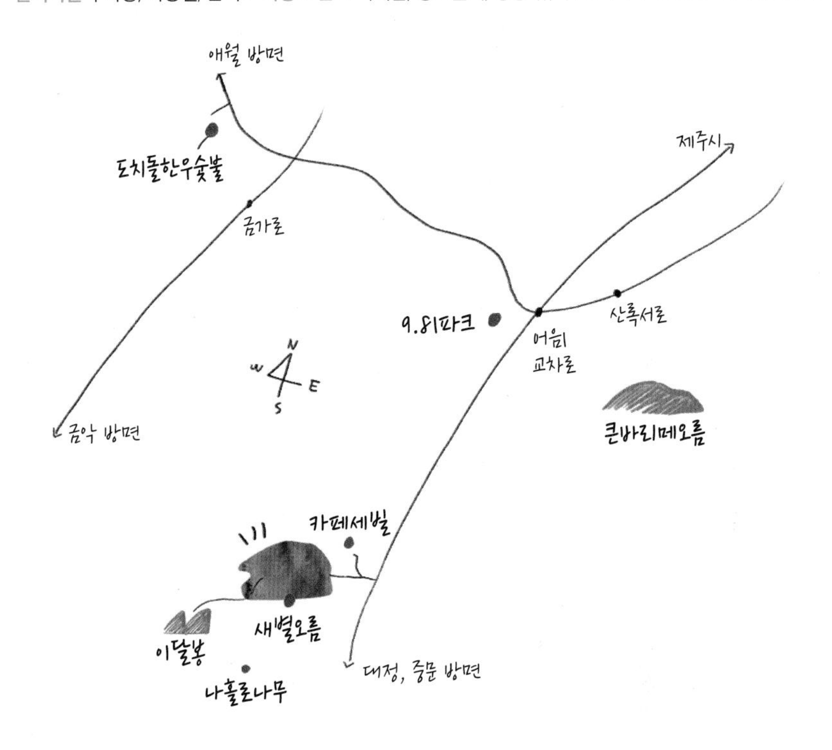

How to go 새별오름 찾아가기

승용차 내비게이션에 '새별오름 주차장' 찍고 출발. 제주공항에서 35분, 중문에서 25분, 서귀포에서 40분 소요

콜택시 애월읍 **애월하귀연합콜택시** 064-799-5003 **애월콜택시** 064-799-9007

버스

❶ 제주공항 4번 정류장에서 151, 152번 승차 → 5개 정류장 이동 → 새별오름 정류장 하차 후 도보 100m. 총 55분 소요

❷ 서귀포 (구)버스터미널 또는 중문관광단지 입구 정류장에서 282번 승차 후 회전 마을동 장류장에서 하차 → 도보 1km. 총 1시간 15분 소요

©제주도청

한라산과 제주 바다를 그대 품 안에!

제주공항에서 1135번 도로를 타고 중문, 서귀포로 가다 보면 제주 서부의 아름다운 풍경이 펼쳐진다. 몽골 초원 같은 풍경에 젖어 들 즈음, 홀로 우뚝 서 있는 오름 하나가 눈에 들어온다. 애월읍 봉성리에 있는 새별오름이다. 멀리서 보면 초원에 세운 피라미드 같다. 다랑쉬와 용눈이가 제주 동부를 대표하는 오름이라면 새별오름은 서부를 대표하는 오름이다. 들판에 외롭게 밤하늘의 샛별과 같이 빛난다, 하여 새별오름이라 부른다. 입구에서 약 15분이면 정상에 오를 수 있다. 정상에 말굽형 분화구가 있고 봉우리는 5개이다. 정상에 서면 동쪽으로는 한라산이, 서쪽으로는 이달봉이 그림처럼 앉아 있다. 저 멀리 서쪽 바다엔 비양도가 장난감 배처럼 귀엽게 떠 있다. 이곳에서는 매년 초봄 제주도 대표 축제인 들불문화제가 열린다. 해충을 없애는 불놓기 전통이 이어진 것으로, 거대한 불길이 억새를 태우며 봄밤의 불꽃 축제를 벌인다. 꼭 정상에 오르지 않더라도 주차장 앞 푸드트럭에서, 혹은 카페 새빌에서 간식을 사 먹으며 하늘과 오름 풍경을 만끽할 수 있다.

Trekking Map 새별오름 탐방 지도

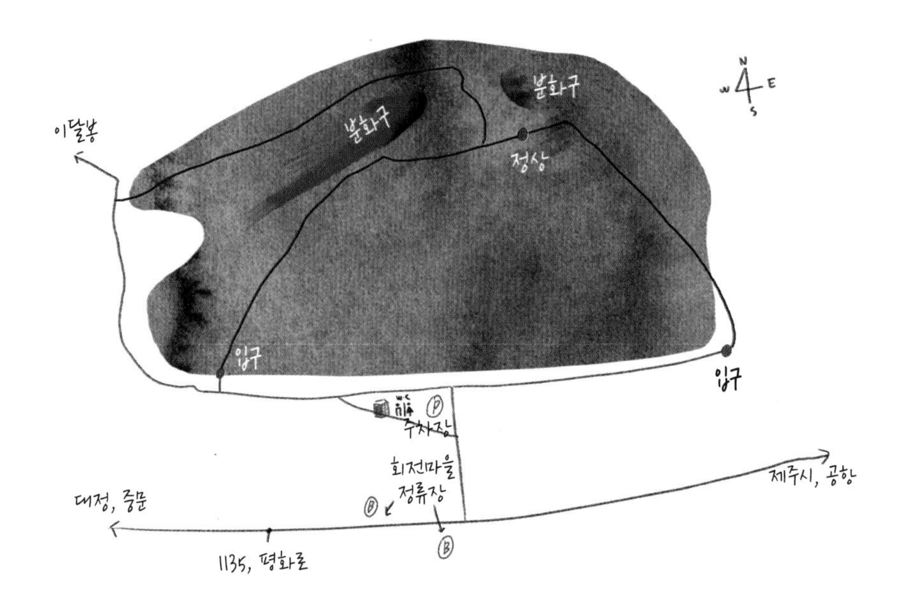

Trekking Tip 새별오름 오르기

❶ 오름 입구 오름 입구가 세 개다. 주차장에서 볼 때 왼쪽과 오른쪽에 각각 하나씩 있고, 이달봉 옆에도 입구가 있다.

❷ 트레킹 코스 일반적으로 왼쪽 입구에서 출발해 오른쪽 입구로 내려온다. 경사가 제법 가파르다. 아이나 노약자와 함께라면 경사가 덜한 오른쪽 입구로 오르자.

❸ 준비물 운동화, 모자, 선크림, 선글라스, 생수, 등산 스틱(선택)

❹ 유의사항 여름엔 강렬한 햇빛에 대비하자. 이달봉 쪽 입구 등산로는 풀이 우거진 편이다. 긴 바지나 목이 긴 양말을 착용하는 게 좋다.

❺ 기타 접근하기 좋고 뷰도 아름답다. 늘 사람이 많아 혼자 다녀도 무리가 없다.

HOT SPOT

9.81파크

제주시 애월읍 천덕로 880-24
1833-9810
09:00~18:00(종료 40분 전 마지막 탑승, 연중무휴)
새별오름에서 자동차로 10분

어른들의 놀이터, 카트 타고 시속 60km

애월읍 어음리에 있는 무동력 카트장이다. 오픈하자마자 핫플로 떠오르더니, 〈나 혼자 산다〉에 출연한 임수향이 방문하면서 더 유명해졌다. 초급·중급·고급 코스가 있다. 중력을 이용해 코스를 설계하여 고급 코스에서는 시속 60km까지 달릴 수 있다. 무동력이니, 청정 제주도에 딱 어울리는 카트 파크이다. 카트는 14세 이상부터 탑승할 수 있다. VR 카트장을 갖추고 있으며, 실내 게임장에선 축구, 야구, 농구, 양궁, 사격 등 15가지 스포츠 게임을 즐길 수 있다. 981 파크 안에 카페와 기념품 가게도 있다.

HOT SPOT

새별오름 나 홀로 나무

제주시 한림읍 금악리 산 30-8
주차 길가 주차
새별오름에서 자동차도 3분

손꼽히는 인생 사진 성지

도로 옆 푸른 초원 한가운데 홀로 서 있어 일명 '왕따 나무'라고 불린다. 나무는 푸른 초원과 함께 아름다운 풍경을 만들어낸다. 이곳은 제주도에서 손꼽히는 웨딩, 스냅, 인생 샷 스폿이다. 덕분에 나 홀로 나무는 오히려 외로울 틈 없이, 즐거운 나날들을 보내고 있다. 왼쪽 이달오름이달봉과 오른쪽 새별오름이 배경이 되어 나 홀로 나무의 아름다움을 더 돋보이게 해 준다. 새별오름 주차장에서 자동차로 3분 안팎 걸린다. 길가에 주차해야 하지만 풍경이 좋아 불편할 틈이 없다.

도치돌한우숯불

- 제주시 애월읍 천덕로 440-1
- 064-799-1415
- 09:00~21:00
- 주차 가능
- 새별오름에서 자동차로 14분

애월의 한우 맛집

현지인들이 애월에서 첫 손에 꼽는 한우 맛집이다. 바로 옆에 있는 도축장에서 그날 잡은 한우고기를 가져오는 까닭에 언제나 품질이 좋은 한우를 즐길 수 있다. 가격도 상대적으로 저렴해서 좋다. 가게 이름은 '숯불'을 달고 있으나 숯불이 아니라 돌판에 구워 먹는다. 신선한 육회와 육사시미도 즐길 수 있다. 갈비탕, 내장탕, 곱창전골 등 식사 메뉴도 든든해 도민과 여행자에게 늘 인기가 많다. 곱창전골과 내장탕은 크게 맵지 않다. 오히려 고소한 풍미가 입을 즐겁게 해준다.

카페 새빌

- 제주시 애월읍 평화로 1529
- 064-792-6103
- 09:00~18:00
- 주차 가능

새별오름이 시야 가득 들어온다

리조트 건물을 새로 꾸며 전망 좋은 베이커리 카페로 만들었다. 새별오름 바로 옆에 있어, 카페에 앉으면 오름 풍경이 한눈에 들어온다. 건물 외벽이 전부 통유리로 되어 있어서 어디에서든 아름다운 새별오름을 감상하기 좋다. 가을엔 이곳에서 커피와 디저트를 즐기며 새별오름 억새가 바람에 일렁이는 풍경을 눈에 가득 담을 수 있다. 카페 앞에 핑크뮬리 밭을 꾸며 놓았는데 더없이 좋은 포토 스폿이다. 가을에 새별오름을 찾는다면 잊지 말고 인생 사진을 남겨보자.

02 이달봉 이달오름

OREUM

봉긋 솟은 봉우리 두 개

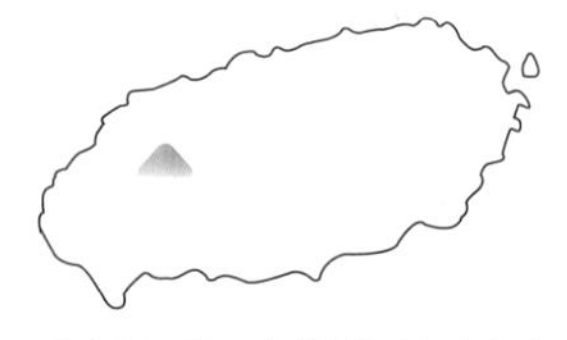

이달봉은 봉우리가 두 개라는 뜻이다. 이달봉과 그 옆 이달촛대봉을 이르는 말이다. 새별오름과 작은 풀밭을 사이에 두고 있어서 한 시간 남짓이면 새별오름, 이달봉, 이달촛대봉을 같이 트레킹할 수 있다. 한라산, 새별오름, 푸른 바다……. 정상에서 바라보는 전망이 아름답다.

- **주소** 제주시 애월읍 봉성리 산 71-1
- **순수 오름 높이** 119m
- **해발 높이** 488.7m
- **등반 시간** 이달봉 편도 15분, 이달봉~이달촛대봉 편도 30~35분

Travel Tip 이달봉 여행 정보

인기도 중 접근성 중 난이도 중 정상 전망 상 등반로 상태 중비 오는 날은 미끄러움 편의시설 주차장, 둘레길, 화장실은 새별오름 화장실 이용 여행 포인트 정상 뷰, 새별오름 전망 주변 오름 새별오름, 이달촛대봉

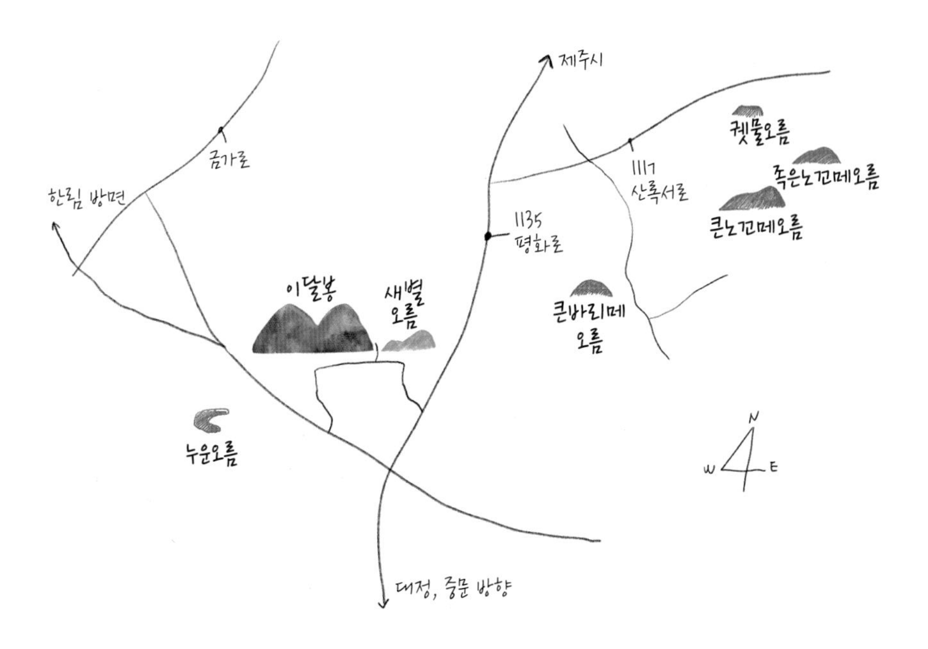

How to go 이달봉 찾아가기

승용차 ❶ 내비게이션에 '새별오름 주차장' 찍고 출발. 제주공항에서 35분, 중문에서 25분, 서귀포에서 40분 소요새별오름 주차장에서 출발할 경우 ❷ 내비게이션에 '이달봉' 찍고 출발. 제주공항에서 35분, 중문에서 25분, 서귀포에서 40분 소요

콜택시 애월읍 **애월하귀연합콜택시** 064-799-5003 **애월콜택시** 064-799-9007

버스

❶ 제주공항 4번 정류장에서 151, 152번 승차 → 5개 정류장 이동 → 새별오름 정류장 하차 후 도보 2.8km. 총 1시간 30분 소요

❷ 서귀포 (구)버스터미널 또는 중문관광단지 입구 정류장에서 282번 승차 후 회전 마을동 정류장에서 하차 → 도보 2km. 총 1시간 25분 소요

이달봉과 그 옆 이달촛대봉

이달봉은 새별오름 바로 서쪽에 있다. 이달봉은 두 개의 봉우리라는 뜻이다. 이달봉과 그 옆 이달촛대봉을 이르는 말이다. 이달봉의 '달'은 고대어로 '높다'라는 의미인데, 사실은 이름과 달리 크기나 높이는 중형급이다. 새별오름과 작은 풀밭을 사이에 두고 있어서 한 시간 남짓이면 새별오름, 이달봉, 이달촛대봉을 한 코스로 트레킹할 수 있다. 새별오름에서 이달봉으로 가는 산책로가 있다. 직선거리로는 1km 남짓이지만 뱀처럼 꼬불꼬불 내려가는 길이라 실제는 이보다 더 길다. 길을 가다 뒤돌아보면 능선이 부드러운 새별오름이 푸른 억새를 흔들며 인사를 보낸다. 가까이 가서 보면 쌍둥이처럼 솟아오른 이달봉이 압권이다. 삼나무 숲 사이로 등산로가 나 있다. 정상에 다가갈수록 삼나무는 사라지고 이젠 소나무가 반겨준다. 입구에서 15분쯤 걸으면 이윽고 정상이다. 이달봉 정상은 소나무가 우거져 밖이 잘 보이지 않는다. 제주 서부의 파노라마 풍경을 즐기기엔 정상 대부분이 풀밭인 이달촛대봉이 좋다. 고개를 돌릴 때마다 이달봉, 새별오름, 한라산, 애월의 푸른 바다가 감동적으로 펼쳐진다.

Trekking Map 이달봉 탐방 지도

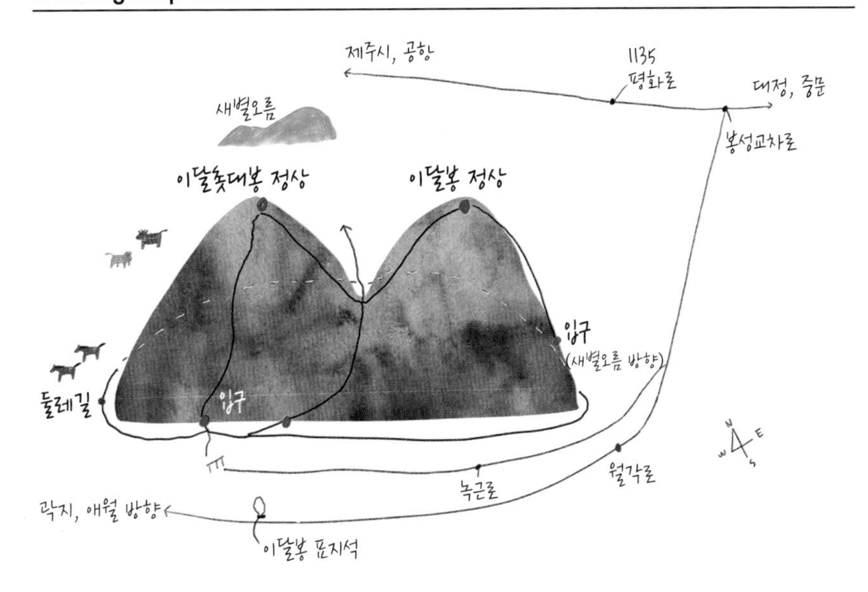

Trekking Tip 이달봉과 이달촛대봉 오르기

❶ 오름 입구 이달봉 북동쪽에 있다. 이달촛대봉 입구는 서쪽에 있다.

❷ 트레킹 코스 이달오름을 오르는 길은 두 개이다. 이달봉 북동쪽 입구에서 출발해 정상에 오른 뒤 다시 이달촛대봉을 오른 후 이달촛대봉 입구로 내려오는 방법이 하나이다. 35분 안팎 걸린다. 다른 하나는 새별오름에서 내려와 다시 이달봉을 오르는 방법이다. 이달오름 매력을 보기 위해서는 새별오름 코스로 오르는 것이 좋다. 새별오름에서 시작하면 한 시간 남짓 걸린다.

❸ 준비물 운동화, 모자, 선크림, 선글라스, 생수, 등산 스틱(선택)

❹ 유의사항 새별오름에서 가는 길과 이달봉 입구는 풀이 우거진 편이다. 긴 바지와 목이 긴 양말을 착용하는 게 좋다. 새별오름보다 사람이 훨씬 적다. 동행과 함께 오르길 추천한다.

❺ 기타 정상 전망을 즐기기 위해선 이달촛대봉으로 오르자. 경사가 심하진 않지만 눈, 비가 올 때는 미끄럽다.

TIP 주변 명소, 맛집, 카페 정보는 94쪽 새별오름과 126쪽 금오름을 참고하세요.

03 가메오름

OREUM

서부 오름 전망대

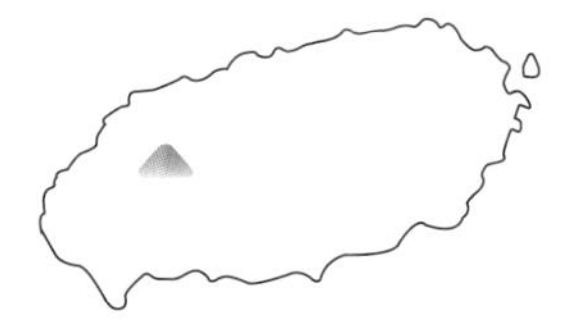

오름으로 불리지만 다른 오름에 비해 덩치가 무척 작다. 순수 오름 높이도 17m에 불과하다. 몸집은 작지만, 가메오름은 많은 걸 보여준다. 이달촛대봉, 이달봉, 새별오름……. 한라산을 배경으로 봉긋 솟은 오름과 서부 중산간의 아름답고 이국적인 표정을 극적으로 보여준다.

- **주소** 제주시 애월읍 봉성리 산125
- **순수 오름 높이** 17m
- **해발 높이** 372m
- **등반 시간** 편도 5분

Travel Tip 가메오름 여행 정보

인기도 하 접근성 중 난이도 하 정상 전망 중 등반로 상태 하탐방로 정비 미비 편의시설 없음 여행 포인트 정상 전망, 억새밭 주변 오름 누운오름, 정물오름, 이달봉, 금오름

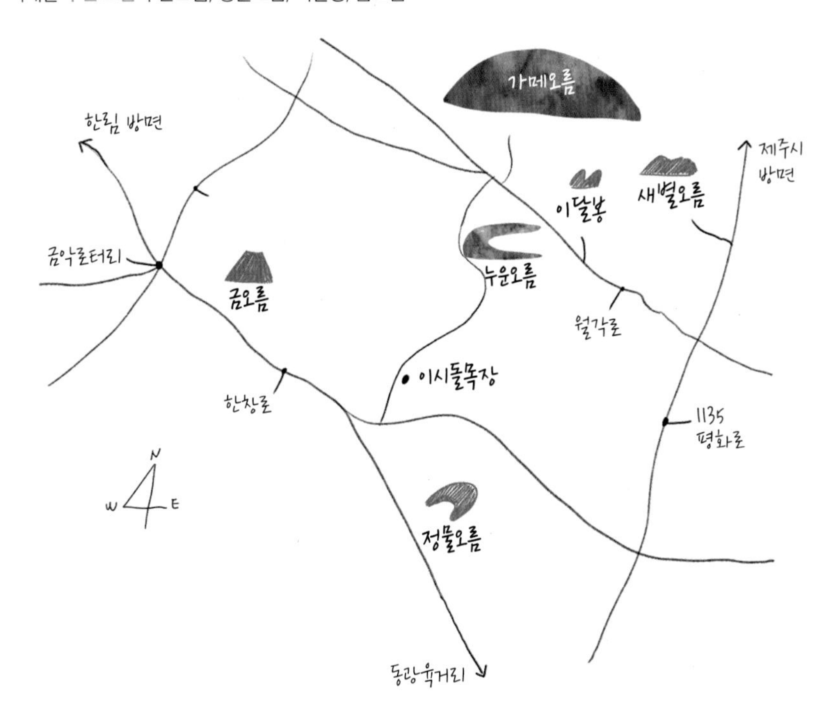

How to go 가메오름 찾아가기

승용차 내비게이션에 '가메오름' 찍고 출발. 제주공항에서 40분, 중문관광단지에서 30분, 서귀포에서 45분 소요

콜택시 **애월하귀연합콜택시** 064-799-5003 **애월콜택시** 064-799-9007

버스

❶ 제주공항 4번 정류장대정, 화순, 일주서로에서 151번, 152번 승차 → 5개 정류장 이동 후 동광환승정류장 하차 → 동광환승정류장한림 방면에서 783-2번 승차하여 3개 정류장 이동 → 이시돌단지 정류장 하차 후 도보 8분 이동. 총 1시간 5분 소요

❷ 서귀포환승정류장서귀포등기소 앞 또는 중문환승정류장중문우체국에서 181번 승차 후 동광환승정류장 하차 → 동광환승정류장한림 방면에서 783-2번 승차하여 3개 정류장 이동 → 이시돌단지정류장 하차 후 도보 8분 이동. 총 1시간 5분 또는 36분 소요

소박해서 아름답다

누운오름에서 북동쪽으로 500m 떨어진 월각로 옆에 있다. 누운오름 교차로에서 지근거리다. 가메는 가마솥을 뜻하는 제주 방언이다. 생김새가 가마솥을 엎어 놓은 것 같다고 하여 가메오름으로 부른다. 오름으로 불리지만 다른 오름에 비해 덩치가 무척 작다. 순수 오름 높이도 17m에 불과하다. 오름이라고 하기보다는 작고 앙증맞은 언덕에 가깝다. 입구에서 5분 정도만 걸으면 금세 정상에 도착한다. 몸집은 작지만 많은 걸 보여준다. 정상에 서면 제주 서부의 광활한 초원이 먼저 눈에 들어온다. 뒤이어 한라산을 배경으로 봉긋봉긋 솟아오른 새별오름, 이달촛대봉, 이달봉이 시야 가득 들어온다. 크고 작은 오름들이 옹기종기 한라산 품에 안긴 모습이 평화롭고 아름답기 그지없다. 가메오룸은 빼어나지 않다. 하지만 서부 중산간의 아름답고 이국적인 표정을 극적으로 보여준다. 겸손하고 배려심 많게도 여행자를 위해 제 몸을 스스럼없이 전망 명소로 내어준다. 소박하고 겸손해서 아름답다.

Trekking Map 가메오름 탐방 지도

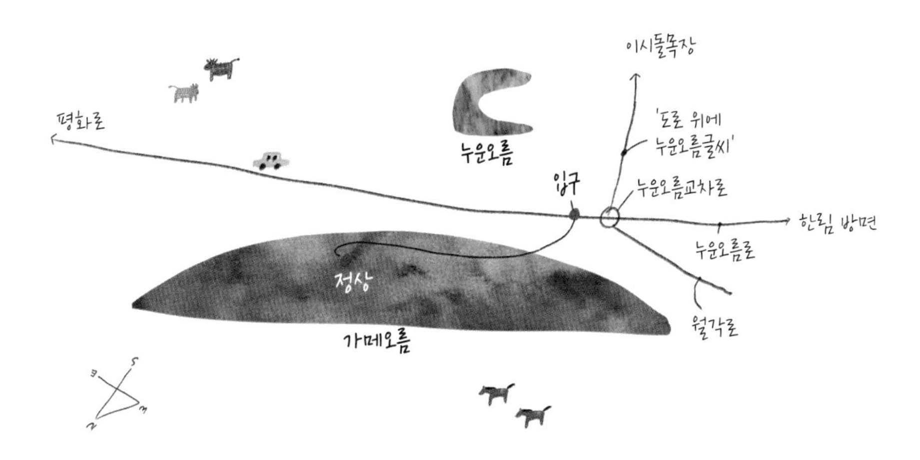

Trekking Tip 가메오름 오르기

❶ 오름 입구 오름 서남쪽 월각로 길가에 입구가 있다.

❷ 트레킹 코스 입구에서 정상까지 5분이면 오를 수 있다.

❸ 준비물 운동화, 모자, 선크림, 선글라스, 생수

❹ 유의사항 오름에 사유지가 포함돼 있다. 화장실, 주차장 등 편의시설이 없다.

TIP 주변 명소, 맛집, 카페 정보는 94쪽 새별오름과 126쪽 금오름을 참고하세요.

04 궷물오름

(OREUM) **오름보다 더 유명한 푸른 초원**

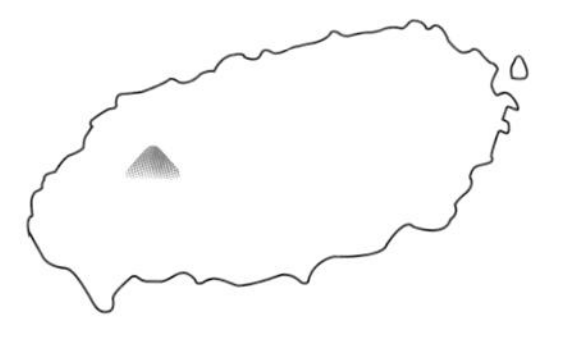

안돌오름이 동부의 인스타그램 성지라면 서부에는 궷물오름과 바리메오름이 있다. 오름 정상을 지나 북쪽으로 걷다 보면 인스타의 성지로 불리는 초원이 나타난다. 초원 뒤로 삼각뿔처럼 봉긋 솟아오른 노꼬메오름이 마치 자연에 깃든 피라미드 같다. 하지만 아쉽게도 사람이 너무 몰리자 지금은 통제하고 있다.

- **주소** 제주시 애월읍 유수암리 1192-1 (궷물오름 주차장)
- **순수 오름 높이** 57m
- **해발 높이** 597m
- **등반 시간** 편도 20분

Travel Tip 궷물오름 여행 정보

인기도 상 접근성 중 난이도 하 정상 전망 중 등반로 상태 상 편의시설 주차장, 화장실

여행 포인트 숲길, 목장 풍경, 궷물오름~족은노꼬메오름~큰노꼬메오름으로 이어지는 트레킹

주변 오름 족은노꼬메오름, 큰노꼬메오름

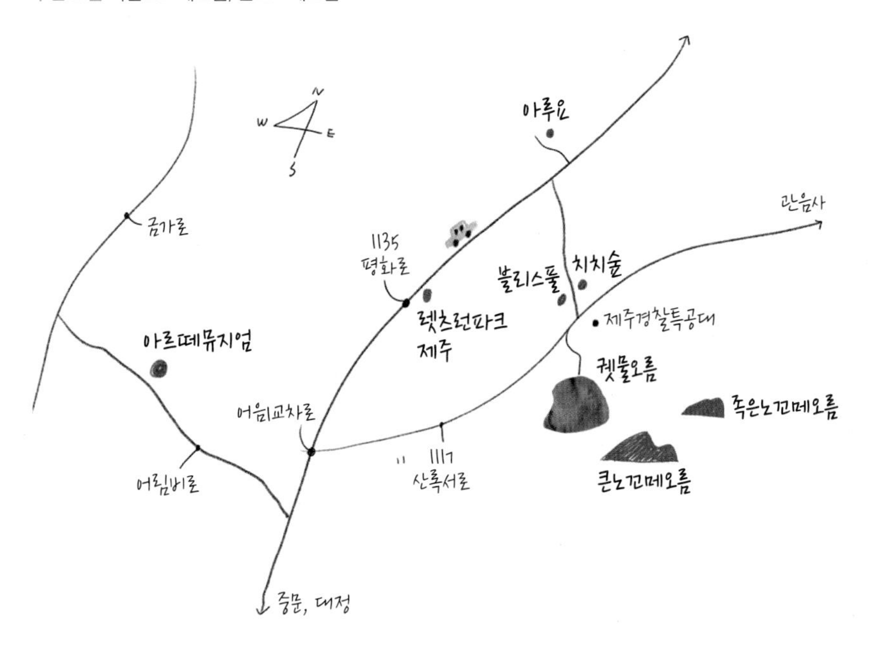

How to go 궷물오름 찾아가기

승용차 내비게이션에 '궷물오름 주차장'으로 검색. 제주공항에서 27분, 중문관광단지에서 25분, 서귀포에서 40분 소요

콜택시 **애월하귀연합콜택시** 064-799-5003 **애월콜택시** 064-799-9007

버스 궷물오름까지 가는 버스 없음. 가장 가까운 렛츠런파크 정류장에서 4km 이상 도보로 이동해야 함

떠오르는 인스타그램 성지

안돌오름이 동부의 인스타그램 성지라면 서부에는 궷물오름이 있다. 정상을 지나 남쪽으로 걷다 보면 인스타의 성지로 불리는 초원이 나타난다. 초원 뒤로 삼각뿔처럼 봉긋 솟아오른 큰노꼬메오름큰녹고뫼오름이 마치 자연에 깃든 피라미드 같다. 하지만 아쉽게도 예전엔 초원의 입구를 개방했지만 너무 많은 사람이 몰리자 지금은 통제하고 있다. 궷물오름은 궤분화구 또는 바위틈에서 물이 나온다고 이런 이름을 얻었다. 경사가 낮고 완만하고 물이 있어 조선 시대부터 말과 소를 키우는 '마소장'이 있었다. 궷물오름은 순수 높이가 57m밖에 되지 않는 작은 오름이다. 오름 입구의 울창한 숲과 작은 연못 두 개가 먼저 방문객을 맞이한다. 졸졸 시냇물 소리가 들리는데 아주 물이 깨끗하다. 울창한 숲을 지나 걷다 보면 과거 테우리말을 치는 사람가 사용한 돌집 막사가 보이고 조금만 더 오르면 금세 잔디밭이 넓은 정상이다. 큰노꼬메큰녹고뫼와 족은노꼬메족은녹고뫼 형제가 한눈에 잡힌다. 궷물오름~족은노꼬메오름~큰노꼬메오름을 하나의 코스로 삼아 트레킹해도 좋다. 이렇게 하려면 넉넉하게 4~5시간은 잡아야 한다. 일요일엔 궷물오름 주차장에 푸드트럭이 온다.

Trekking Map 궷물오름 탐방 지도

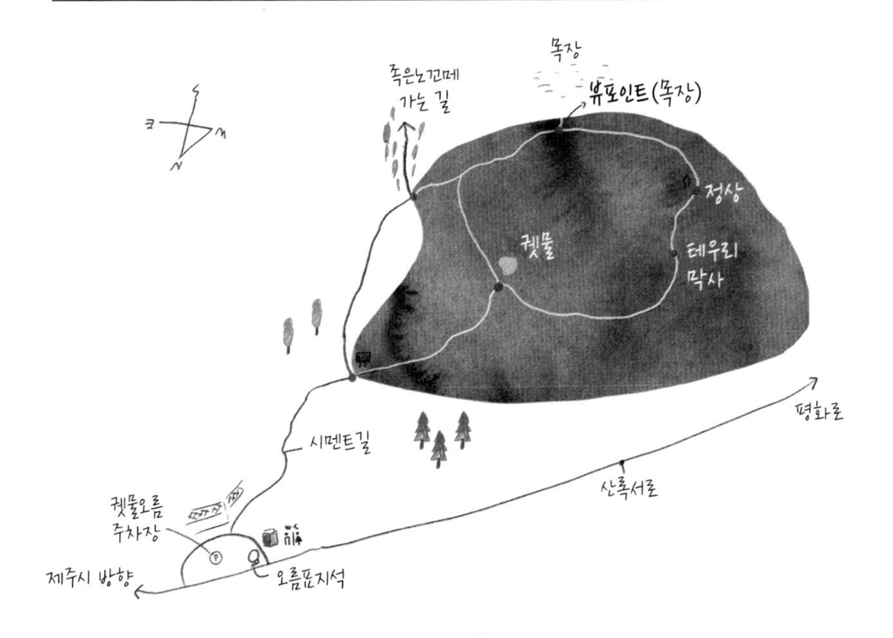

Trekking Tip 궷물오름 오르기

❶ 오름 입구 궷물오름 주차장산록서로 제주경찰특공대 옆에서 진입로를 따라 올라간다. 6분쯤 걸으면 궷물오름과 족은노꼬메오름 갈림길이 나온다.

❷ 트레킹 코스 족은노꼬메오름과 궷물오름 갈림길이 나오면 궷물오름으로 가는 길을 선택한다. '태우리막사'와 '쉼터'를 지나면 이윽고 정상이다. 등반로가 순환 코스라 한 방향으로 진행하면 된다. 큰노꼬메오름과 초원이 보이는 풍경은 정상에서 북쪽으로 5분 정도 걸어가면 좌측에 보인다.

❸ 준비물 운동화, 모자, 선크림, 선글라스, 생수, 등산 스틱(선택)

❹ 유의사항 물이 있는 오름에는 간혹 멧돼지가 나타난다. 등산 스틱을 준비하자. 멧돼지를 보면 놀라지 말자. 사람을 보고 더 놀라고, 더 빨리 도망친다. 그래도 이른 아침이나 저녁 무렵엔 혼자 가지 않는 게 좋다.

HOT SPOT

아르떼뮤지엄

제주시 애월읍 어림비로 478
064-799-9009
매일 10:00~20:00
(입장 마감 19:00)
입장료 8,000원~14,000원
주차 가능
궷물오름 주차장에서 자동차로 10분

국내 최대 미디어아트 전시관

눈과 귀를 즐겁게 해주는 국내 최대 미디어아트 체험관이다. 10개 테마관에서 제주의 자연경관, 자연의 신비, 고흐와 고갱 등 세계적인 작가의 미술 작품을 감상할 수 있다. 신비하면서도 몽환적인 영상이 시시각각 변해 마치 꿈인 듯, 동화 속인 듯 황홀한 기분에 빠져들 수 있다. 세계의 걸작이 미디어아트로 재현되고, 판타지 영화처럼 꽃이 피어나고, 웅장한 폭포가 쏟아진다. 특히, 나이트 사파리 존에서는 내가 그린 동물이 영상으로 살아나 사파리를 걸어 다닌다. 뮤지엄 카페에서도 찻잔 안에서 꽃이 피어나는 신기한 체험을 할 수 있다.

HOT SPOT

렛츠런파크 제주

제주시 애월읍 평화로 2144
1566-3333
09:30~18:00(월~목 휴무)
입장료 2,000원, 비경마일 무료,
동반 미성년자 무료
궷물오름 주차장에서 자동차로 7분

제주에서 손꼽히는 나들이 공원

천연기념물 제주마를 구경할 수 있는 특별한 공원이다. 렛츠런파크는 경마장이자 말을 주제로 한 테마공원이다. 경마장 이외의 시설이 제법 다채롭다. 파크골프장과 플라워가든, 승마와 먹이 주기 체험을 할 수 있는 드림랜드, 대형 트램펄린 등이 있는 해피랜드, 어린이들이 즐겁게 놀 수 있는 어드벤처랜드로 구성되어 있다. 여행객뿐 아니라 제주도민들의 나들이 장소로 인기가 높다. 경마가 열리는 토·일요일에는 돗자리 등 편의용품을 무료로 대여해 준다. 핑크뮬리가 하늘거리는 가을에는 제주마 축제가 열린다.

RESTAURANT

아루요

- 제주시 애월읍 유수암평화5길 15-8
- 064-799-4255
- 11:30~19:30(브레이크타임 14:00~17:30, 일요일 휴무)
- 궷물오름 주차장에서 지동차로 5분

애월에서 즐기는 일본 가정식

아루요는 애월읍에서 이름난 맛집이다. 〈마스터쉐프 코리아〉 시즌 1에서 우승한 김승민 씨가 운영한다. 분위기는 단정하고 소박하다. 주요 메뉴로는 가츠동, 오야코동, 돈가스, 사케동, 마구로찌라시동, 우동, 나가사끼짬뽕 등이다. 다 인기가 좋지만, 나가사끼짬뽕이 특히 인기가 많다. 싱싱한 해산물과 채소훈제볶음, 여기에 진한 국물이 더해져 맛이 시원하면서도 고소하다. 평일에는 그렇지 않지만, 토요일 점심시간엔 기다리는 손님이 제법 있는 편이다. 가격은 대부분 10,000원~15,000원이다. 제주시 연동에 아루요 두 번째 매장이 있다.

CAFE

블리스풀

- 제주시 애월읍 산록서로 383 1동
- 0507-1326-3603
- 10:30~ 18:30(월요일 휴무)
- 주차 가능
- 궷물오름 주차장에서 지동차로 1분

반려견 동반 카페

궷물오름 주차장에서 가까운 반려견 동반 카페이다. 블리스풀은 반려견을 키우는 사람들에게 이미 소문이 나 제법 유명하다. 카페 입구에서부터 애견 운동장이 눈에 들어온다. 대형견, 중형견, 소형견 운동장이 따로 있다. 크기가 비슷한 반려견끼리 놀 수 있으니 안심이 된다. 운동장이 넓어 산책은 물론 원반던지기도 할 수 있다. 카페도 넓어 편안하게 여유롭게 휴식을 즐길 수 있다. 사람과 반려동물이 함께 행복할 수 있는 곳이다. 궷물오름 주차장에서 맞은편 도로로 진입하여 약 200m 직진하면 블리스풀 간판과 운동장이 보인다.

05 족은노꼬메오름 족은녹고뫼오름

OREUM

극적으로 펼쳐지는 한라산 풍경

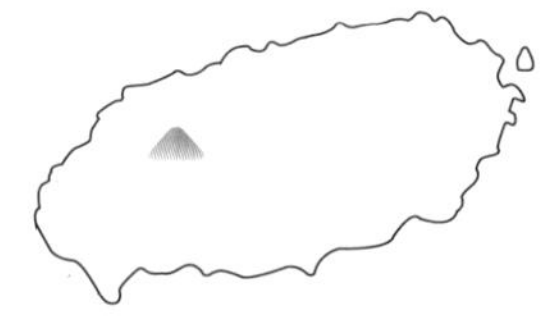

족은노꼬메오름은 궷물오름, 큰노꼬메오름과 붙어 있다. 정상엔 나무가 많아 바깥세상이 잘 보이지 않지만 유독 한라산 풍경은 영화처럼 극적으로 펼쳐진다. 족은노꼬메의 또 다른 매력은 둘레길이다. 삼나무 숲길과 돌담 상잣길이 특히 아름답다.

- **주소** 제주시 애월읍 유수암리 산 138
- **순수 오름 높이** 124m
- **해발 높이** 774m
- **등반 시간** 편도 40분, 산 둘레길 1시간 20분

큰노꼬메오름에서 바라본 족은노꼬메오름

Travel Tip 족은노꼬메오름 여행 정보

인기도 중 접근성 중 난이도 중 정상 전망 중 등반로 상태 중 편의시설 주차장, 화장실

여행 포인트 편백 숲길, 상잣길목장 경계 돌담길과 족은노꼬메 둘레길 걷기, 궷물오름과 큰노꼬메오름 연계 트레킹

주변 오름 궷물오름, 큰노꼬메오름

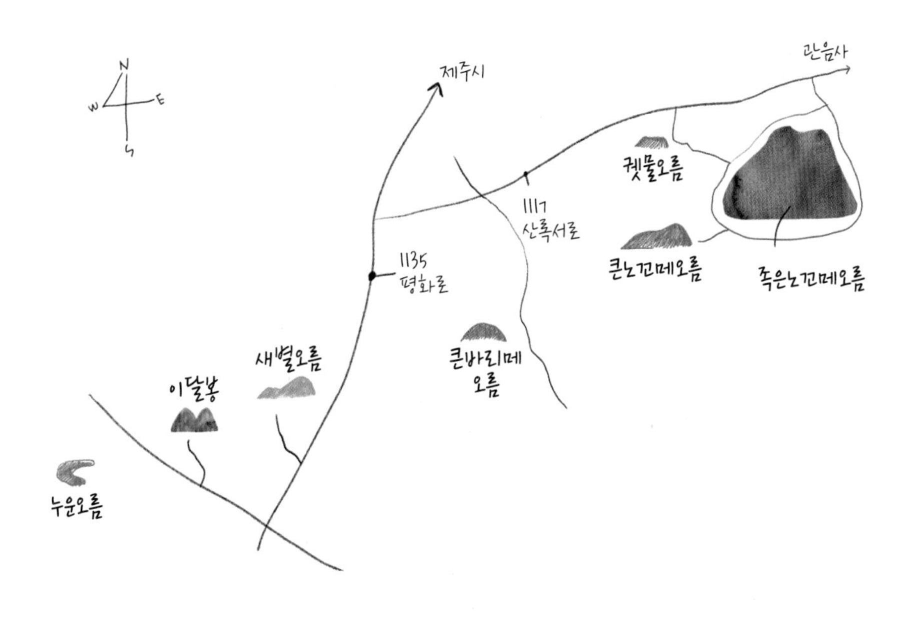

How to go 족은노꼬메오름 찾아가기

승용차 내비게이션에 '족은노꼬메오름' 찍고 출발. 제주공항에서 27분, 중문관광단지에서 25분, 서귀포에서 40분 소요

콜택시 **애월하귀연합콜택시** 064-799-5003 **애월콜택시** 064-799-9007

버스

족은노꼬메오름까지 가는 버스 없음. 가장 가까운 렛츠런파크 정류장에서 5km 이상 도보로 이동해야 함

족은노꼬메오름을 한꺼번에

족은이란 제주어로 작다는 뜻이다. 큰노꼬메오름 옆에 있어서 이런 이름을 얻었다. 족은노꼬메오름에도 화장실이 딸린 작은 주차장이 있다. 산록서로 청암재활원 부근 사거리에서 우측으로 1.4km 진입하면 이윽고 주차장궷물오름 주차장에서 출발해 서쪽 입구, 즉 상잣길 갈림길 방향에서 오르는 방법도 있다이다. 주차장에서 남쪽 입구까지는 둘레길을 20분쯤 걸어야 한다. 조용한 산길이라 걷는 내내 기분이 좋다. 고사리밭과 삼나무 숲을 지나면 오르막길이 나타난다. 경사가 꽤 높다. 밖이 보이지 않을 정도로 울창한 숲이 펼쳐진다. 20분 정도 오르면 산 정상이 나오는데, 오름 밖 세상은 잘 보이지 않지만 유독 한라산 풍경은 영화처럼 극적으로 펼쳐진다. 정상에서 서쪽 입구상잣길 갈림길 방향로 내려가면 노꼬메의 또 다른 매력을 느낄 수 있다. 내려가는 내내 조릿대, 소나무, 구상나무, 후박나무가 풍경을 바꾸며 이국적인 풍경을 자아낸다. 족은노꼬메의 가장 큰 매 매력은 궷물오름, 큰노꼬메와 이어지는 둘레길이다. 궷물오름 쪽으로 가면 푸른 초원과 삼나무 숲이 펼쳐지고, 큰노꼬메 방향으로 가면 푸른 원시림을 느낄 수 있다.

Trekking Map 족은노꼬메오름 탐방 지도

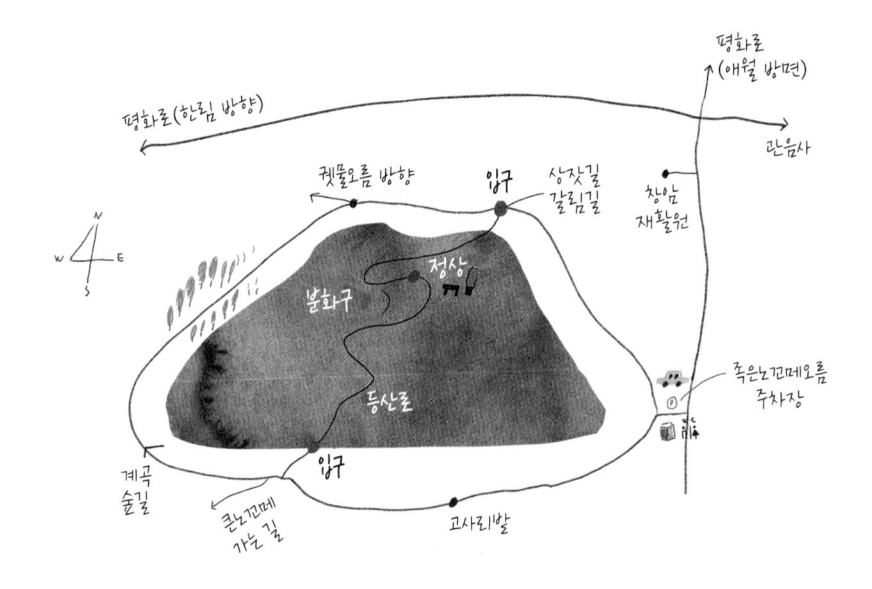

Trekking Tip 족은노꼬메오름 오르기

❶ 오름 입구 창암재활원 입구에서 1.4km쯤 오르막길을 직진하면 족은노꼬메오름 주차장이 나온다. 여기에서 20분 걸으면 오름 남쪽 입구에 닿는다.

❷ 트레킹 코스 족은노꼬메오름 주차장에서 오르는 방법과 궷물오름 주차장에서 출발해 상잣길 갈림길 부근 서쪽 입구로 오르는 방법이 있다. 하산 후에는 상잣길을 걷거나 족은노꼬메오름 둘레길을 걸어도 좋다. 상잣길은 30분, 둘레길을 걷는데 1시간 남짓 걸린다.

❸ 준비물 등산화, 모자, 선크림, 선글라스, 생수, 등산 스틱(선택).

❹ 유의사항 이정표가 있지만, 그래도 확인하며 산행하자. 눈비 온 후에는 길이 미끄럽다.

❺ 기타 정상에 오르지 않고 족은노꼬메오름 둘레길만 걸어도 좋다. 삼나무 숲길과 상잣길이 특히 아름답다.

TIP 주변 명소, 맛집, 카페 정보는 108쪽 궷물오름과 94쪽 새별오름을 참고하세요.

06 큰노꼬메오름 큰녹고뫼오름

OREUM 거대한 분화구와 압도적인 정상 전망

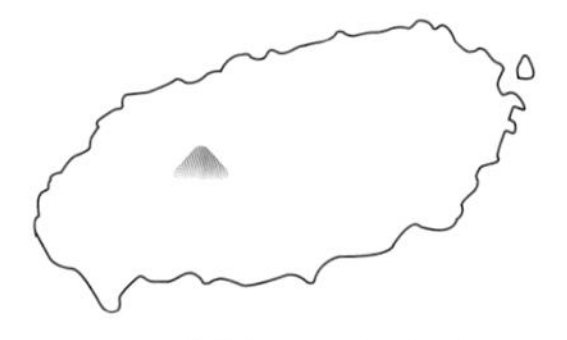

큰노꼬메오름은 다채롭다. 드넓은 목장을 품고 있는가 하면, 오름 안으로 들어가면 커다란 곶자왈 숲이 여행자를 반긴다. 정상에 오르면 거대한 분화구와 압도적인 전망이 당신을 반긴다. 웅장한 한라산의 서쪽 몸매, 에메랄드빛 한림바다, 그리고 비양도와 제주시까지 한눈에 들어온다.

주소 애월읍 유수암리 산 138
순수 오름 높이 234m
해발 높이 833m
등반 시간 편도 40분~1시간

Travel Tip 큰노꼬메오름 여행 정보

인기도 중 접근성 중 난이도 중 정상 전망 상 등반로 상태 상 편의시설 주차장, 화장실 여행 포인트 거대한 분화구, 정상 전망, 곶자왈 숲길, 궷물오름과 족은노꼬메오름 연계 트레킹 주변 오름 궷물오름, 족은노꼬메오름

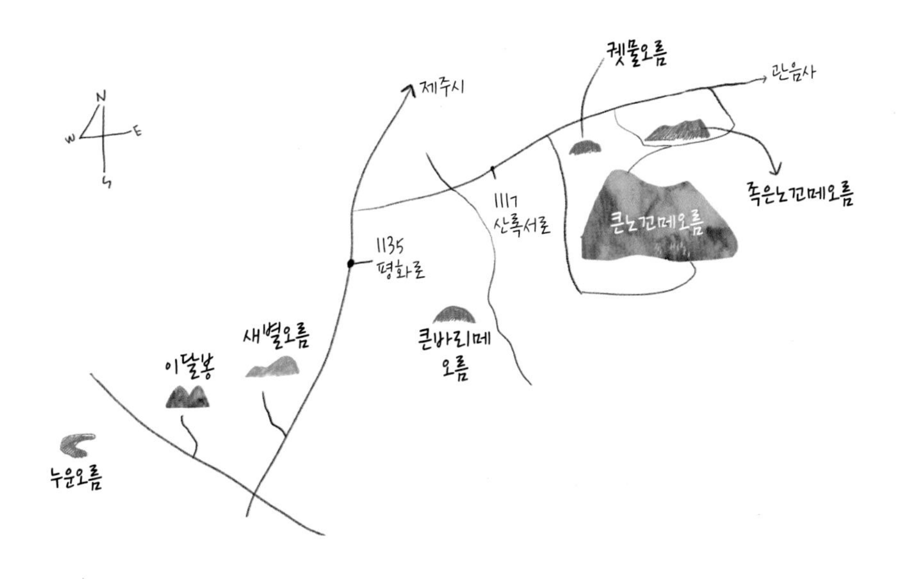

How to go 큰노꼬메오름 찾아가기

승용차 내비게이션에 '큰노꼬메오름 주차장' 찍고 출발. 제주공항에서 30분, 중문관광단지에서 25분, 서귀포에서 40분 소요

콜택시 **애월하귀연합콜택시** 064-799-5003 **애월콜택시** 064-799-9007

버스
큰노꼬메오름까지 가는 버스 없음. 가장 가까운 렛츠런파크 정류장에서 6km 남짓 도보로 이동해야 함

비양도, 제주시, 한라산까지 한눈에

용눈이, 아부, 다랑쉬, 백약이……. 제주를 대표하는 오름 군락은 대부분 동부에 있지만, 서부에도 이에 뒤지지 않는 오름 군락이 있다. 궷물오름, 족은노꼬메오름, 큰노꼬메오름 군락이다. 이 셋 중에서도 터줏대감은 큰노꼬메오름이다. 큰노꼬메는 다채로운 오름이다. 입구엔 드넓은 목장을 품고 있고 오름 안으로 들어가면 커다란 숲이 여행객을 반긴다. 등산로를 따라 정상에 오르면, 갑자기 나무들이 자취를 감추고 그 자리를 거대한 분화구와 탁 트인 풍경에 내어준다. 드넓은 초원, 곶자왈, 분화구, 황홀한 전망을 모두 느낄 수 있는 오름이다. 동부의 거문오름에서 분출한 용암이 12km까지 흘러 선흘곶자왈, 만장굴, 김녕사굴 등을 만들었다면, 큰노꼬메오름은 9km까지 흘러 애월곶자왈을 만들었다. 덕분에 오르는 길이 조금 힘들지만 길이 다채로워 눈이 즐겁다. 큰노꼬메의 정수는 정상에서 바라보는 제주 서부 풍경이다. 가리는 게 없어서 웅장한 한라산의 서쪽 몸매를 한눈에 담을 수 있다. 저 멀리 한림 바다와 비양도 그리고 제주시까지 한눈에 들어온다. 크게 숨을 쉬어보라. 마음까지 맑아질 것이다. 〈아스달연대기〉의 초반부 숲 장면을 이곳에서 촬영했다.

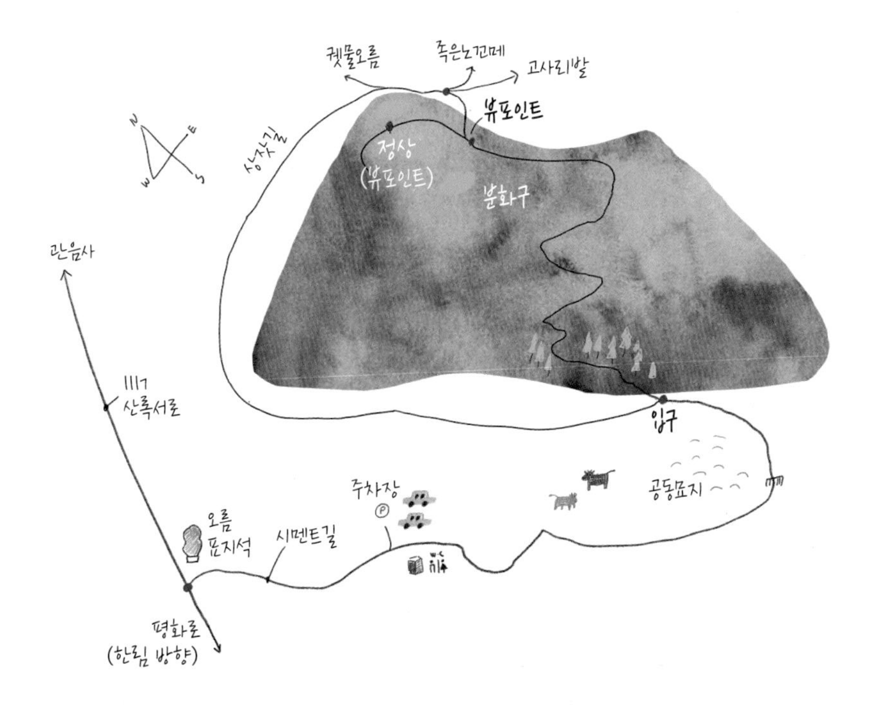

Trekking Tip 큰노꼬메오름 오르기

❶ 오름 입구 남쪽 입구와 북동쪽 입구족은노꼬메의 남쪽 입구 갈림길가 있다. 주차장은 큰노꼬메오름 남쪽 입구에 있다.

❷ 트레킹 코스 주차장에서 8~9분쯤 가면 공동묘지와 남쪽 입구가 나타난다. 정상까지 50분 남짓 걸린다. 숲길 트레킹을 원한다면 북동쪽 입구로 가길 추천한다. 남쪽 입구 근처 공동묘지에서 왼쪽으로 난 큰노꼬메 상잣길로 30~40분 간 뒤 상잣길 갈림길에서 오른쪽으로 난 숲길을 따라 25분쯤 가면 북동쪽 입구가 나타난다. 정상까지 30분 소요

❸ 준비물 등산화, 모자, 선크림, 선글라스, 생수, 등산 스틱(선택)

❹ 유의사항 탐방로에 데크와 돌계단이 있지만, 눈비 올 때는 미끄럽다. 눈이 올 땐 아이젠이 필요하다.

❺ 기타 주차장에 화장실은 있으나 다른 편의시설은 없다.

TIP 주변 명소, 맛집, 카페 정보는 108쪽 궷물오름과 94쪽 새별오름을 참고하세요.

07 바리메오름 큰바리메오름

OREUM

목장과 삼나무 숲길이 이국적이다

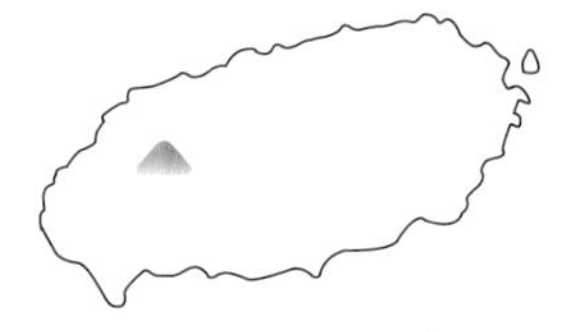

바리메는 오름만큼이나 오름으로 가는 길이 아름답다. 목장과 삼나무 숲길이 눈길을 사로잡는다. 드넓은 목장과 삼나무 길이 만드는 풍경은 알프스의 한적한 산촌이라 해도 믿을 것 같다. 요즘에는 휴대전화 광고와 인스타그램 핫플로 유명세를 얻고 있다.

주소 제주시 애월읍 어음리 산 1번지
순수 오름 높이 213m
해발 높이 763m
등반 시간 편도 25~30분

Travel Tip 바리메오름 여행 정보

인기도 중 접근성 하 난이도 중 정상 전망 상 등반로 상태 상비오는 날은 미끄러움 편의시설 주차장, 화장실
여행 포인트 정상 전망, 목장 풍경, 삼나무 숲길 주변 오름 족은 바리메오름, 큰노꼬메오름, 궷물오름

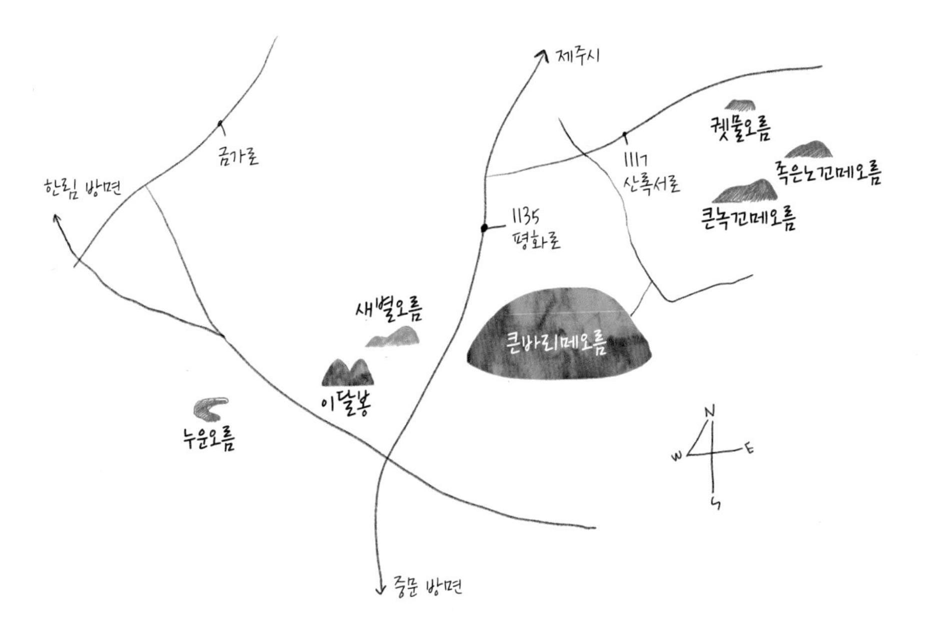

How to go 바리메오름 찾아가기

승용차 내비게이션에 '큰바리메오름 주차장' 또는 '바리메 주차장' 찍고 출발. 제주공항에서 40분, 중문관광단지에서 30분, 서귀포에서 50분 소요

콜택시 **애월하귀연합콜택시** 064-799-5003 **애월콜택시** 064-799-9007

버스
바리메오름까지 가는 버스 없음. 가장 가까운 버스 정류장에서 4km 남짓 걸어서 이동해야 함

바리메오름 초입의 목장 풍경

산방산, 가파도, 그리고 태평양까지

큰바리메오름은 큰노꼬메오름과 이웃해 있다. 엘리시안제주 컨트리클럽 근처 산록서로에서 좁은 도로를 따라 올라가야 한다. 목장과 삼나무 숲길이 눈길을 사로잡는다. 오름만큼이나 오름으로 가는 길이 아름답다. 드넓은 초록 목장과 삼나무 길이 만드는 풍경은 알프스의 한적한 산촌이라 해도 믿을 것 같다. 요즘에는 인스타그램 핫플로 유명하다. 멋진 풍경을 천천히 감상하다 보면 큰바리메오름 주차장에 닿는다. 바리메의 이름은 『탐라지』, 『탐라순력도』에 '발산'鉢山이라 표기되어 있다. 오름 모양이 바리와 비슷해서 바리메라 부른다. 바리란 절에서 사용하는 혹은 제주 여인들이 사용한 밥그릇을 일컫는다. 멀리서 보면 실제로 그릇을 엎어놓은 것 같다. 숲길, 조릿대 지대, 나무계단을 지나 25분쯤 오르면 분화구를 품은 정상이다. 거대한 한라산이 남쪽으로 뻗어나가는 모습이 뚜렷이 보인다. 남쪽으로 봉긋 솟아오른 산방산과 북태평양도 가까이 다가온다. 바다 위 떠 있는 형제섬, 가파도도 눈에 잡힌다. 장관이다. 오름 아래로 보이는 초록 목초지가 이국적이다. 제주시와 애월읍 풍경을 보려면 분화구둘레 130m, 깊이 78m 둘레길을 걷는 게 좋다. 제주 서부 중산간의 풍경이 평화롭기 그지없다.

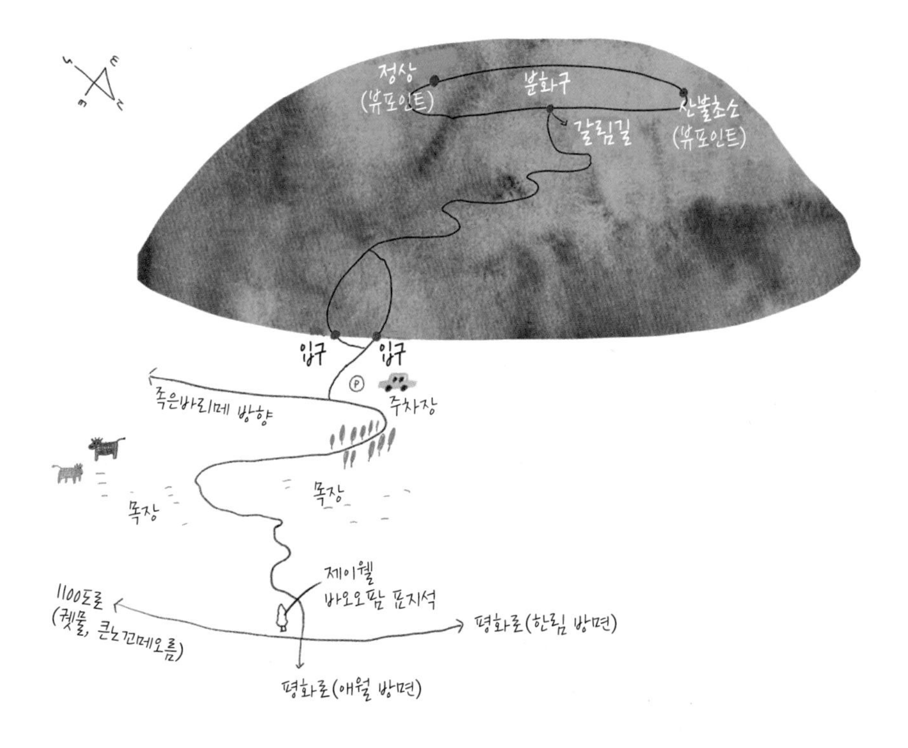

Trekking Tip 바리메오름 오르기

❶ 오름 입구 오름 동쪽에 입구가 있다. 큰바리메오름과 족은바리메오름 사이이다.

❷ 트레킹 코스 분화구에 다다르면 정상으로 가는 길과 분화구 둘레길로 나뉜다. 어디로 가든 정상으로 이어진다. 분화구 둘레길은 20분이면 걸을 수 있다.

❸ 준비물 등산화, 모자, 선크림, 선글라스, 생수, 등산 스틱(선택)

❹ 유의사항 눈비 올 때는 탐방로가 미끄럽다. 눈이 올 땐 아이젠이 필요하다.

❺ 기타 주차장 진입로가 좁다. 조심히 운전하자.

TIP 더 많은 주변 명소, 맛집, 카페 정보는 94쪽 새별오름과 108쪽 궷물오름을 참고하세요.

08 금오름

OREUM 신비로운 산정 호수와 몽환적인 풍경

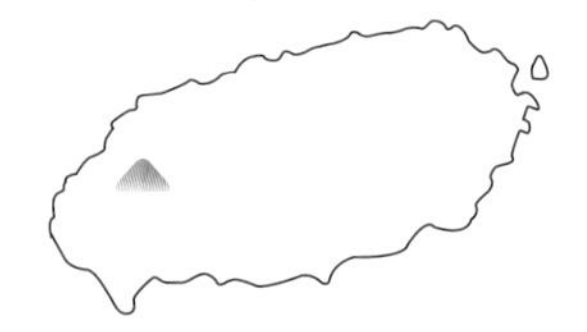

제주 서부에서 새별오름 다음으로 많은 사람이 찾는다. 금오름의 백미는 단연 분화구의 산정호수이다. 호수라기보다 작은 연못에 가깝지만 산 정상에서 만나는 물은 신비로움 그 자체다. 게다가 석양빛으로 붉게 물든 풍경은 마치 인상파 화가 모네의 작품처럼 몽환적이다.

- **주소** 제주시 한림읍 금악리 산1-1
- **순수 오름 높이** 178m
- **해발 높이** 427.5m
- **등반 시간** 편도 25~30분, 분화구 둘레길 30분(1.2km)

Travel Tip 금오름 여행 정보

인기도 상 접근성 상 난이도 중 정상 전망 상 등반로 상태 상(비 오는 날은 등산로가 미끄러움)
편의시설 주차장, 화장실 여행 포인트 정상 뷰, 산정호수 주변 오름 정물오름, 당오름, 새별오름, 누운오름

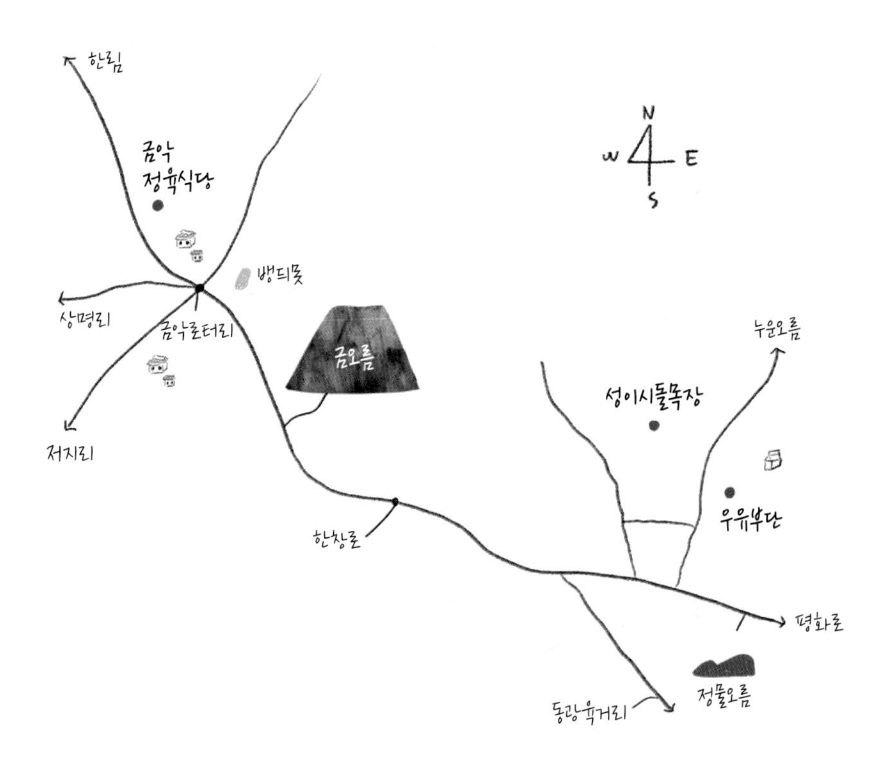

How to go 금오름 찾아가기

승용차 내비게이션에 '금오름 주차장' 찍고 출발. 제주공항에서 45분, 중문에서 25분, 서귀포에서 45분 소요

콜택시 애월읍 **애월하귀연합콜택시** 064-799-5003 **애월콜택시** 064-799-9007

버스

❶ 제주국제공항 4번 정류장대정·화순·일주서로에서 151번 승차 → 동광 환승 정류장 하차 → 동광 환승 정류장 3번 한림 방면에서 783-1번 버스 승차 → 금오름북 정류장에서 하차 → 361m 이동. 총 1시간 40 소요

❷ 서귀포 (구)터미널입구 또는 중문관광단지 입구 정류장에서 282번 승차하여 동광 환승 정류장 하차. 동광 환승 정류장 3번한림 방면에서 783-1번 버스 승차 → 금오름북 정류장에서 하차 → 361m 이동. 총 1시간 20분 소요

분화구와 산정호수가 있는 풍경

한림읍 금악리에 있다. 뱅듸못넓은 연못과 작은 생이못새나 먹을 작은 연못. 4.3항쟁 때 피난 온 도민을 살린 생명수이다. 뒤로 금오름이 의젓하게 가부좌를 틀고 있다. 금악리의 오름 9개 중에서 으뜸이자 제주 서부를 대표하는 중형 오름이다. TV 프로그램 〈효리네 민박〉에서 이효리가 아이유와 함께 석양을 감상하기 위해 방문한 뒤 유명해졌다. 해발 427.5m, 순수 오름 높이 178m로 20여 분이면 정상에 오를 수 있다. 금오름의 백미는 단연 분화구다. 남북으로 봉우리가 있고 동서로 타원형 분화구가 자리하고 있는데, 깊이는 52m이다. 분화구 가운데에는 금악담今岳潭이라는 산정호수가 있다. 호수라기보다 작은 연못에 가깝지만 산 정상에서 만나는 물은 신비로움 그 자체다. 분화구를 따라 천천히 발걸음을 옮기면 비양도, 수월봉, 산방산 그리고 한라산까지 제주 서부를 한눈에 조망할 수 있다. 억새가 분화구 곳곳에서 바람에 흔들린다. 금오름을 좀 더 아름답게 느끼려면 석양 시간에 찾는 것이 좋다. 석양빛으로 붉게 물든 제주 서부 풍경은 마치 인상파 화가 모네의 작품처럼 몽환적이다. 산정호수를 보기 위해서는 비가 온 다음 날 찾는 것이 좋다.

Trekking Map 금오름 탐방 지도

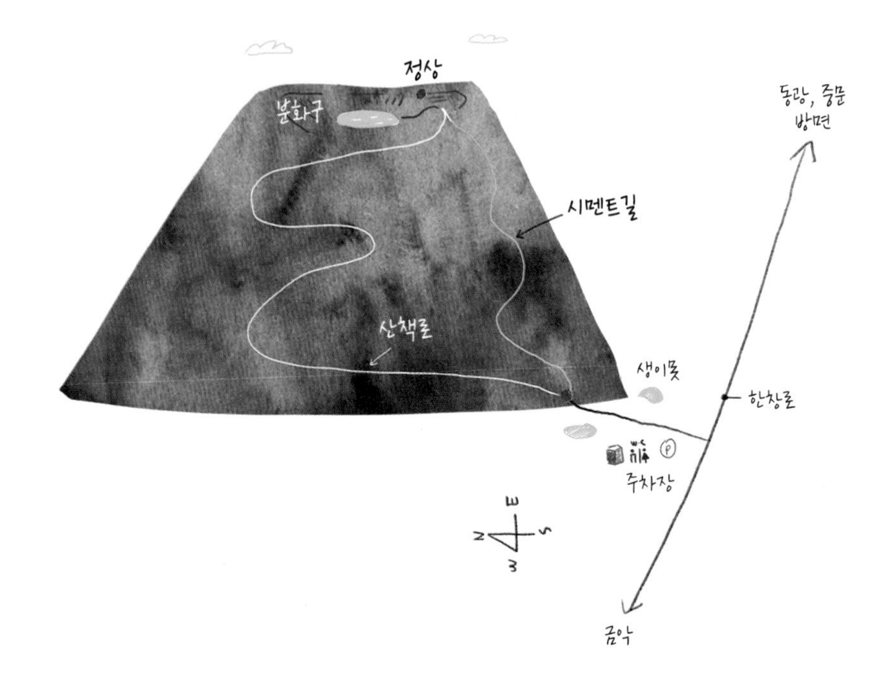

Trekking Tip 금오름 오르기

❶ 오름 입구 오름 남쪽에 있다. 생이못이 있는 금오름 주차장에서 트레킹을 시작하면 된다.

❷ 트레킹 코스 입구로 들어서서 조금 오르면 왼쪽으로 '희망의 숲길'이, 오른쪽으로 시멘트 포장길이 나온다. 희망의 숲길이 등반로이다. 시멘트 길은 차로인데, 허가받는 차만 이용할 수 있다. 분화구 둘레길은 1.2km로 30분이면 돌 수 있다.

❸ 준비물 운동화, 모자, 선크림, 선글라스, 생수, 등산 스틱(선택)

❹ 유의사항 눈이 올 때는 아이젠이 필요하다.

❺ 기타 오전 일찍 오르면 사람이 적어 좋다.

HOT SPOT

성이시돌목장

제주시 한림읍 금악동길 35 064-796-1399 주차 가능 금오름에서 자동차로 5분
성이시돌젊음의집 제주시 한림읍 금악동2길 25 새미은총의동산 제주시 한림읍 새미소길 15

평화로운 목장, 독특한 쉼터 테시폰

제주시 한림읍에 있다. 1961년 아일랜드에서 온 맥그린치 신부가 제주 서부의 중산간 황무지를 개간하여 목장을 만들고 스페인 성인 이시돌의 이름에서 따다 성이시돌목장이라 이름 지었다. 이시돌은 1100년대 스페인에서 태어난 농부이자 가톨릭 성인이다. 현재 목장에선 젖소, 한우, 경주마 등 1,300여 마리 동물을 키우고 있다. 목장에 가면 목장 일꾼들이 사용하던 간이 주택 테시폰을 찾아보자. 이라크 고대 유적 테시폰의 아치 구조물에서 영감을 얻어 만든 독특한 건물이다. 성이시돌목장의 테시폰은 국가가 지정한 문화재이다. 6월 즈음엔 성이시돌젊음의 집도 찾아가 보자. 수국이 황홀한 풍경을 만들어준다. 새미은총의 동산도 기억하자. 여행자들은 보통 카페 우유부단과 테시폰을 들러본 뒤 목장을 떠나는데, 진짜 목장의 여유를 만끽하고 싶다면 새미은총의 동산이 더 좋다. 새미소 호수와 주변 숲길은 더없이 좋은 힐링 산책 코스이다. 새미은총의 동산 남쪽 길 건너의 성이시돌센터에 가면 목장의 역사를 살펴보고, 유제품과 기념품을 살 수 있다.

©제주도청

RESTAURANT

금악정육식당

- 제주시 한림읍 중산간서로 4302
- 064-747-8191
- 12:00~21:30
- 주차 가능
- 금오름에서 자동차로 3분

살살 녹는 소고기와 돼지고기

제주에서 가장 목장이 많은 곳 중 한 곳이 한림읍 금악리다. 자동차를 타고 가다가 고개를 돌리면 보이는 게 푸른 초원과 목장이다. 그만큼 금악리는 소와 돼지를 키울 수 있는 좋은 환경을 가지고 있다. 이런 환경 덕에 금악리에서는 질 좋은 소, 돼지고기를 만날 수 있다. 가장 인기가 좋은 곳은 도민 맛집으로 유명한 금악정육식당이다. 정육식당이라 진열대에서 기호에 따라 고기를 먼저 고른 뒤 1인 기준 상차림 비 3천 원을 내고 구워 먹으면 된다. 육회, 간, 천엽 등도 먹을 수 있다. 점심 메뉴로 불고기 정식과 김치찌개, 소고기 된장찌개도 판매한다.

CAFE

우유부단

- 제주시 한림읍 금악동길 38
- 064-796-2033
- 10:00~18:00
- 주차 가능
- 금오름에서 자동차로 5분

이시돌목장의 우유 카페

성이시돌목장 안에 있다. 우유를 주제로 하는 테마 카페이다. 카페 이름 우유부단은 한자 '넘칠 우, 부드러울 유, 아니 부, 끊을 단'을 모아 만들었다. 줄여서 설명하면 '너무 부드러워 끊을 수 없다'는 의미이다. 또 '우유를 향해 부단히 노력한다'는 중의적인 뜻도 있다. 모든 메뉴에서 건강한 맛을 즐길 수 있지만, 그중에서도 수제 아이스크림이 으뜸이다. 커피, 홍차, 녹차도 판매한다. 우유부단 서쪽 성이시돌센터한림읍 새미소길 15에서는 유제품을 판매하고, 카페 이시도르에서는 목장에서 생산한 우유와 버터로 빵을 굽는다.

TIP 더 많은 주변 명소, 맛집, 카페 정보는 94쪽 새별오름과 154쪽 저지오름을 참고하세요.

09 정물오름

OREUM 성이시돌목장의 평화로운 풍경

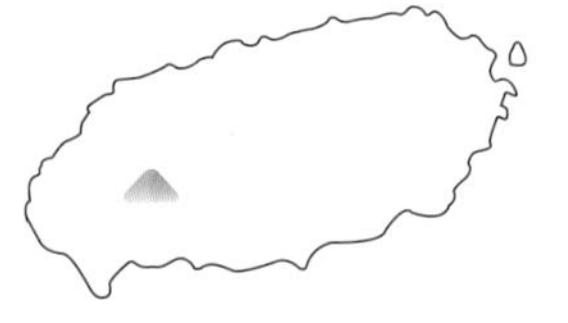

정물오름 분화구는 온통 억새밭이다. 정상에 서면 동쪽으로 한라산과 오름 군락이, 남쪽으로는 멀리 산방산도 보인다. 그래도 최고 전망은 성이시돌목장의 평화로운 풍경이다. 말들이 한가로이 풀을 뜯고 넓은 초원을 뛰어다니는 모습이 아름답기 그지없다.

- **주소** 제주시 한림읍 금악리 산52-1
- **순수 오름 높이** 151m
- **해발 높이** 466m
- **등반 시간** 편도 20분

©제주도청

Travel Tip 정물오름 여행 정보

인기도 중 접근성 상 난이도 상 정상 전망 상 등반로 상태 중 편의시설 없음

여행 포인트 정상 전망, 억새밭 주변 오름 누운오름, 이달봉, 금오름, 새별오름, 당오름

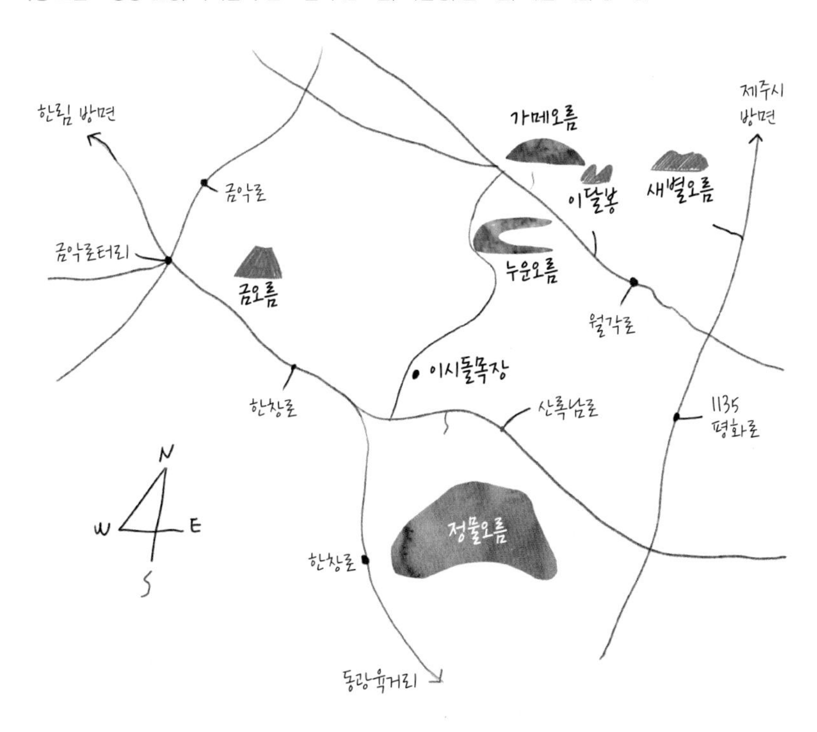

How to go 정물오름 찾아가기

승용차 내비게이션에 '정물오름 주차장' 찍고 출발. 제주공항에서 31분, 중문에서 20분, 서귀포에서 41분 소요

콜택시 **애월하귀연합콜택시** 064-799-5003 **애월콜택시** 064-799-9007

버스

❶ 제주공항 4번 정류장대정, 화순, 일주서로 방면에서 151번, 152번 승차 → 5개 정류장 이동 후 동광환승정류장 하차 → 동광환승정류장한림 방면에서 783-1, 783-2번 승차하여 3개 정류장 이동 → 이시돌단지 정류장 하차 후 정물오름 입구까지 도보 15분 이동. 총 1시간 29분 소요

❷ 서귀포환승정류장서귀포등기소 앞 또는 중문환승정류장중문우체국에서 181번 승차 후 동광환승정류장 하차 → 동광환승정류장한림 방면 방면에서 738-1, 783-2번 승차하여 3개 정류장 이동 → 이시돌단지정류장 하차 후 정물오름 입구까지 도보 15분 이동. 서귀포에서 1시간 20분, 중문에서 50분 소요

억새가 춤추는 가을에 더 아름답다

제주시 한림읍 금악리에 있다. 성이시돌목장과 이웃해 있다. 오름은 바로 앞에 정물샘이 있어서 이런 이름을 얻었다. 정물샘은 쌍둥이처럼 두 개가 나란히 있는데, 혹자는 안경처럼 보인다고 하여 안경샘이라고 부른다. 아쉽게도 지금은 샘 구실을 못하고 있다. 하지만 옛날엔 수량이 풍부하고 수질이 깨끗하여 이곳에서 제법 떨어진 한경면 중산간 사람들까지 물을 길어 먹었다. 성이시돌목장을 이정표 삼을 수 있으므로 찾아가는 길은 어렵지 않다. 목장으로 가는 산록남로에서 이어지는 농로에 오름 표지석을 세워놓았다. 여기에서 자동차로 1분 정도 들어가면 주차장과 샘물이 나타난다. 이곳이 오름 입구이다. 탐방로엔 키 큰 들풀과 삼나무들이 호젓하게 서 있다. 입구에서 갈림길이 시작되는데 어디로 오르든 20분이면 분화구 남쪽에 있는 정상에 닿는다. 분화구는 온통 억새밭이다. 정상에 서면 동쪽으로 한라산과 오름 군락이, 남쪽으로는 멀리 산방산도 보인다. 그래도 최고 전망은 성이시돌목장의 평화로운 풍경이다. 말들이 한가로이 풀을 뜯고 넓은 초원을 뛰어다니는 모습이 아름답기 그지없다. 정물오름은 억새가 아름답기로 유명하다. 언제나 찾아도 아름답지만, 가을이 가장 아름답다.

Trekking Map 정물오름 탐방 지도

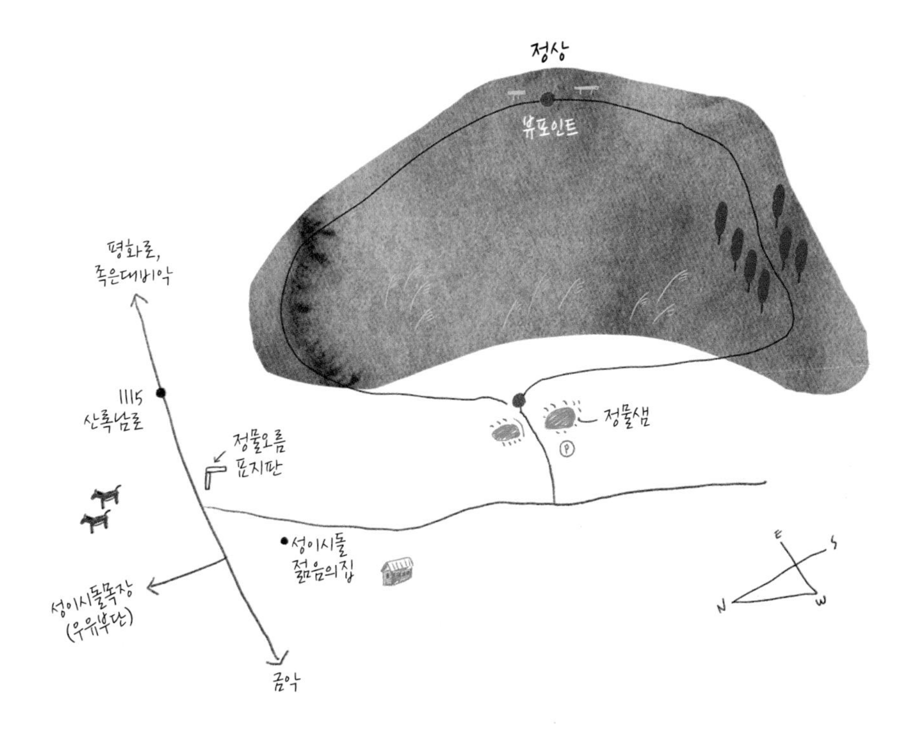

Trekking Tip 정물오름 오르기

❶ 오름 입구 오름 서북쪽에 있다. 이시돌 젊음의 집에서 산록남로를 이용해 동쪽으로 조금만 가면 오름 표지석이 있다. 작아서 유의해서 봐야 한다. 표지석이 있는 길을 따라 조금만 가면 오름 입구가 나온다.

❷ 트레킹 코스 입구에서 탐방로가 왼쪽과 오른쪽으로 갈린다. 왼쪽 길이 경사가 완만하다. 어느 곳으로 가든 정상까지 20분쯤 걸린다. 정상은 분화구 남동쪽에 있다. 둘레길을 돈 뒤 다시 입구로 내려온다. 둘레길까지 포함해 왕복 40~50분 소요된다.

❸ 준비물 운동화, 모자, 선크림, 선글라스, 생수

❹ 유의사항 작은 주차장과 정상 쉼터는 있으나 화장실 등 편의시설은 없다. 탐방로 초반부를 빼면 대부분 풀밭이라 그늘이 없어 한여름엔 피하는 게 좋다.

❺ 기타 성이시돌센터 안에 베이커리 카페 이시도르064-796-0677, 제주시 한림읍 금악북로 353가 있다.

TIP 더 많은 주변 명소, 맛집, 카페 정보는 94쪽 새별오름과 126쪽 금오름을 참고하세요.

10 누운오름

OREUM **봄엔 들꽃, 가을엔 억새**

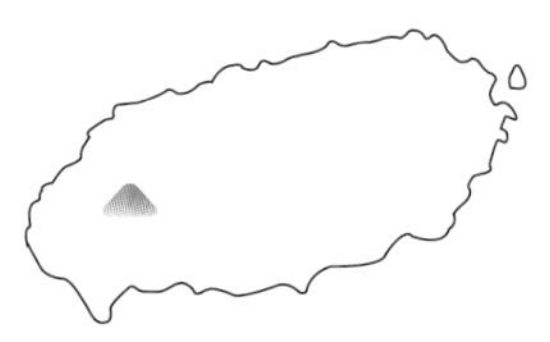

누운오름은 멀리서 보면 소가 누워있는 모습을 닮았다 해서 이런 이름을 얻었다. 크고 작은 봉우리 다섯 개가 이어져 있고 정상에 넓고 평탄한 분화구가 있다. 봄에는 들꽃이 화사하고, 가을엔 억새꽃이 아름다워 멋진 사진을 얻기 좋다. 스스로 몸을 낮춰 서부의 넓은 초원을 자기 안으로 깊이 끌어들인다.

주소 한림읍 금악리 188-2
순수 오름 높이 54m
해발 높이 407m
등반 시간 편도 5~10분

Travel Tip 누운오름 여행 정보

인기도 하 접근성 중 난이도 하 정상 전망 중 등반로 상태 하탐방로 정비 미비 편의시설 없음
여행 포인트 정상 전망, 억새밭 주변 오름 가메오름, 정물오름, 이달봉, 금오름

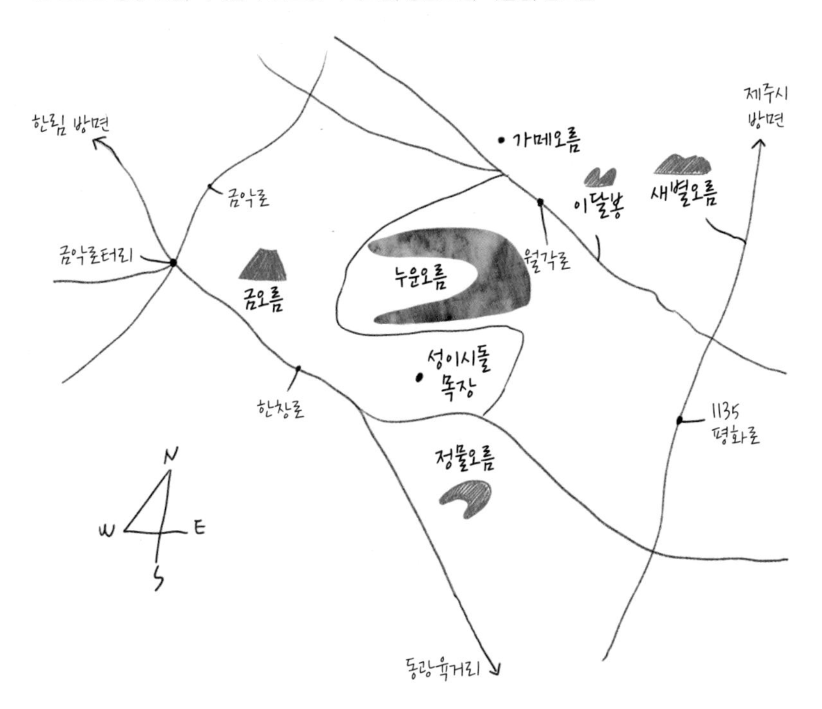

How to go 누운오름 찾아가기

승용차 내비게이션에 '누운오름' 찍고 출발. 제주공항에서 40분, 중문관광단지에서 30분, 서귀포에서 45분 소요

콜택시 **애월하귀연합콜택시** 064-799-5003 **애월콜택시** 064-799-9007

버스

❶ 제주공항 4번 정류장대정, 화순, 일주서로 방면에서 151번, 152번 승차 → 5개 정류장 이동 후 동광환승정류장 하차 → 동광환승정류장한림 방면에서 783-2번 승차하여 3개 정류장 이동 → 이시돌단지 정류장 하차 후 도보 8분 이동. 총 1시간 5분 소요

❷ 서귀포환승정류장서귀포등기소 앞 또는 중문환승정류장중문우체국에서 181번 승차 후 동광환승정류장 하차 → 동광환승정류장한림 방면에서 783-2번 승차하여 3개 정류장 이동 → 이시돌단지 정류장 하차 후 도보 8분 이동. 총 1시간 5분 또는 36분 소요

뽐내지 않아 아름답다

누운오름은 제주시 한림읍 금악리에 있다. 가메오름과 도로 하나를 두고 사이좋게 이웃해 있다. 누운오름은 서쪽에, 가메오름은 동쪽에 누워있다. 누운오름은 멀리서 본 모습이 소가 누워있는 모양을 닮았다 해서 이렇게 불린다. 크고 작은 봉우리 다섯 개가 이어져 있고 정상에 넓고 평탄한 분화구가 있다. 해발 높이는 407m이지만 순수 오름 높이는 54m에 불과해 10분이면 정상에 오를 수 있다. 억새가 자라 오르는 일이 쉽지 않다. 키 낮은 철조망으로 경계를 삼은 사유지가 있어 다 둘러보지는 못한다. 20여 분이면 오름을 충분히 느낄 수 있다. 북동쪽 정상에 오르면 이달봉이 손에 닿을 것처럼 눈에 들어온다, 이달봉 너머로 새별오름과 크고 작은 오름이 보이고 제주 서부의 드넓은 들판에 부는 바람도 보인다. 누운오름은 넓고 평평한 분화구를 품고 있다. 분화구 안은 목초지와 밭이다. 오름이지만 높지 않고 넓고 평평해서 좋다. 봄에는 들꽃이 화사하고, 가을엔 억새꽃이 아름다워 멋진 사진을 얻기 좋다. 누운오름은 스스로 뽐내지 않는다. 몸을 낮춰 서부의 넓은 초원을 자기 안으로 깊이 끌어들인다. 드러내지 않아 오히려 더 아름답다.

Trekking Map 누운오름 탐방 지도

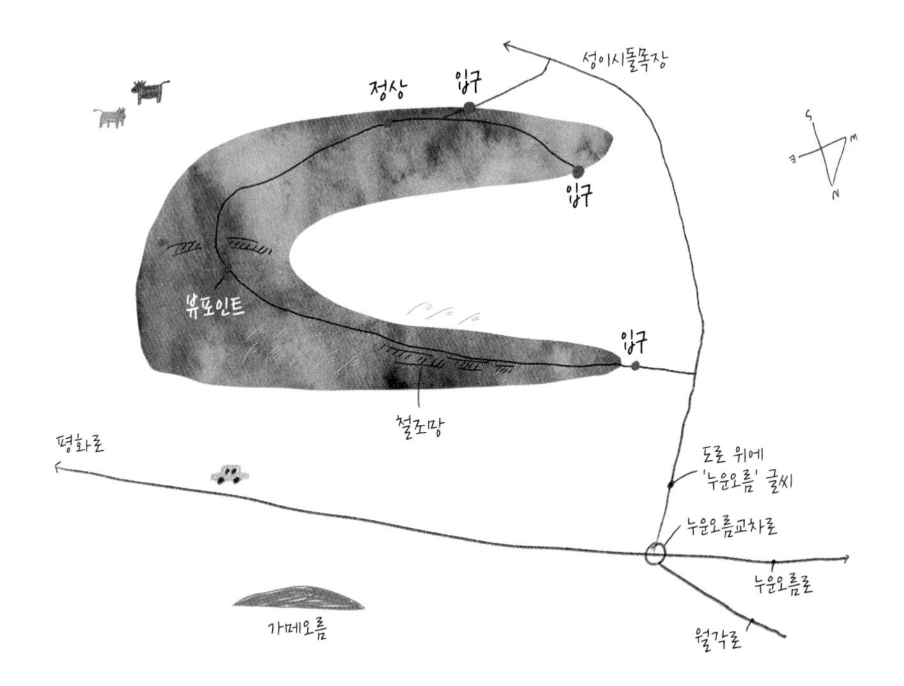

Trekking Tip 누운오름 오르기

❶ 오름 입구 오름 서북쪽에 있다. 누운오름교차로에서 서남쪽 도로를 따라 700m쯤 가면 왼쪽으로 입구가 보인다.

❷ 트레킹 코스 누운오름 교차로 부근 남쪽 입구에서 철조망을 옆에 두고 걸으면 정상으로 갈 수 있다. 정상에서 분화구 둘레를 크게 돌 수 있다.

❸ 준비물 등산화, 모자, 선크림, 선글라스, 생수

❹ 유의사항 탐방로가 정비돼 있지 않아 조금 어수선하다. 화장실, 주차장 등 편의시설이 없다.

TIP 주변 명소, 맛집, 카페 정보는 94쪽 새별오름과 126쪽 금오름을 참고하세요.

11 비양도 비양봉

OREUM 신비로운 쌍분화구

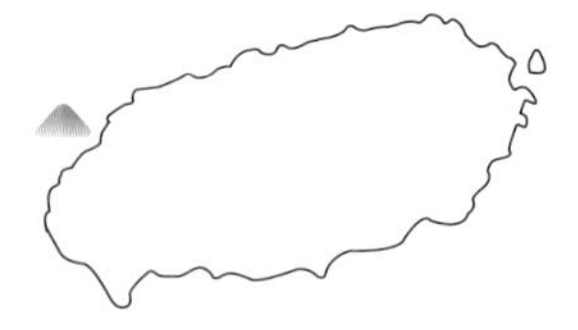

비양봉은 제주도에서 가장 젊은 오름이다. 『신증동국여지승람』에 고려 때인 1002년과 1007년에 "산이 바다 한가운데서 솟아 나왔다."라는 기록이 있다. 정상에 오르면 에메랄드빛 바다와 한림항, 서부 초원과 오름 군락, 한라산, 제주공항으로 가는 비행기가 손에 잡힐 듯 다가온다.

- **주소** 제주시 한림읍 협재리 산 100-1
- **순수 오름 높이** 104m
- **해발 높이** 114m
- **등반 시간** 정상까지 편도 20분, 분화구 둘레길 15분, 비양도 해안 둘레길 1시간 30분(3.5km)

©제주도청

Travel Tip 비양도 여행 정보

인기도 중 접근성 중 난이도 하 정상 전망 상 등반로 상태 중비 오는 날은 등산로 미끄러움 여행 포인트 정상 전망, 해안 둘레길

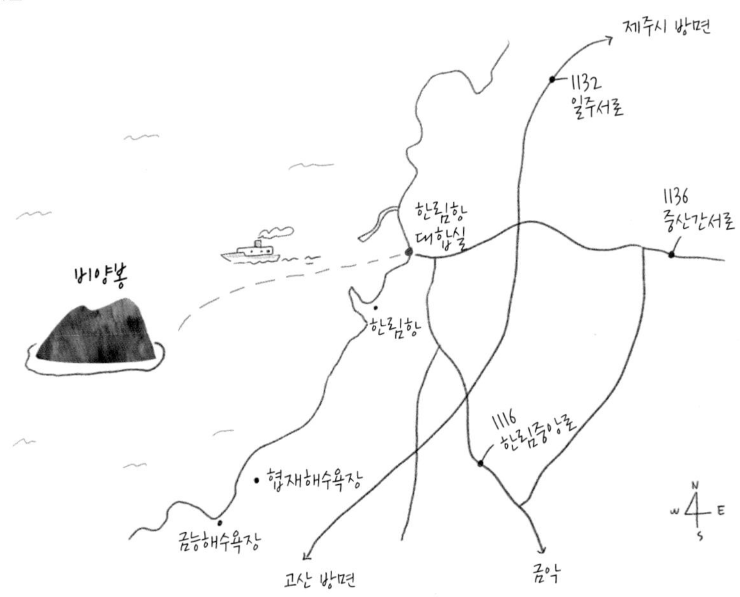

How to go 비양도 찾아가기

*비양도행 배는 한림항의 도선대합실에서 출발. 하루 4편이 왕복 운행. 편도 15분 소요. 신분증이 있어야 한다. 유아와 학생은 가족관계증명서, 학생증으로 대신할 수 있다. 승선신고서 작성 후 승선. 운행 편수가 많지 않으므로, 주말에는 예약하는 게 좋다.

한림항 제주시 한림읍 한림해안로 192 064-796-3515 ₩ 왕복 요금 5,000원~9,000원

ⓘ 홈페이지 www.비양도매표소.com(전화 예약 가능)

승용차 내비게이션에 '한림항도선대합실' 찍고 출발. 제주공항에서 42분, 중문에서 40분, 서귀포에서 55분 소요

콜택시 애월읍 **애월하귀연합콜택시** 064-799-5003 **애월콜택시** 064-799-9007

버스 ❶ 제주국제공항 4번 정류장대정, 화순 일주서로에서 102번 승차 → 한림환승정류장 하차 → 도보 10분 이동. 총 1시간 2분 소요

❷ 서귀포환승정류장서귀포등기소, 서귀포버스터미널, 중문환승정류장에서 181번 승차 → 동광환승정류장 4제주 방면에서 783-1번 환승→ 16개 정류장, 32분 이동 → 한림천주교회 정류장 하차 → 도보 8분 이동. 총 1시간 10분~1시간 20분 소요

©송일화

제주에서 가장 젊은 오름

비양도는 협재와 금능해수욕장 건너 한림 바다 위에 있다. 동서 길이 1,020m, 남북 길이 1,130m인 원형에 가까운 타원형 섬이다. 비양봉이 한가운데에 솟아 있는데, 제주도에서 가장 젊은 오름 중 하나이다. 비양봉 나이는 이제 1천 년이다. 『신증동국여지승람』에 고려 때인 1002년과 1007년에 "산이 바다 한가운데서 솟아 나왔다."라는 기록이 있다. 『제주역사기행』의 저자 이영권 선생은 비양도를 『어린왕자』에 나오는, 코끼리를 삼킨 보아 뱀 같다고 말했다. 비양봉은 1002년 화산이 폭발할 때 솟았다. 정상까지 어른 걸음으로 20분 남짓이면 오를 수 있다. 정상의 쌍분화구큰 분화구 둘레 800m, 작은 분화구 둘레 500m가 인상적이다. 비양봉엔 4개 봉우리가 있다. 등대가 있는 봉우리가 주봉이다. 주봉 정상에 오르면 에메랄드빛 바다와 한림항, 서부 초원과 오름 군락, 한라산, 제주공항으로 가는 비행기가 손에 잡힐 듯 다가온다. 정상에서 내려오면 해안 둘레길3.5km을 걸어보자. 아기 업은 돌과 코끼리 바위 같은 기암괴석을 만날 수 있고, 바닷물 습지 '펄랑못'도 구경할 수 있다.

©제주도청

Trekking Map 비양봉 탐방 지도

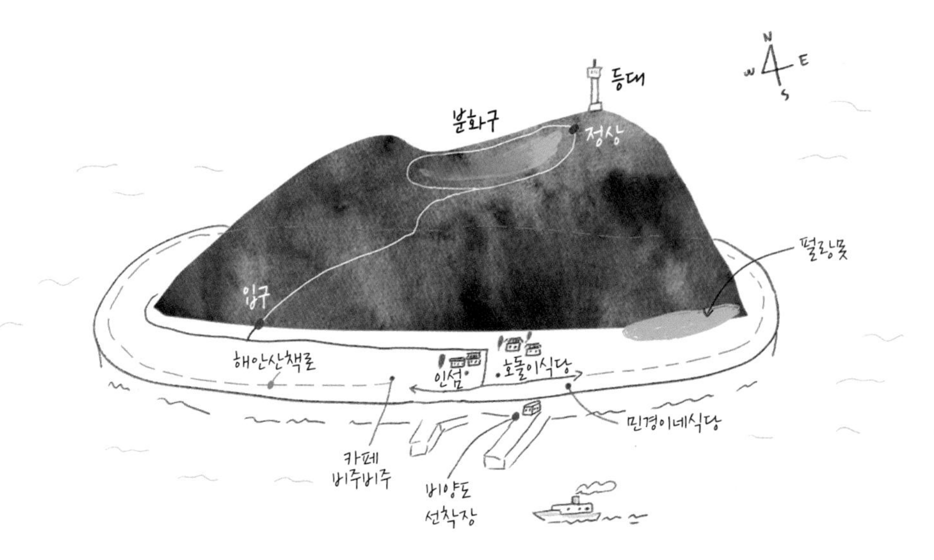

Trekking Tip 비양봉 오르기

❶ 오름 입구 비양봉 남서쪽에 있다. 비양도항에서 서쪽으로 10분쯤 가면 나온다.

❷ 트레킹 코스 계단과 오솔길, 대숲을 지나 정상으로 오른다. 약 20분이면 정상에 닿는다. 분화구를 한 바퀴 도는 데는 15분쯤 걸린다. 비양봉에서 내려오면 해안 둘레길3.5km을 걷자. 섬을 한 바퀴 도는데 1시간 30분이면 충분하다. 비양봉, 분화구 둘레길, 해안 둘레길까지 걸으려면 2시간 30분~3시간 정도 걸린다.

❸ 준비물 운동화, 모자, 선크림, 선글라스, 생수, 등산 스틱(선택)

❹ 유의사항 비가 오면 등산로가 미끄럽다.

❺ 기타 비양도 편의시설로는 작은 슈퍼마켓과 음식점 인섬, 호돌이식당, 민경이네, 카페 비주비주가 있다.

인섬 ◎ 제주시 한림읍 비양도길 12-6 ☏ 010-7285-3878

호돌이식당 ◎ 제주시 한림읍 비양도길 284 ☏ 064-796-8475

민경이네식당 ◎ 제주시 한림읍 비양도길 275 ☏ 064-796-8973

카페 비주비주 ◎ 제주시 한림읍 비양도길 32 ⓘ 인스타그램 @cafe_beejubeeju

12 수월봉 노꼬물오름

OREUM

유네스코가 지정한 세계지질공원

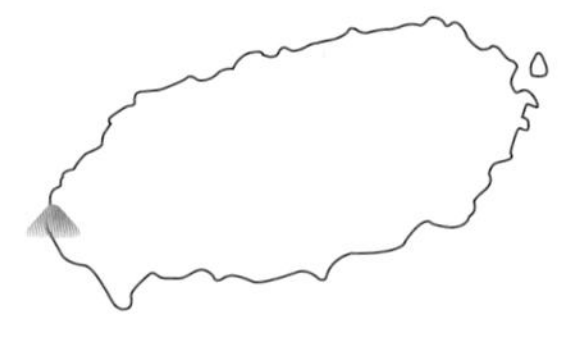

제주도는 화산재가 겹겹이 쌓여 만들어졌다. 화산폭발로 만들어진 지층구조를 한눈에 보여주는 곳이 수월봉이다. 수월봉 해안절벽에서 시루떡 같은 지층을 볼 수 있는데, 짧은 시간 화산재가 쌓여 생겨난 것이다. 세계적으로 드물게 화산폭발 당시의 지층을 생생하게 증언하고 있기에 유네스코는 수월봉을 세계지질공원으로 지정하였다.

- **주소** 제주시 한경면 노을해안로 1013-70
- **순수 오름 높이** 73m
- **해발 높이** 78m
- **등반 시간** 수월봉 편도 3분, 지질트레일 편도 30분

Travel Tip 수월봉 여행 정보

인기도 중 접근성 상 난이도 하
정상 전망 상 등반로 상태 상
편의시설 주차장, 휴게소, 전망대, 해안산책로
여행 포인트 수월봉지질트레일,
올레 12코스 걷기, 전기자전거 투어

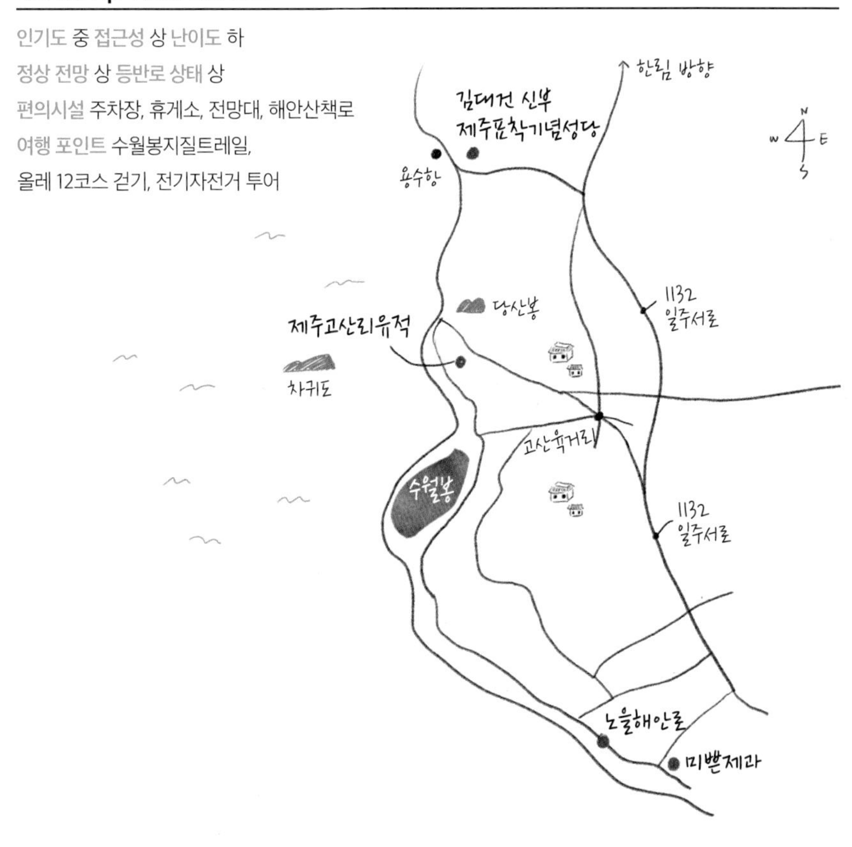

How to go 수월봉 찾아가기

승용차 내비게이션에 '수월봉' 또는 '수월봉 입구', '수월봉 전망대'로 검색 → 제주공항에서 1시간 2분, 중문관광단지에서 54분, 서귀포에서 1시간 7분 소요

콜택시 한경면 **한경 콜택시** 064-772-1818, 064-772-5882
대정읍 **모슬포호출개인택시** 064-794-0707 **대안콜택시** 064-794-8400

버스 ❶ 제주국제공항 4번 정류장대정, 화순, 일주서로 방면에서 102번 승차 → 9개 정류장 → 고산환승 정류장 하차 후 길 건너 고산1리, 고산성당 앞에서 771-1, 771-2번으로 환승 → 2개 정류장 이동 후 수월봉입구 정류장 하차 → 수월봉 입구까지 도보 10분 이동. 총 1시간 30분 소요
❷ 서귀포환승정류장서귀포등기소 또는 중문환승정류장에서 181번 승차 → 동광환승정류장에서 하차 후 771-2번으로 환승 → 2개 정류장 이동 후 수월봉입구 정류장 하차 → 수월봉 입구까지 도보 10분 이동. 총 1시간 30분 소요

세계적으로 드문 화산 교과서

제주도 형성과정은 재미있다. 서귀포 쪽이 먼저 생겨났으며, 그 후에 제주 남부 해안선이 만들어졌다. 지반이 융기하고, 수많은 화산이 폭발하면서 화산재가 겹겹이 쌓여 제주도를 만들어냈다. 제주도 생성 과정, 즉 화산폭발로 만들어진 지층구조를 한눈에 볼 수 있는 곳이 수월봉이다. 약 1만 8천 년 전이었다. 차귀도와 수월봉 사이에서 화산이 폭발했다. 이때 시루떡 같은 해안절벽이 생겼다. 절벽 단면이 긴 세월 쌓인 퇴적층 같지만, 사실은 짧은 시간 화산 분출물이 쌓여 생겨난 것이다. 세계적으로 드물게 화산폭발 당시를 생생하게 증언하고 있기에 유네스코가 세계지질공원으로 인증하였다. 세계화산백과사전에도 실렸다. 수월봉 밑 해안선을 따라 형성된 화산퇴적층을 직접 볼 수 있다. 수월봉 정상은 제주도 최고 일몰 명소이다. 수월봉엔 '수월이와 노꼬' 전설이 깃들어 있다. 수월이는 병든 어머니를 살리려고 수월봉에서 약초를 캐다가 발을 헛디뎌 절벽에서 떨어져 바다에 빠져버린다. 이를 지켜본 노꼬는 그 자리에서 눈물만 흘렸다. 그 눈물이 샘을 이루어 '노꼬물'이 되었다. 그래서 '노꼬물오름'이라 부르기도 한다. 수월봉은 수월이 이름을 따 지었다.

Trekking Map 수월봉 탐방 지도

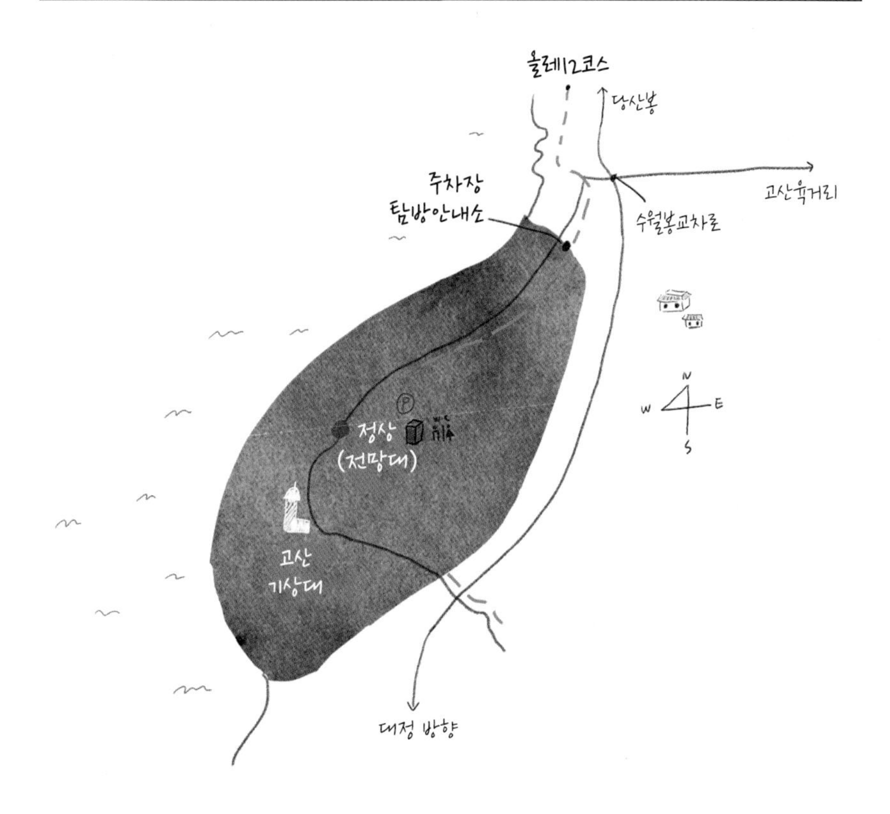

Trekking Tip 수월봉 오르기

❶ 오름 입구 수월봉 주차장이 입구이다. 정상까지 3분이면 오른다. 정상에 전망대와 고산기상대가 있다.

❷ 트레킹 코스 정상에서 멋진 뷰를 감상한 후 수월봉 해안 산책로수월봉지질트레일. 수월봉에서 차귀도포구까지 2km로 가자. 지층과 화산탄이 그대로 드러난 지질트레일이다. 화산지층도 구경하고 바다도 보자. 간혹 돌고래가 나타나기도 한다. 정상 오르기와 지질트레일 포함 트레킹 시간은 왕복 1시간 남짓 걸린다. 수월봉으로 올레 12코스가 지난다.

❸ 준비물 운동화, 모자, 선크림, 선글라스, 생수

❹ 유의사항 수월봉은 바람이 많이 부는 곳이다. 비나 태풍 등 날씨 정보를 꼭 확인하자. (날씨 앱 '원기날씨' 참고)

❺ 기타 수월봉 입구에서 전기자전거를 대여해 해안 길 따라 지질 투어를 해도 좋다.

HOT SPOT

노을해안로

서귀포시 대정읍 노을해안로 288
주차 가능
수월봉에서 자동차로 15분

드라이브도 즐기고 돌고래도 구경하고

제주 바다는 남방큰돌고래가 사는 곳이다. 수월봉에서 가까운 대정읍과 한경면 바다에서도 자주 볼 수 있다. 이 지역 노을해안로 바다에 돌고래 떼가 자주 출몰한다. 특히 대정읍 영락리와 신도리 앞바다가 돌고래 떼 출몰 구역으로 유명하다. 수월봉에서 남쪽으로 노을해안로를 따라 15분 남짓 내려가면 된다. TV 프로그램 〈바퀴 달린 집〉에 출연한 공효진이 돌고래를 본 바로 그곳이다. 바다 옆 CU 서귀영락해안도로점 맞은편에 간이 주차장이 있다. 파도가 잔잔하고 만조일 때 특히 잘 나타난다. 잠시 여행을 멈추고 바다를 응시해보자.

HOT SPOT

제주고산리유적

제주시 한경면 노을해안로 1100
064-772-0041
09:00~17:00
(월요일과 법정 공휴일 휴무)
편의시설 주차장, 정원
수월봉에서 자동차로 4분,
도보 25분

선사시대 사람들을 만나러 가는 길

수월봉과 북쪽 당산봉 사이는 넓은 들판이다. 고산평야이다. 제주도에서 볼 수 있는 유일한 평야 지대이다. 약 1만2천 년 전 이곳에서 초기 신석기인들이 살았다. 수월봉에서 노을해안로를 따라 북쪽으로 1.5km 남짓 올라가면 고산리유적안내센터가 나온다. 원시시대 제주인의 이야기를 들어본다면 당신의 여행이 더 깊어질 것이다. 토기, 돌칼, 돌창, 화살촉, 주거지……. 신석기시대부터 사람이 살았던 다양한 흔적을 살펴볼 수 있다. 토기와 석기를 직접 만들어 보는 체험도 할 수 있다.

HOT SPOT

김대건 신부 표착기념성당

- 제주시 한경면 용수1길 108
- 064-772-1252
- 09:00~18:00(연중무휴)
- 미사 일요일(하절기 저녁 8시, 동절기 저녁 7시 30분)
- 수월봉 주차장에서 북쪽으로 자동차로 10분

한국 최초의 신부가 처음 땅을 밟은 곳

김대건 신부1821~1846는 마카오에서 신학을 공부한 후 상해에서 한국인 최초로 천주교 사제가 되었다. 1845년 여름, 김대건은 상해에서 목선 '라파엘 호'를 타고 귀국길에 올랐다. 예상대로라면 한 달 후 인천에 상륙해야 했다. 하지만 풍랑을 만나 표류하다가 예정에 없던 제주도 서쪽 해안에 불시에 도착했다. 1845년 9월 28일 밤이었다. 거센 풍랑이 김대건 신부를 한경면 용수리 해안으로 데리고 온 것이다. 용수리 바닷가에 김대건 신부의 제주도 표착을 기념하는 성당과 기념관이 있다. 훗날 복원한 라파엘 호도 구경할 수 있다.

CAFE

미쁜제과

- 서귀포시 대정읍 도원남로 16
- 070-8822-9212
- 09:30~20:00
- **주차** 가능
- 수월봉 입구에서 남쪽으로 자동차로 10분

한옥 베이커리 카페

요즘은 핫한 카페들은 대개 베이커리를 끼고 있다. 대정읍 신도리에 있는 미쁜제과는 베이커리로 유명한 카페이다. 더군다나 멋진 한옥 건물에 넓고 아름다운 정원까지 갖추고 있다. 게다가 바다에서도 가깝다. 명품 카페의 조건을 두루 갖추고 있는 셈이다. 이곳에선 프랑스 유기농 밀가루만 사용해 빵을 만든다. 3~7일 자연 숙성한 천연발효종으로 빵을 만들기 때문에 맛이 특별하고 몸에도 좋다. 해안도로와 이웃해 있어서 멀리 바다가 보인다. 빵집에 들른 후 노을해안로에서 드라이브를 즐기기 좋다. 일몰 때라면 더 좋겠다.

13 당산봉

OREUM 차귀도가 손에 잡힐 듯

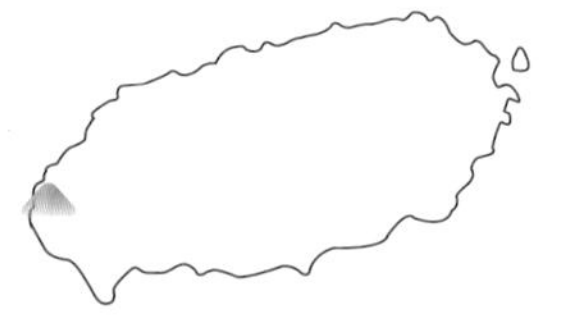

당산봉은 유네스코가 지정한 세계지질공원으로 올레 12코스가 지난다. 탐방로 곳곳에 이곳 지층에 관해 설명해 놓았다. 정상에 오르면 고산평야와 차귀도, 신창풍차해안, 수월봉, 그리고 산방산과 한라산이 파노라마처럼 펼쳐진다.

주소 제주시 한경면 고산리 산 15
순수 오름 높이 118m
해발 높이 148m
등반 시간 편도 20분

Travel Tip 당산봉 여행 정보

인기도 상 접근성 상 난이도 중 정상 전망 상 등반로 상태 상 편의시설 주차장, 전망대 여행 포인트 정상 전망, 세계지질공원, 당산봉 해안절벽 생이기정. 차귀도 트레킹 주변 오름 수월봉

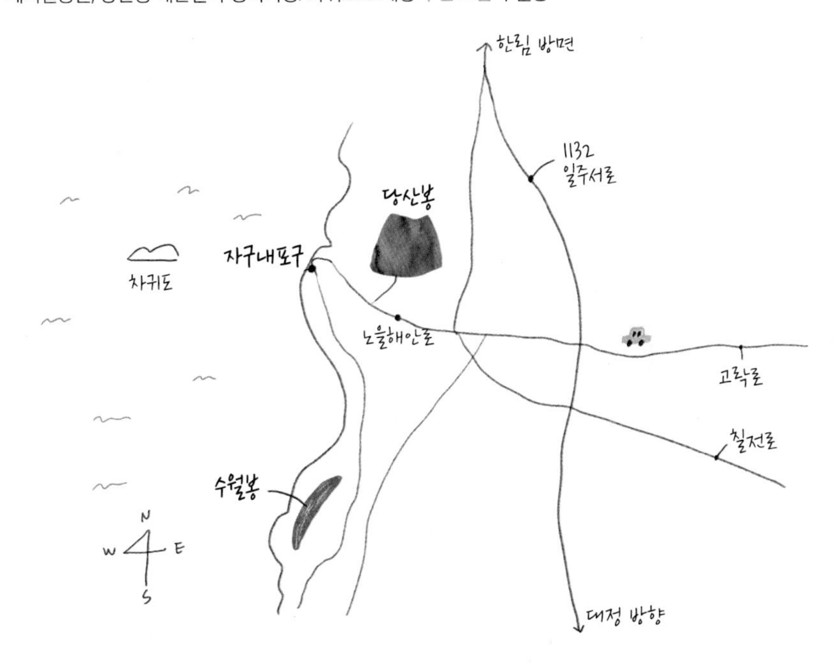

How to go 당산봉 찾아가기

승용차 내비게이션에 '당산봉' 또는 '차귀도 포구'로 검색. 제주공항에서 59분, 중문에서 50분, 서귀포에서 1시간 7분 소요(주차는 당산봉 입구 갓길 또는 차귀도 포구 내 주차장 이용)

콜택시 애월읍 **애월하귀연합콜택시** 064-799-5003 **애월콜택시** 064-799-9007
한경면 **한경콜택시** 064-772-1818, 064-772-5882

버스

❶ 제주공항 4번 정류장대정, 화순, 일주서로 방면 또는 제주버스터미널에서 102번 승차 → 고산 환승 정류장고산1리 하차 → 고산 환승 정류장고산1리 고산성당 앞 까지 도보 57m 이동 → 771-1, 771-2번 승차 → 3개 정류장 이동 → 차귀포구정류장 하차 → 당산봉까지 20분 도보 이동. 총 1시간 30분~1시간 40분 소요

❷ 서귀포환승정류장서귀포등기소, 서귀포버스터미널, 중문환승정류장에서 102번 승차 → 동광환승4번정류장 하차 후 2번 정류장영어교육도시 방면에서 771-2번 환승 → 33개 정류장 이동 → 차귀포구정류장 하차 → 당산봉까지 20분 도보 이동. 총 1시간 25분~1시간 40분 이동

또 하나의 지질 교과서

당산봉은 제주시 한경면 고산리 바닷가에 있다. 유네스코에 등재된 세계지질공원으로 올레 12코스가 지난다. 당산봉과 바로 앞 차귀도엔 옛날 중국과 연결된 전설 같은 이야기가 깃들어 있다. 중국 송나라 황제가 제주도에 명혈지혈과 수혈이 많아 중국을 위협하는 인재가 나올 것이라는 이야기를 듣고 크게 걱정하였다. 이에 호종단胡宗旦, 송나라 관리, 고려에 귀화을 풍수 지리사로 보내 명혈을 끊으라고 명했다. 하지만 호종단은 혈을 다 끊지 못하고 송나라로 돌아가려 배를 돌렸다. 그러자 한라산 신神이 노하여 당산봉 앞바다 차귀도 근처에 배를 침몰시켰다. 차귀도돌아가지 못해 막히다라는 지명은 이 일화에서 유래했다. 당산봉이 가까이에서 그 모습을 지켜보았으리라. 당산봉은 산방산과 더불어 제주도에서 가장 오래된 화산체이다. 화산이 폭발할 때 솟아오른 뜨거운 마그마가 바닷물과 만나 급격하게 식으면서 생겨난 까닭에 수월봉처럼 지층이 시루떡 같다. 탐방로 곳곳에 이곳 지층에 관해 설명해 놓았다. 지질 학습터이기도 해 아이와 함께 오른다면 더 좋을 것이다. 정상에 오르면 바로 앞 고산평야와 차귀도, 수월봉, 신창풍차해변, 산방산과 한라산이 파노라마처럼 펼쳐진다.

Trekking Map 당산봉 탐방 지도

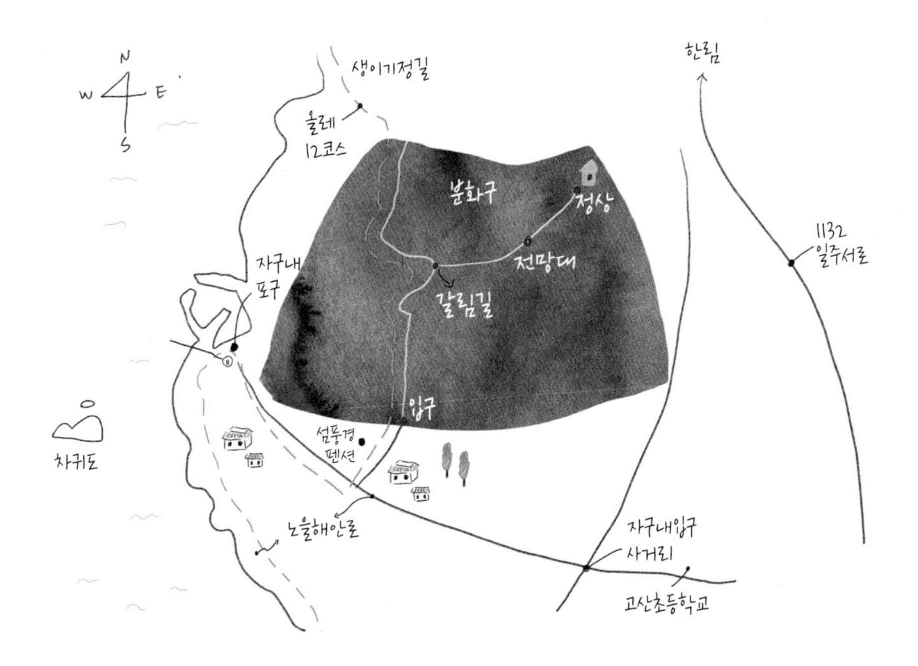

Trekking Tip 당산봉 오르기

❶ 오름 입구 오름 남서쪽 '섬품경펜션' 옆에 입구가 있다.

❷ 트레킹 코스 10분 정도 오르면 분화구가 시작된다. 이 지점에서 갈래 길이 나오는데, 오른쪽으로 가면 당산봉 정상과 전망대가 나온다. 왼쪽 길로 접어들면 올레길 12코스로 이어지는 '생이기정'길이 있고, 이 길은 당산봉 반대편으로 넘어간다. 여유가 있다면 생이기정까지 둘러보자. 정상 코스는 왕복 40분, 생이기정까지 포함하면 왕복 1시간 30분 코스이다.

❸ 준비물 운동화, 모자, 선크림, 선글라스, 생수, 등산 스틱(선택)

❹ 유의사항 화장실 등 편의시설이 없다.

❺ 기타 오름 아래 차귀도 포구에 식당이 제법 많다. 포구에서 차귀도유람선제주시 한경면 노을해안로 1163. 064-738-5355을 탈 수 있다. 정기선이 아니므로 예약해야 한다. 김대건신부 표착기념성당과 신창풍차해안이 자동차로 10~13분 거리에 있다.

TIP 주변 명소, 카페 정보는 144쪽 수월봉을 참고하세요.

14 저지오름

OREUM 신비로운 분화구 속으로!

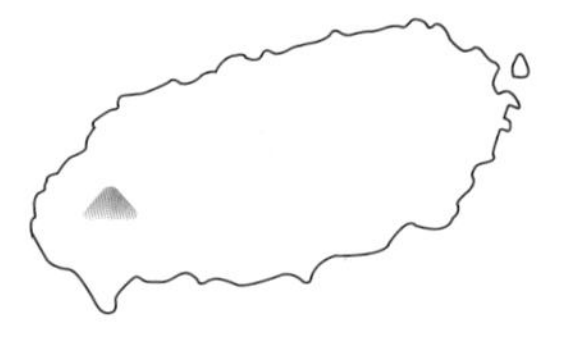

아름다운 숲이 있는 오름이다. 숲은 저지마을 사람들이 손수 가꾸어 만들었다. 저지마을은 올레 13코스가 지나고, 제주현대미술관, 저지문화예술인마을이 들어서면서 핫스폿이 되었다.

주소 제주시 한경면 저지리 산 51
순수 오름 높이 104m
해발 높이 239m
등반 시간 정상 편도 20분, 분화구 관찰로 왕복 30분, 분화구 둘레길 25분(900m)

Travel Tip 저지오름 여행 정보

인기도 상 접근성 상 난이도 중 정상 전망 상 등반로 상태 상 편의시설 화장실, 주차장, 전망대
여행 포인트 숲길, 정상 전망, 분화구 관찰 주변 오름 금오름

How to go 저지오름 찾아가기

승용차 내비게이션에 '저지오름' 찍고 출발. 제주공항에서 50분, 중문에서 35분, 서귀포에서 50분

콜택시 제주시 **제주사랑호출택시** 064-726-1000 **VIP콜택시** 064-711-6666 **삼화콜택시** 064-756-9090
서귀포시 **OK콜택시** 064-732-0082 **서귀포콜택시** 064-762-0100 **서귀포인성호출택시** 064-732-6199
중문관광단지 **중문호출개인택시** 064-738-1700 **중문천제연** 064-738-5880
한경면 **한경콜택시** 064-772-1818, 064-772-5882
애월읍 **애월하귀연합콜택시** 064-799-5003 **애월콜택시** 064-799-9007

버스 ❶ 제주공항 4번 정류장에서 151번 탑승 → 6개 정류장 이동 → 동광 환승 정류장2영어교육도시 방면 하차 후 784-1번 환승 → 18개 정류장 이동 → 저지리(동) 정류장 하차 → 도보 3분 이동 → 저지오름 동쪽 입구. 총 1시간 25분 이동
❷ 서귀포 환승 정류장 서귀포등기소 또는 중문 환승 정류장에서 181번 승차 → 동광 환승정류장2영어교육도시 방면에서 하차 후 784-1번 환승 → 18개 정류장 이동 → 저지리(동) 정류장 하차 → 도보 3분 이동 → 저지오름 동쪽 입구. 총 1시간 25분 이동

저지오름의 분화구

아름다운 숲과 파노라마 전망

독특하고 매력적인 숲을 품은 오름이다. 숲이 자연적으로 만들어진 게 아니라 저지마을 사람들이 손수 가꾸어 만들었다. 2007년 아름다운 숲 전국대회에서 생명상대상을 받았다. 저지마을은 서부 중산간의 오지 마을이었으나 지금은 올레 13코스가 지나고, 제주현대미술관, 저지문화예술인마을이 들어서면서 핫 스폿이 되었다. 오름 입구는 올레 13코스가 지나는 북동쪽에 있다. 동쪽 저지마을 쪽에서 출발할 수도 있는데, 올레 13코스를 거슬러 오름 중간에 있는 둘레길을 반쯤 걸은 뒤 정상 탐방로를 오르면 된다. 저지오름의 압권은 정상 전망과 분화구다. 전망대에 오르면 한라산 품에 안긴 새별, 금악, 이달봉이 먼저 다가온다. 뒤이어 산방산, 송악산, 수월봉, 당산봉, 바다 위에 떠 있는 비양도가 시야에 들어온다. 저지오름은 독특하게 분화구 안으로 내려갈 수 있다. 나무계단을 따라 내려가면 정말 엄청난 풍경이 펼쳐진다. 둘레 800m, 깊이 62m의 분화구 안은 영화에서나 볼 법한 태초의 자연을 닮았다. 평화롭고 고요하고 신비롭다. 예전엔 여기서 농사를 지었다는데 믿기지 않는다. 저지는 닥나무의 한자어이다. 닥나무 마을에 있어서 저지오름이라는 이름을 얻었다. 우리말로는 닥물오름이다.

Trekking Map 저지오름 탐방 지도

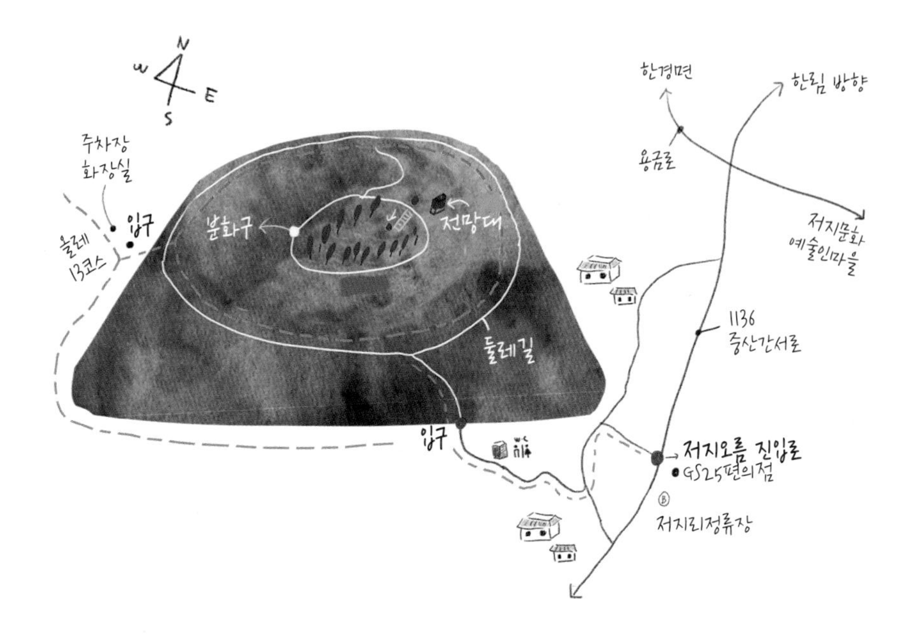

Trekking Tip 저지오름 오르기

❶ 오름 입구 오름 북서쪽과 남동쪽에 있다. 북서쪽 입구는 용수리포구에서 시작된 올레 13코스가 지나는 길목이다. 입구에 화장실과 작은 주차장이 있다.

❷ 트레킹 코스 입구에서 조금 오르면 정상으로 가는 탐방로가 나오고 뒤이어 저지오름 둘레길 갈림길이 나온다. 계속 정상 탐방로로 오르면 넉넉잡아 20분이면 정상에 닿는다. 분화구 탐방 시간은 왕복 30분, 분화구 둘레길은 25분, 오름 둘레길 산책은 40분 남짓 걸린다.

❸ 준비물 운동화, 모자, 선크림, 선글라스, 생수, 등산 스틱(선택)

❹ 유의사항 저지마을 방향동쪽, 올레 13코스 출구에서도 오를 수 있다. 다만 이땐 둘레길을 20분쯤 걸어야 정상 탐방로가 나온다. 이쪽엔 화장실은 있으나 주차장은 없다. 차는 도로변에 주차해야 한다.

HOT SPOT

올레 13코스

시작점 제주시 한경면 용수리 4274-1(용수포구)
종점 제주시 한경면 중산간서로 3687(저지예술정보화마을)
길이 16.2Km
소요 시간 4~5시간
난이도 중

서부 중산간의 숲과 오름 속으로

용수포구에서 시작해 저지마을까지 이어지는 코스다. 용수포구엔 김대건 신부 표착기념성당이 있다. 청년 김대건이 중국 상하이에서 사제서품을 받고 배를 타고 귀국하던 길에 표류하다 도착한 곳이 용수포구이다. 포구 언덕에 성당과 기념관을 짓고, 당시 타고 온 라파엘 호를 재현해 놓았다. 1코스부터 12코스까지는 대부분 해안가를 중심으로 길이 나 있다면, 13코스는 처음으로 중산간의 숲과 오름으로 깊숙이 들어간다. 용수저수지와 고사리숲길, 낙천의자마을, 저지오름 입구, 저지오름 정상, 분화구 둘레길, 저지오름 둘레길을 빠져나오면 저지마을에서 길이 끝난다.

HOT SPOT

저지문화예술인마을

제주시 한경면 저지14길 35
064-710-4300
09:00~18:00,
7~9월 09:00~19:00
휴관 월요일, 신정, 설날, 추석
저지오름에서 자동차로 8분

예술의 향기가 흐르는

다양한 장르의 예술가들이 모여 사는 예술촌이다. '예술길 걷기' 코스를 마련해 놓아 산책하듯 편하게 마을을 둘러볼 수 있다. 공공미술관인 제주현대미술관과 김창열미술관도 같이 있어서 예술의 향기에 깊이 빠질 수 있다. 제주현대미술관에선 김흥수 화백의 그림 20여 점과 현대미술을 만날 수 있다. 조형물과 조각품을 전시해놓은 정원도 매력적이다. 300m 거리에 있는 김창열미술관에선 작가의 물방울을 주제로 삼은 작품을 맘껏 감상할 수 있다. 예술인마을 안에 있는 카페 우호적 무관심한경면 저지12길 103은 잠시 쉬어가기 좋다.

HOT SPOT

책방 소리소문

제주시 한경면 저지동길 8-31
0507-1320-7461
11:00~18:00(화·수 12:00~18:00)
저지오름에서 자동차로 3분

꼭 가봐야 할 세계의 서점 150

제주시 한경면 저지리에 있는 책방이다. 소리소문의 한자는 小里小文이다. 주인이 지은 조어로, 의미를 풀면 '작은 마을의 작은 글'이라는 뜻이다. 벨기에 란누출판사Lannoo Publishers에서 선정한 '죽기 전에 꼭 가봐야 할 세계의 서점 150'에 한국의 서점 중에서 유일하게 포함되었다. 가장 인기가 많은 책은 블라인드 북이다. 제목 그대로 책이 보이지 않게 포장해 놓고 판매하는 책이다. 다만, 책마다 내용을 암시할 수 있는 해시태그를 적어놓았다. 해시태그를 참고하여 책 내용을 추측하며 고르는 재미가 있다.

CAFE

산노루

제주시 한경면 낙원로 32
070-8801-0228
10:00~18:00
편의시설 주차장, 정원
저지오름에서 서쪽으로 자동차로 8분

모던하고 매력적인 녹차 카페

제주에서 가장 멋스럽고 테마가 있는 카페 중 하나다. 건축, 실내 디자인, 집기와 메뉴판, 그 밖의 인쇄물 디자인 하나하나가 센스 만점이다. 알고 보니 카페를 상품기획자, 그래픽디자이너, 광고 기획자가 운영한다고 한다. 산노루는 커피가 아니라 녹차가 메인 메뉴다. 카페에는 제조실, 연구실, 위생실 등이 있는데 이런 공간도 구경할 수 있다. 고품질 말 플랫화이트, 말차 아인슈페너, 말차 라테, 홀차 밀크티, 말차 푸딩 등이 있다. 찻잎을 제대로 우려낸 녹차 음료가 생각난다면 난다면, 산노루를 떠올리자.

TIP 더 많은 주변 명소, 맛집, 카페 정보는 126쪽 금오름을 참고하세요.

15 송악산

OREUM

가파도·북태평양·한라산, 제주 서남부 최고 전망

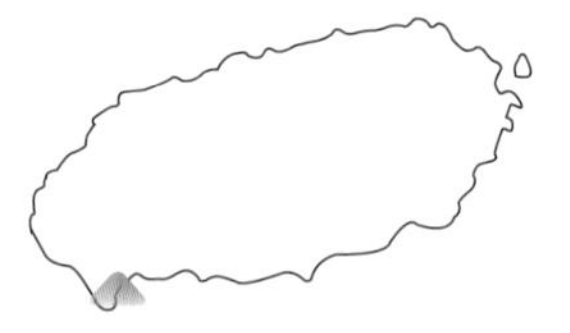

마라도·가파도·북태평양·산방산·형제섬·한라산……. 송악산에선 이 모든 것을 눈에 담을 수 있다. 제주 서남부의 으뜸 절경이다. 2021년 8월부터 정상 탐방로 중 1코스, 2코스, 제1전망대는 해제됐다. 3코스와 제2전망대는 2027년 7월 31까지 통제된다. 송악산 둘레길에서도 멋진 풍경을 담을 수 있다.

- **주소** 서귀포시 대정읍 상모리 산2번지
- **순수 오름 높이** 99m
- **해발 높이** 104m
- **등반 시간** 오름 둘레길 1시간~1시간 30분, 정상 편도 10~15분

©제주도청

Travel Tip 송악산 여행 정보

인기도 중 접근성 중 난이도 하 정상 전망 상 등반로 상태 상 편의시설 주차장, 화장실 여행 포인트 망망대해와 산이 만나는 독특한 비경 즐기기, 형제섬·마라도·가파도 그리고 제주를 떠나는 유람선까지 애절하게 아름다운 풍경 가슴에 담기 주변 오름 산방산, 바굼지오름, 섯알오름

How to go 송악산 찾아가기

승용차 내비게이션에 '송악산 주차장' 찍고 출발. 제주공항에서 45분, 중문에서 20분, 서귀포에서 40분 소요.

콜택시 대정읍 **모슬포호출개인택시** 064-794-0707 **대안콜택시** 064-794-8400

버스 ❶ 제주공항 5번 정류장평화로 방면에서 182번 승차 → 6개 정류장 이동 → 상창보건진료소서 정류장에서 하차 후 752-2번운진항 방향으로 환승 → 24개 정류장 이동 후 산이수동 정류장 하차 → 600m 이동 → 송악산 둘레길 입구. 총 1시간 30분 소요

❷ 서귀포환승정류장서귀포등기소 또는 중문환승정류장에서 181번 승차 → 창천리 정류장 하차 → 113m 도보 이동 → 창천초등학교 정류장에서 752-2번운진항 방향으로 환승 → 15개 정류장 이동 → 산이수동 정류장 하차 → 600m 도보 이동 → 송악산 둘레길 입구. 총 1시간 5분 소요

으뜸 절경을 품은 바닷가 오름

송악산은 제주 서남부에서 빼놓을 수 없는 으뜸 절경이다. 북태평양에서 불어오는 바람과 태풍을 가장 먼저 맞아들여 바람의 고향이라 불린다. 아기 봉우리가 99개여서 99봉이라고도 하고, 파도가 절벽에 부딪혀 물결이 운다고 하여 '절울이오름'이라고도 부른다. 제주에서 손꼽히는 드라이브 코스인 형제해안로 서쪽 끝에 봉긋이 솟아 있다. 봄에는 유채꽃이, 초여름엔 수국이 흐드러지게 피어난다. 주봉을 중심으로 넓은 초원 지대가 펼쳐져 있으며, 바다에서 보면 거대한 성 같다. 정상에는 깊은 분화구둘레 400m, 깊이 69m가 있다. 정상에 오르면 한라산부터 가파도와 저 멀리 마라도까지 제주 최고의 풍경이 달려든다. 자연휴식제가 시행 중이지만, 1코스와 2코스는 해제돼 정상에 오를 수 있다. 해안절벽을 따라 이어진 송악산 둘레길에서도 형제섬, 산방산, 군산, 한라산으로 이어지는 병풍 같은 풍경을 한눈에 담을 수 있다. 송악산 둘레길은 올레 10코스의 일부이다.

Trekking Map 송악산 탐방 지도

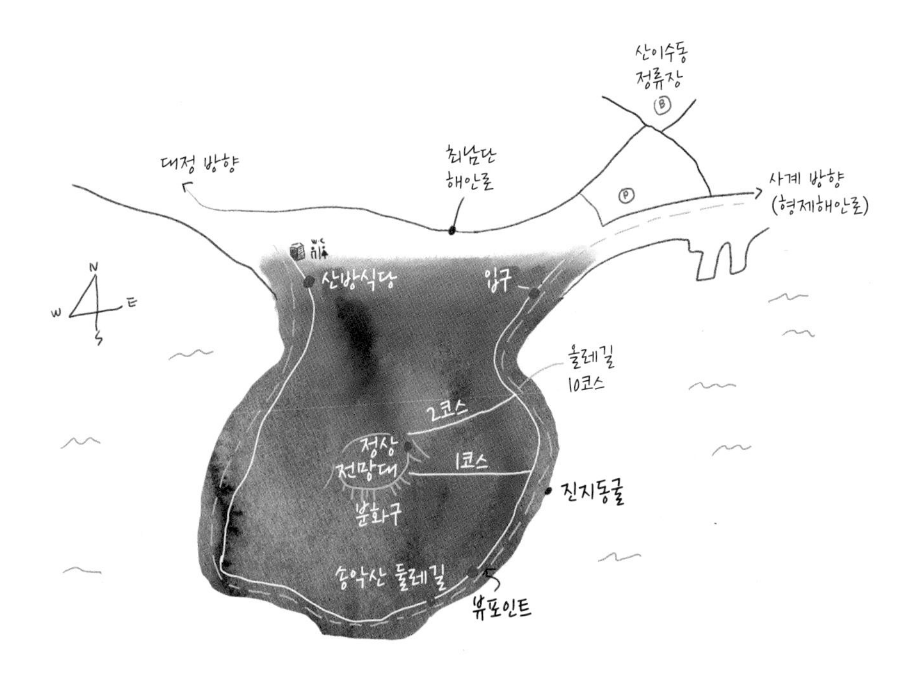

Trekking Tip 송악산 오르기

❶ 입구 송악산 북쪽의 주차장 부근에 있다.

❷ 트레킹 코스 입구에서 동쪽 진입로로 들어가 해안 절벽 길 따라가다 정상 탐방로 1코스로 송악산에 오른다. 전망대를 지나 2코스로 하산한 뒤 송악산 둘레길을 한 바퀴 돌아 주차장 근처 화장실 부근의 출구로 나온다. 약 3.8km 구간으로 벤치와 전망대가 곳곳에 있어 절경을 감상하며 산책하듯 걷기 좋다. 2시간 소요

❸ 준비물 운동화, 모자, 선크림, 선글라스, 생수, 간식

❹ 유의사항 바람이 많이 부는 곳이니 태풍이나 비 등 날씨 정보를 꼭 확인하자. (날씨 앱 '원기날씨' 참고)

❺ 기타 둘레길엔 큰 오르막이 없고, 길은 유모차도 다닐 수 있을 정도로 평탄하다.

HOT SPOT

알뜨르비행장과 섯알오름

알뜨르비행장 서귀포시 대정읍 상모리 1670 송악산에서 북서쪽으로 도보 30분, 자동차로 5분

섯알오름 서귀포시 대정읍 상모리 1618 송악산에서 북서쪽으로 도보 15분, 자동차로 6분

슬픔과 아름다움의 이중주

송악산 북서쪽엔 일제가 중일전쟁과 태평양전쟁 때 쓰려고 도민 땅을 빼앗아 만든 알뜨르비행장이 있다. 알뜨르는 '아래쪽에 있는 들'이라는 뜻이다. 지금은 전투기 격납고, 벙커, 동굴 진지 외에는 흔적이 거의 사라졌다. 높이 21m의 섯알오름은 비행장 동쪽에 있다. 연합군에 패망한 일제가 대공포 진지와 탄약고를 폭파한 까닭에 한쪽이 찌그러져 있다. 4.3항쟁 땐 미군정과 이승만 정부가 무고한 도민 210명을 집단 학살한 뒤 암매장했다. 다행히 다크 투어를 하는 사람들이 찾아 섯알오름의 비극과 슬픔을 공유한다. 올레 10코스가 이 두 곳을 지난다.

HOT SPOT

형제해안로

서귀포시 대정읍 형제해안로 322
송악산에서 북서쪽으로 도보 7분, 자동차로 2분

제주 서남부의 최고 드라이브코스

송악산에서 서귀포 쪽으로 이어지는 멋진 해안 드라이브 코스이다. 노을해안로와 더불어 제주 서남부에서 으뜸을 다투는 해안도로이다. 형제해안로는 송악산 아래 산이수동항부터 안덕면 사계 포구까지 약 3.5km 남짓 이어진다. 도로 남동쪽에 있는 형제섬에서 길 이름을 따왔다. 중간중간 가로수로 심은 야자수가 이국적인 풍경을 연출해준다. 형제해안로를 달리다 보면 사계해변, 형제섬, 사람과 동물 발자국 화석이 있는 사계발자국화석발견지를 만날 수 있다. 초여름이라면 보랏빛 수국이 환상적인 사계리 수국 길도 가보자.

HOT SPOT

가파도와 마라도

운진항 매표소
서귀포시 대정읍 최남단해안로 120
064-794-5490
송악산에서 자동차로 5분
송악산 매표소
서귀포시 대정읍 송악관광로 424
064-794-6661
송악산에서 도보 7분, 자동차로 1분

서정 깊은 최남단 섬 여행

가파도는 제주도와 마라도 사이에 있는 서정적인 섬이다. 해발 20.5m로 우리나라 섬 중 가장 낮다. 대정읍 모슬포 옆 운진항에서 배를 타면 20분이면 닿는다. 가파도 최고 명소는 초록 물결 일렁이는 청보리밭이다. 가파도 올레, 하동의 벽화 마을길, 가을의 해바라기와 코스모스꽃 잔치도 기억하자. 마라도는 대정읍 운진항과 산이수동항의 송악산 선착장에서 30분 남짓 배에 몸을 맡기면 도착한다. 섬 대부분이 천연기념물이다. 최남단 섬에 닿으면 내 땅에 대한 애틋한 감정이 동시에 밀려온다. 90분 동안 머물 수 있다.

RESTAURANT

산방식당

서귀포시 대정읍 하모이삼로 62
064-794-2165
11:00~18:00(둘째, 넷째 화요일, 명절 휴무)
주차 가능
송악산에서 자동차 8분

줄 서서 먹는 밀면과 수육

대정읍에 있는 제주식 밀면의 원조이다. 밀면은 밀가루와 전분을 같이 넣어 만든 국수이다. 한국전쟁 때 이북에서 피난 온 사람들이 냉면 대용으로 먹었다. 산방식당은 40년 동안 밀면만 고집하고 있다. 소면이 아니라 중간 크기 면을 쓰는데, 즉석에서 뽑은 쫄깃한 면과 시원한 얼음 육수가 조화를 이룬 맛이 아주 좋다. 특히 입속에서 사르르 녹는 수육을 같이 먹으면 세상 어느 음식 부럽지 않다. 그밖에 회와 해산물이 먹고 싶으면 대정 쌍둥이식당으로 가자.

16 단산 바굼지오름

OREUM

추사 김정희를 기억하며

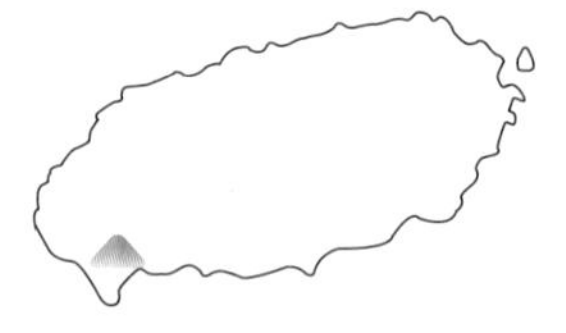

단산은 추사 김정희와 인연이 깊다. 대정 유배 시절, 추사는 바굼지오름 바로 남쪽의 대정향교와 세미물을 즐겨 찾았다. 특히 작은 샘 세미물에서 물을 길어다 차를 끓여 마시는 걸 좋아했다. 추사를 기억하며 거친 능선을 30분 남짓 오르면 정상에 닿는다. 정상 풍경은 추사를 잊게 할 만큼 압도적으로 아름답다.

- **주소** 서귀포시 대정읍 인성리 21-2
- **순수 오름 높이** 113m
- **해발 높이** 158m
- **등반 시간** 입구에서 정상까지 30분, 정상부터 오름 남동쪽 출구까지 30분, 오름 둘레길 30분

ⓒ송인희

Travel Tip 단산 여행 정보

인기도 중 접근성 중 난이도 상 정상 전망 상 등반로 상태 중 편의시설 주차장, 화장실 여행 포인트 가벼운 암벽 등반 즐기기, 대정의 넓은 들판과 한라산·산방산·송악산 그리고 푸른 바다와 마라도까지 눈에 담기 주변 오름 산방산, 송악산, 섯알오름

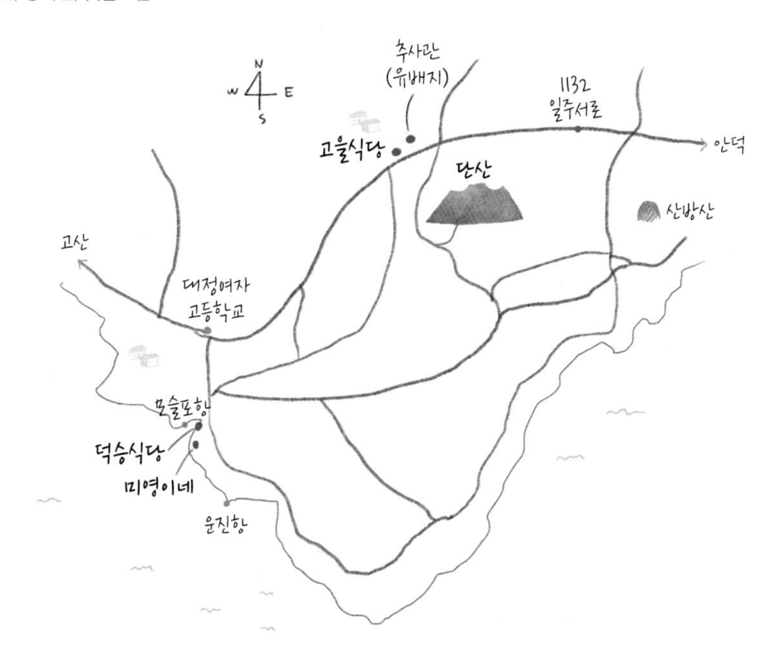

How to go 단산 찾아가기

승용차 내비게이션에 '단산' 찍고 출발. 제주공항에서 45분, 중문에서 20분, 서귀포에서 40분 소요.

콜택시 안덕면 **이어도콜택시** 064-748-0067 **안덕개인콜택시** 064-794-1400
대정읍 **모슬포호출개인택시** 064-794-0707 **대안콜택시** 064-794-8400

버스

❶ 제주공항 4번 정류장대정·화순·일주서로 방향에서 151번 승차 → 14개 정류장, 1시간 5분 이동 → 인성리 정류장남문지앞 사거리 하차 → 도보 1.5km, 22분 이동 → 바굼지오름 입구단산사 도착. 총 1시간 25분 소요

❷ 서귀포 (구)버스터미널에서 282번 승차 → 10개 정류장 이동 → 성산하이츠빌라 정류장 하차 후 202번 버스로 환승 → 40개 정류장 이동 → 안성리사무소 앞 (북)정류장 하차 → 도보 1km 이동 → 바굼지오름 입구(단산사). 총 1시간 30분 소요

수직 암벽과 거친 능선

대정은 돌이 많아 땅이 거칠기로 유명한 곳이다. 그곳에 모양새가 기이하고 카리스마 넘치는 오름 단산바굼지오름이 있다. 바굼지는 바구니의 제주어이다. 바구니를 엎어 놓은 모양이라 붙인 이름으로, '대광주리 단簞'자를 써서 '단산'이라 부르기도 한다. 동서로 길게 뻗어 있고, 수직 암벽 봉우리 두 개와 가파른 벼랑 그리고 거친 능선이 있다. 오름 북서쪽 보성마을에 추사유배지가 있어, 이곳에 오면 김정희를 떠올리지 않을 수 없다. 추사는 바굼지오름 바로 남쪽의 대정향교와 세미물을 즐겨 찾았는데, 특히 작은 샘 세미물에서 물을 길어다 차를 끓여 마시는 걸 좋아했다. 단산사 옆 입구에서 숲길로 접어들어 오름에 오르면 바윗길이 험난하여 당황하기 쉽다. 하지만 어느새 대정 들판과 바다 위 형제섬이 그윽하게 눈에 들어와 가슴을 설레게 한다. 이윽고 중턱에 다다르면 산방산이 손에 닿을 듯 서 있고, 다시 거친 바람과 맞서며 정상에 오르면 한라산, 송악산, 마라도 그리고 넓은 대정 들판과 태평양이 가슴 저리게 눈에 들어와 대정의 척박함을 잊게 만든다.

Trekking Map 단산 탐방 지도

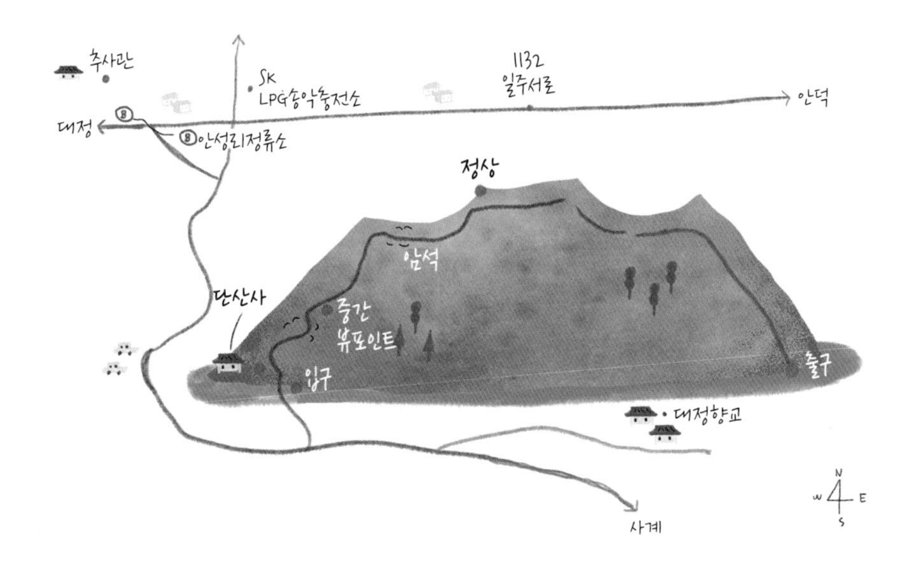

Trekking Tip 단산 오르기

❶ 오름 입구 오름 남서쪽의 단산사 바로 옆에 있다. 능선을 따라 정상으로 오를 수 있다. 오름 서쪽 인성리 방사탑 부근에도 입구가 있다. 단산 둘레길이 시작되는 곳으로 정상에 오를 수는 있으나 전망이 단산사 입구만 못하다. 보통 단산사 쪽 입구에서 출발한다.

❷ 트레킹 코스 단산사 쪽 입구에서 30~40분 올라가면 정상이다. 정상에서 5분 정도 직진하면 갈림길이 나온다. 왼쪽은 인성리 방사탑 입구로 연결되는 오름 둘레길이고, 계속 능선을 따라가면 남동쪽 출구로 연결된다. 어느 길로 가든 30~40분 거리다. 어느 쪽을 선택해도 단산의 매력을 풍성하게 느낄 수 있다.

❸ 준비물 등산화, 팔과 다리를 보호할 수 있는 복장, 모자, 선크림, 선글라스, 생수, 간식

❹ 유의사항 눈, 비 등 암벽 등반을 위한 날씨 점검 필수

❺ 기타 가벼운 암벽 타기이므로 너무 부담 가질 필요는 없다. 서쪽 입구와 대정향교서귀포시 안덕면 향교로 165-15에 주차장이 있다.

TIP 더 많은 주변 명소, 맛집 정보는 160쪽 송악산을 참고하세요.

HOT SPOT

추사유배지

서귀포시 대정읍 추사로 44
064-710-6801
09:00~18:00(월요일 및 신정·설날·추석 휴무)
전시관 해설 10:00~16:00까지 12시 외 매시 정각 진행
바굼지오름에서 자동차로 4분

추사체와 세한도를 완성하다

추가 김정희1786~1856는 안동 김씨의 패권 정치를 비판한 윤상도의 배후로 지목되어 1848년 제주도로 유배당했다. 그는 척박한 제주에서 9년이나 유배 생활을 하며 제주 유생들에게 학문과 서예를 가르쳤고, '세한도'와 '추사체'를 완성했다. 이곳에 '세한도'에 나오는 수수한 집을 닮은 추사관이 있는데, 유배자 김정희의 삶과 그의 예술 세계를 품고 있다. 전시실에서는 그가 남긴 편지와 생활 흔적 등을 만날 수 있다. 그가 살던 초가도 재현해 놓았다. 몇 해 전 〈알쓸신잡2〉에 방영된 뒤 더 많은 사람이 찾는다.

RESTAURANT

고을식당

서귀포시 대정읍 일주서로 2258
064-794-8070
매일 11:00~15:00
주차 길가 주차
단산에서 자동차로 6분

돔베고기와 고기국수

대정읍 인성리에 있는 도민 맛집이다. 단산에서 자동차로 6분, 추사유배지에서 자동차로 2분 거리에 있다. 이 집은 독특하게 오전 11시부터 오후 3시까지, 오직 4시간만 문을 연다. 메뉴도 단출해서 돔베고기와 고기국수 딱 두 가지이다. 점심시간에는 줄을 서기도 하지만, 오픈 시간이나 오후 늦게 가면 편하게 식사할 수 있다. 돔베고기는 제주식 돼지고기 수육이다. 돔베는 제주어로 도마라는 뜻이다. 수육을 나무 도마에 올려 내오기에 이런 이름을 얻었다. 수육을 멸치젓에 찍어 배춧잎에 싸 먹는 맛이 일품이다. 고기국수도 담백하고 고소하다.

RESTAURANT

미영이네

서귀포시 대정읍 하모항구로 42
064-792-0077
11:30~22:00(수요일 휴무)
주차 가게 앞 주차장
단산에서 자동차로 9분

고소한 고등어회와 칼칼한 고등어탕

대정읍의 모슬포항 바로 앞에 있다. 고등어회와 탕을 한 번에 맛볼 수 있어서 좋다. 점심과 저녁 무렵엔 대기자가 있을 만큼 현지인과 여행자에게 두루 인기가 많다. 고등어는 비리고 기름져 느끼하다는 선입관이 있는데 이 집 고등어회는 그렇지 않다. 김에 참기름을 두른 밥과 고등어회, 채소 무침을 올려 먹으면 고소한 맛이 아주 좋다. 채소 무침이 느끼함을 잘 잡아준다. 고등어탕은 청양고추를 넣어 맛이 적당히 칼칼하고 개운하다. 여름에는 물회와 쥐치조림을, 겨울에는 방어도 즐길 수 있다.

RESTAURANT

덕승식당

서귀포시 대정읍 하모항구로 66
064-794-0177
10:00~20:40
(브레이크타임 15:30~16:30, 화 휴무)
주차 가게 앞 주차장
단산에서 자동차로 8분

갈치조림과 자연산 회

대정읍 모슬포 항구 앞에 있는 맛집이다. 덕승식당은 이곳에서 터줏대감 같은 존재다. 식당 이름의 '덕승'도 주인이 운영하는 배 '덕승호'에서 따왔다. 제주 서남부에서 알아주는 갈치조림 맛집이다. 고춧가루와 간장을 넉넉히 넣은 양념장으로 갈치조림을 만든다. 맛이 칼칼하고 고소하다. 우럭조림, 성게미역국도 맛있다. 자연산 생선회도 추천한다. 주인이 직접 바다에 나가 잡은 생선만 사용한다. 생선회는 매일 조금씩 바뀐다. 잡아 오는 생선에 따라 생선 종류가 달라지기 때문이다. 겨울에는 방어회도 즐길 수 있다.

PART 5

제주 동부 오름

구좌읍·성산읍·표선면

01 성산일출봉

OREUM

제주 오름의 절정

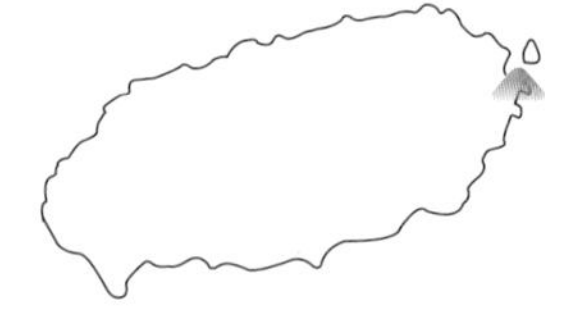

약 90만 년 전, 바닷속에서 화산이 폭발했다. 일출봉은 오름이지만 바다에서 분출했다는 점이 다른 오름과 다르다. 생김새가 성처럼 생겨 '성산'이라는 이름을 얻었다. 8만 평의 분화구는 넓고, 신비롭고, 장엄하다. 제주 오름의 최고봉이다.

주소 서귀포시 성산읍 성산리1
순수 오름 높이 174m
해발 높이 182m
등반 시간 편도 25분
입장료 2,500원~5,000원

Travel Tip 성산일출봉 여행 정보

인기도 상 접근성 상 난이도 중 정상 전망 상 등반로 상태 상 편의시설 주차장, 화장실, 주변에 맛집과 카페 많음
여행 포인트 일출, 멋진 전망, 신비로운 분화구

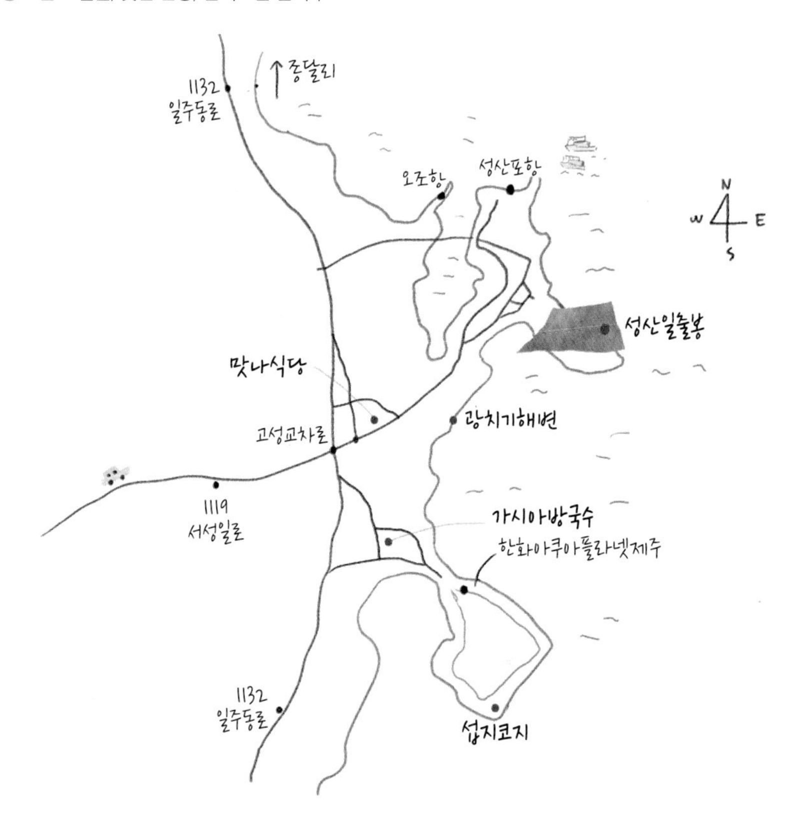

How to go 성산일출봉 찾아가기

승용차 내비게이션에 성산일출봉으로 검색 → 제주공항에서 1시간 14분, 중문관광단지에서 55분 소요

콜택시

성산읍 **동성콜택시** 064-782-8200 **성산월드호출택시** 064-784-0500 **성산포호출개인택시** 064-784-3030

버스 ❶ 제주국제공항 1번 정류장표선, 성산, 남원 방향 또는 제주버스터미널에서 111, 112번 승차 → 10개 또는 11개 정류장 이동 → 성산일출봉입구 정류장 하차. 총 1시간 20분 소요
❷ 서귀포버스터미널 또는 서귀포 중앙로터리에서 101번 승차 → 6개 또는 7개 정류장 이동 →고성환승 정류장에서 211, 212, 721-1번 환승 → 4개 정류장 이동 → 성산일출봉입구 정류장 하차. 총 1시간 20분 소요

©제주도청

성처럼 생긴 오름, 신비롭고 장엄하다

약 90만 년 전이었다. 깊은 바닷속에서 마그마가 물 위로 솟구치며 화산이 폭발했다. 화산이 폭발할 때 잠실종합운동장보다 몇 배나 큰 분화구가 생겼다. 분화구 지름 400m, 넓이는 무려 8만 평이다. 일출봉은 오름이지만 바닷물 속에서 분출했다는 점에서 다른 오름과 다르다. 멀리서 보면 생김새가 성처럼 보여 '성산'이라는 이름을 얻었다. 본섬과 떨어진 섬이었으나, 파도에 밀려온 모래와 자갈이 쌓이면서 본토와 이어졌다. 정상까지는 25분 남짓 걸리는데, 등산로는 제법 가파르다. 정상에서 바라보는 분화구는 신비롭고, 장엄하다. 뾰족한 바위 봉우리 99개가 분화구를 근위병처럼 감싸고 있다. 매년 새해 첫날 성산일출제가 열린다. 정상에서 바라보는 일출은 가슴 벅찰 정도로 장엄하다. 성산일출이 영주십경 중 맨 앞자리를 차지한 데는 다 이유가 있다. 성산일출봉은 대한민국의 천연기념물이자 유네스코에 등재된 세계자연유산, 세계지질공원, 생물권보전지역이다. 성산일출봉은 아침과 낮, 저녁이 다르다. 게다가 계절마다 변신하니 언제 보아도 새롭고 신비롭다. 일출봉은 매일 새로운 표정으로 당신을 맞는다.

©YHBae Pixabay

Trekking Map 성산일출봉 탐방 지도

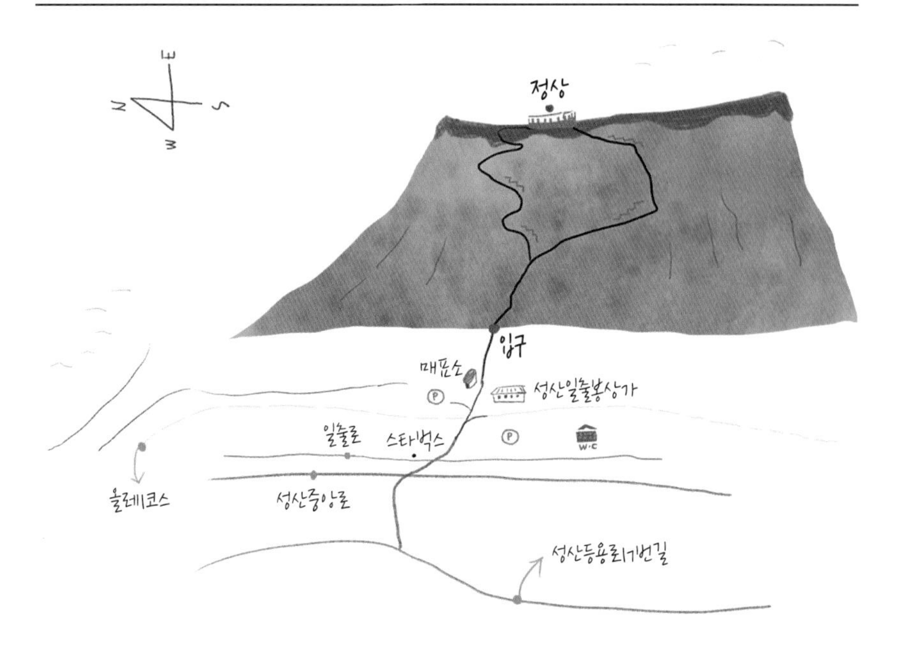

Trekking Tip 성산일출봉 오르기

❶ 오름 입구 오름 서쪽에 있다. 성산일출봉입구 정류장에서 입구까지 도보 8분

❷ 트레킹 코스 분화구 정상까지 갔다가 내려온다. 편도 25분 남짓 걸린다.

❸ 준비물 운동화, 모자, 선크림, 선글라스, 생수

❹ 유의사항 등산로가 복잡하고 제법 가파르다.

❺ 기타 오름 입구에 화장실과 주차장이 있다.

HOT SPOT

광치기해변

서귀포시 성산읍 고성리 2233

주차 광치기해변주차장

성산일출봉에서 자동차로 3분

화산과 용암이 만든 대지 예술

섭지코지와 일출봉 사이에 있는 아주 긴 해변이다. 약 90만 년 전, 화산이 성산일출봉을 만들 때 솟구친 용암이 독특한 화산 지형을 만들었다. 모래가 끝나는 얕은 바다에 크기가 불규칙한 넓은 용암 바위가 여기저기에 누워 있다. 마치 화산과 바다가 공동 창작한 거대한 대지 예술 작품 같다. 특히 썰물 때 초록빛 바닥이 드러나 신비로운 풍경을 연출한다. 이곳은 일출 명소이기도 하다. 이곳에서 찍은 사진은 그대로 인생 사진이 된다. 해변 서쪽 길 건너는 유채꽃 명소이다. 광치기 해변은 올레 1코스의 종점이자 2코스의 시작점이다.

HOT SPOT

섭지코지

서귀포시 성산읍 섭지코지로 95 (고성리 127)

주차 가능

성산일출봉에서 남쪽으로 자동차로 10분

제주다운 자연, 세계적인 건축

섭지코지를 보지 않고 제주를 보았다고 할 수 있을까. '섭지'는 좁은 땅, '코지'는 곶의 제주어이다. 드라마 〈올인〉을 촬영하면서 더 유명해졌다. 넓은 평원과 우뚝 솟은 기암괴석이 가장 제주적인 아름다움을 보여준다. 초원에선 조랑말이 한가로이 풀을 뜯고, 바다 건너로는 성산일출봉과 우도가 손에 잡힐 듯 다가온다. 주변에 들러볼 곳이 많다. 아이와 함께 여행 중이라면 아쿠아플라넷 제주로 가면 되고, 아름다운 건축을 보고 싶다면 휘닉스 제주로 가면 된다. 안도 다다오와 마리오 보타의 건축이 그곳에 있다.

맛나식당

서귀포시 성산읍 동류암로 41

064-782-4771

08:30~14:00(11시 이전에 대기표 받아야 주문 가능, 수 휴무)

주차 가게 앞 공영주차장

성산일출봉에서 자동차로 4분

줄 서야 먹는 갈치조림과 고등어조림

맛집 중엔 외양이 허름한 곳이 제법 있다. 맛나식당도 그런 곳이다. 건물만 보면 너무 허름해 이곳이 그 유명한 맛집 맞나 싶다. 갈치조림 맛집 맞다. 아침 댓바람부터 줄을 서거나 대기표를 받아야 겨우 먹을 수 있는 집이다. 아침 8시 30분부터 오후 2시까지 영업하는데, 이마저도 재료가 떨어지면 더 일찍 문을 닫는다. 메뉴는 갈치조림, 고등어조림, 이 둘이 반반씩 나오는 섞어조림이 전부다. 갈치조림이 특히 인기가 많은데, 주문하면 레고처럼 쌓인 조림이 나온다. 맛은, 기다린 시간이 아깝지 않다.

RESTAURANT

가시아방국수

서귀포시 성산읍 섭지코지로 10

064-783-0987

10:00~20:00 (매월 1·3주 수요일 휴무)

주차 가능

성산일출봉에서 자동차로 8분

성산포 최고 고기국수

제주시의 자매국수와 올래국수에 버금가는 고기국수 맛집이다. 성산포 광치기해변과 섭지코지 사이에 있다. 성산읍에서는 원래 고기국수 맛집으로 꼽혔지만, 지금은 방영하지 않는 TV 음식 프로그램 〈수요미식회〉에 나오면서 더 유명해졌다. 음식 맛에 관해 무엇 하나 흠을 잡기가 쉽지 않다. 육수, 면, 고기, 반찬이 두루 맛있다. 비빔국수도 판매하는데, 고기국수에 익숙하지 않은 여행자에게 추천한다. 맛이 고기국수 못지않다. 제주식 돼지 수육 돔베고기가 먹고 싶다면, 돔베고기 반 접시와 국수 2개가 나오는 세트 메뉴를 주문하면 된다.

02 백약이오름

OREUM **초원 같은 정상과 분화구 둘레길**

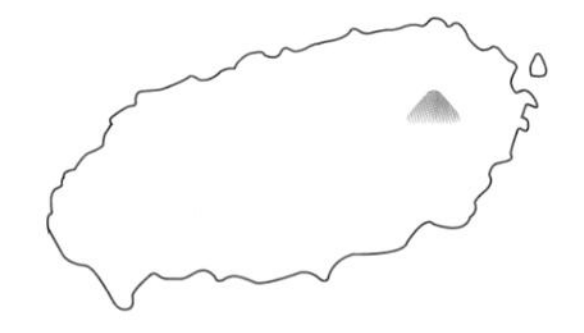

백약이오름은 제주 동부에서 높은오름 다음으로 덩치가 크지만 그다지 높지는 않다. 오르는 길도 순하고 부드럽다. 백약이 정상은 초원을 연상케 한다. 전망이 좋은 분화구 둘레길은 특별한 트레킹 코스이다. 하지만 지금은 자연휴식년제로 정상에 오를 수 없다.

- **주소** 제주시 표선면 성읍리 산1
- **순수 오름 높이** 132m
- **해발 높이** 356.9m
- **등반 시간** 입구에서 분화구까지 편도 15분. 분화구 둘레길 15분

목장에서 본 백약이오름 원경

©제주도청

Travel Tip 백약이오름 여행 정보

인기도 상 접근성 상 난이도 중 정상 전망 상 등반로 상태 상 편의시설 주차장 여행 포인트 포토 스폿이 된 나무 계단, 정상에서 바라보는 전망, 분화구 둘레길 트레킹 주변 오름 높은오름, 동검은이오름, 아부오름, 좌보미오름

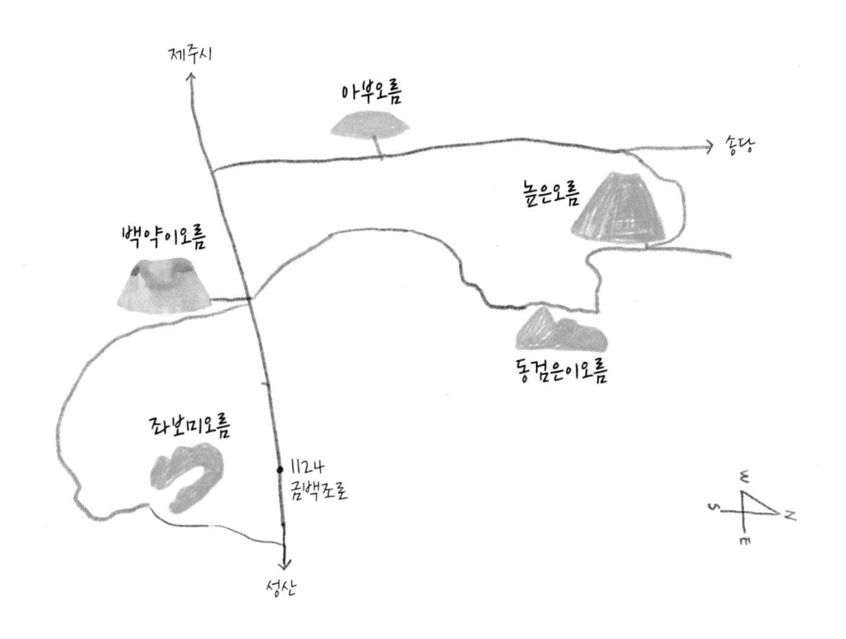

How to go 백약이오름 찾아가기

승용차 내비게이션에 '백약이오름' 찍고 출발. 제주공항에서 50분, 중문에서 1시간 5분, 서귀포에서 55분 소요

콜택시 **표선24시콜택시** 064-787-3787 **표선호출개인택시** 064-787-2420

버스 ❶ 제주국제공항 2번 정류장일주동로, 5.16도로 방면에서 101, 181번 탑승 → 1개 정류장 이동 → 제주버스터미널종점 하차 후 도보 100m길 건너 제주버스터미널로 이동 → 제주버스터미널에서 211, 212번 탑승 → 33개 정류장 이동 - 백약이오름 정류장 하차 → 도보 24m → 백약이 오름 입구. 1시간 15분 소요

❷ 서귀포버스터미널 또는 서귀포시 중앙로터리 (동)정류장에서 182번 승차 → 6개 정류장 이동 → 교래 입구(동)정류장 하차 후 도보 106m → 비자림로 교래 입구에서 212번 환승 →17개 정류장 이동 후 백약이오름 정류장 하차. 총 1시간 30분 소요

*211번, 212번 버스는 금백조로와 중산간 1136번 도로를 번갈아 가며 운행함. 하루에 6번 금백조로 운행. 버스 탑승할 때 금백조로 방향인지 확인하고 탑승해야 함.

백 가지 약초가 자라는 치유의 산

백약이오름은 치유의 오름이다. 몸에 이로운 산채와 약초가 백 가지에 이를 정도로 많이 자란다고 해서 이런 좋은 이름을 얻었다. 절굿대, 잔대, 둥굴레, 고사리삼, 고비, 달뿌리풀……. 백약이오름엔 실제로 다채로운 산채와 약초가 자란다. 제주 사람들에겐 더없이 쇼중하고 자애로운 오름이다. 제주 동부에서 높은오름 다음으로 덩치가 크지만 높이는 그다지 높지 않다. 오르는 길도 순하고 부드럽다. 푸른 언덕에 나무 계단이 잘 정비되어 있다. 나무 계단은 훼손되어 가는 자연을 보호하기 위해 설치했다. 아쉽지만 백약이오름은 자연휴식제에 들어갔다. 자연휴식제가 풀릴 때까지 오름 정상부엔 접근할 수 없다. 정상 부근의 나무 계단까지는 오를 수 있어서 아쉬운 대로 백약이의 아름다움을 감상할 수 있다. 백약이 정상은 초원을 연상케 한다. 정상부의 분화구 둘레길은 특별한 트레킹 코스이다. 한라산부터 동거문이오름, 문석이오름, 높은오름, 좌보미오름, 아부오름은 물론 성산일출봉과 바다 건너 우도까지 눈에 담으며 둘레길을 걸을 수 있다. 아쉽지만 훗날을 기약하며, 이제는 포토 스폿이 된 나무 계단에서 멋진 사진을 남겨보자.

Trekking Map 백약이오름 탐방 지도

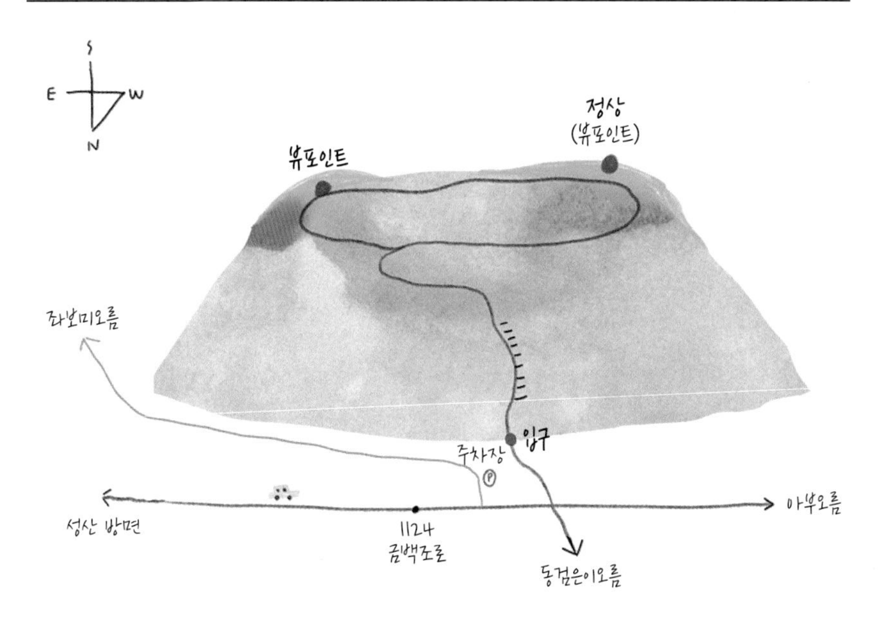

Trekking Tip 백약이오름 오르기

❶ 오름 입구 오름 북쪽에 있다. 백약이오름 버스 정류장에서 내리면 바로 주차장이고, 주차장 옆에 입구가 있다.

❷ 트레킹 코스 입구에서 나무 계단이 끝나는 곳까지만 오늘 수 있다.

❸ 준비물 운동화, 모자, 선크림, 선글라스, 생수

❹ 유의사항 정상부와 둘레길은 자연휴식년제를 시행하고 있어서 출입할 수 없다.

TIP 주변 명소, 맛집, 카페 정보는 184쪽 아부오름과 190쪽 안돌오름을 참고하세요.

03 아부오름

OREUM

빛나는 조형미, 수평의 아름다움

아부오름은 높지 않다. 순수 오름 높이 51m다. 등산로 입구에서 5분이면 정상에 도착한다. 정상에 서면 제주 동부의 자연을 수평의 시선으로 즐길 수 있다. 분화구에 원을 그리며 자라는 삼나무의 조형미가 특히, 매력적이다.

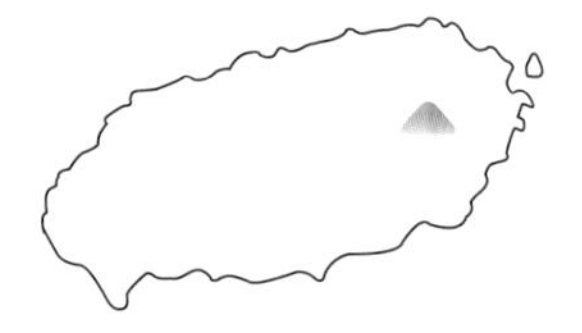

- **주소** 제주시 구좌읍 송당리 산164-1
- **순수 오름 높이** 51m
- **해발 높이** 301.4m
- **등반 시간** 입구에서 분화구까지 편도 5분 분화구 둘레길 40분

Travel Tip 아부오름 여행 정보

인기도 상 접근성 상 난이도 하 정상 전망 상 등반로 상태 중
편의시설 화장실, 주차장 여행 포인트 원형경기장 같은 분화구, 제주 동부의 자연을 부감이 아닌 수평의 시선으로 감상하기 주변 오름 높은오름, 동검은이오름, 백약이오름

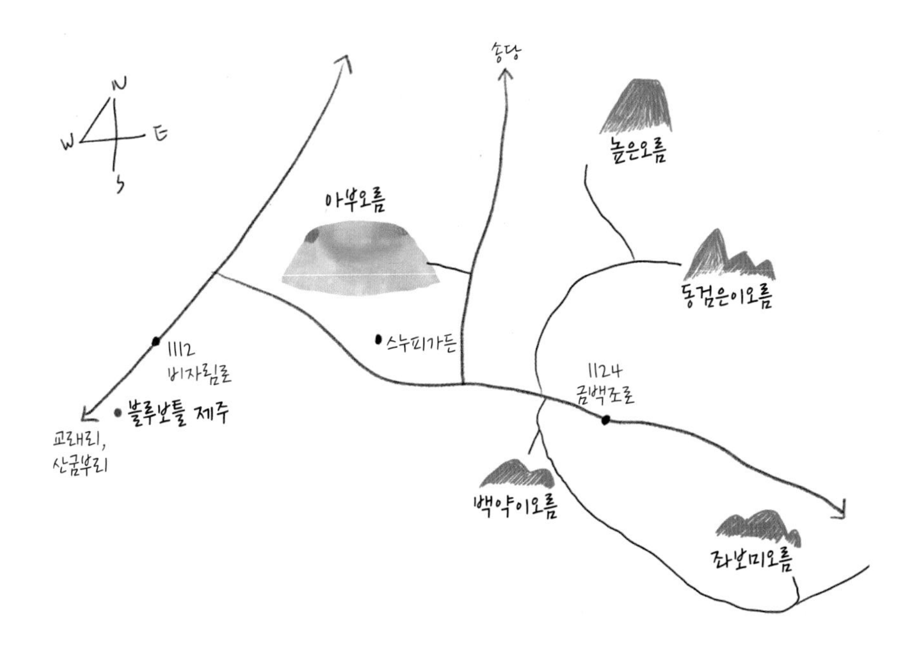

How to go 아부오름 찾아가기

승용차 내비게이션에 '아부오름' 찍고 출발. 제주공항에서 48분, 중문에서 1시간 5분, 서귀포에서 1시간 소요

콜택시 **김녕콜택시** 064-784-9910 **구좌콜개인택시** 064-783-4994

버스

❶ 제주국제공항 2번 정류장일주동로, 5.16도로 방면에서 101, 181번 탑승 → 1개 정류장 이동 → 제주버스터미널(종점) 하차 후 도보 100m길 건너 제주버스터미널로 이동 → 제주버스터미널에서 211, 212번 탑승 → 32개 정류장 이동 후 아부오름 정류장 하차. 도보 24m → 아부 입구. 총 1시간 10분

❷ 서귀포버스터미널 또는 서귀포시 중앙로터리 (동)정류장에서 182번 승차 → 6개 정류장 이동 → 교래 입구(동)정류장 하차 후 도보 106m → 비자림로 교래 입구에서 212번 환승 →16개 정류장 이동 후 아부오름 정류장 하차. 총 1시간 20분 소요

*211번, 212번 버스는 금백조로와 중산간 1136번 도로를 번갈아 가며 운행함. 하루에 6번 금백조로 운행. 버스 탑승할 때 금백조로 방향인지 확인하고 탑승해야 함.

화산이 만든 콜로세움

아부오름은 제주 동부 구좌읍 송당리에 있다. 송당리 앞에 있어 앞오름혹은 압오름이라고도 불리지만, '아부'는 아버지 다음가는 사람이라는 뜻으로, 오름 생김새가 어른이 좌정한 모습과 비슷하다고 해서 아부오름이라고 불린다. 입구 표지석에는 앞오름이라고 적혀 있다. 정상으로 오르는 길은 완만하다. 정상에 서면 주변에 높은오름, 민오름, 백약이오름, 당오름 등 수많은 오름이 동서남북으로 아부를 보호하고 있는 풍경이 눈에 들어온다. 아부오름의 유명세와 조형적인 아름다움은 제주의 많은 오름 가운데 선두를 다투지만, 규모는 아담하다. 오름이 그다지 높지 않아 주변의 거미오름이나 백약이오름에 올라 내려다볼 때처럼 부감의 극적인 풍광을 보여주지는 못한다. 대신 제주 동부의 자연을 수평의 시선으로 즐길 수 있다. 이 오름이 세상에 널리 알려진 것은 영화 〈이재수의 난〉1999 덕이 크다. 분화구 안에 원을 그리며 자라고 있는 삼나무는 이 영화 촬영을 위해 심은 것이다. 도넛 모양으로 자라는 삼나무 때문에 아부오름은 본래보다 더 많은 표정과 아름다움을 얻었다.

Trekking Map 아부오름 탐방 지도

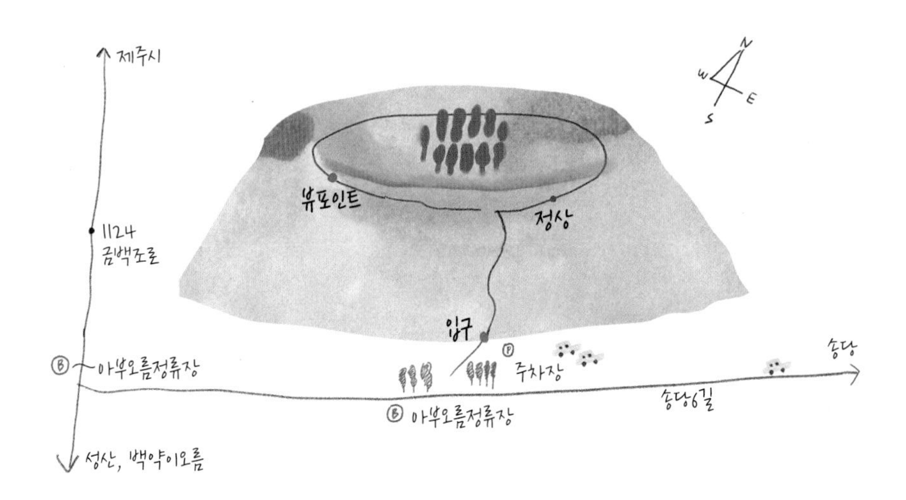

Trekking Tip 아부오름 오르기

❶ 오름 입구 오름 남동쪽에 있다. 버스에서 내리면 아부오름 정류장에서 도보 1분 거리이다.

❷ 트레킹 코스 분화구 둘레길을 돌고 내려온다. 아부오름 정상은 둘레길 동쪽에 있다.

❸ 준비물 운동화, 모자, 선크림, 선글라스, 생수

❹ 유의사항 소를 방목 중이다. 배설물 주의하자.

❺ 기타 오름 입구 주변에 화장실과 주차장이 있다.

HOT SPOT

스누피가든

제주시 구좌읍 금백조로 930 064-805-1118 **10~3월** 09:00~18:00 **4~9월** 09:00~19:00
₩ 12,000원~19,000원 아부오름에서 도보 10분, 자동차로 2분

아이와 가기 좋은 캐릭터 테마파크

아부오름 바로 남쪽, 금백조로 옆에 있는 만화 〈피너츠〉의 캐릭터로 꾸민 테마파크이다. 만화의 주인공 찰리 브라운의 반려견 스누피에서 테마파크 이름을 따왔다. 피너츠 에피소드를 자연 속에서 직접 경험할 수 있도록 꾸며놓았다. 스누피가든은 2020년 여름 문을 열자마자 제주 동부에서 가장 뜨거운 핫 스폿으로 떠올랐다. 특히 아이와 함께 여행 중이라면 추억 쌓기에 더없이 좋은 곳이다. 약 2만 5천 평에 자연형 체험 시설이 알차게 들어섰다. 5개 테마 공간으로 이루어진 가든 하우스와 제주의 자연을 주제로 꾸민 야외 가든이 유명하다. 아이들이 마음껏 뛰놀며 모험을 즐길 수 있다. 체험 시설, 포토존, 놀이 시설, 하이라인 데크 등에서 귀엽고 친근한 스누피 캐릭터와 피너츠 친구들을 반갑게 만날 수 있다. 루프톱에서 바라보는 전망도 아름답다. 방문자의 만족도가 높아 리뷰 평점이 좋다. 테마 카페와 기념품 가게를 갖추고 있다.

치저스

제주시 구좌읍 비자림로 1785
070-7798-1447
11:00~15:00(라스트오더 14:00, 화·수·목 휴무)
아부오름에서 자동차로 6분
주차 가능

중산간에서 즐기는 이탈리아 요리

구좌읍 송당리에 있는 이탈리안 레스토랑이다. 송당 사거리에서 자동차로 1분 거리에 있다. 인기가 좋은 메뉴는 라클렛스테이크, 소고기미트볼, 한치리조또 아란치니와 한라봉에이드, 와인에이드 등이다. 라클렛스테이크엔 치즈를 가득 올려 내온다. 조금 짠 편인데 싱겁게 먹는 사람이라면 부채살스테이크를 주문하면 된다. 소고기미트볼의 인기도 좋아 다른 메뉴보다 일찍 소진된다. 치저스는 네이버에 예약해야 식사할 수 있다.

블루보틀 제주

제주시 구좌읍 번영로 2133-30
1533-6906
09:00~19:00(구정, 추석 당일 휴무. 대설 및 태풍 등의 자연재해 시 단축 영업 또는 임시 휴무. 인스타그램 공지 확인)
아부오름 입구에서 자동차로 8분

중산간 풍경을 눈에 담으며

제주의 중산간 구좌읍 송당리에 있다. 민오름, 비치미오름, 성불오름……. 주변은 오름 천지다. 아부오름, 백약이오름도 멀지 않다. 큰 유리창 너머로 보이는 제주 풍경이 멋과 여유를 더한다. 카페를 삼나무가 감싸고 있고, 시선을 조금 멀리 던지면 오름과 중산간의 초원이 매력적이다. 블루보틀은 스페셜티 커피를 지향하지만, 늘 대비되는 스타벅스보다 가격이 특별히 비싸진 않다. 보디감, 산미 정도, 향 등을 추천받아 취향에 맞는 커피를 경험해 보자. 우무 푸딩과 제주녹차땅콩호떡은 제주점에서만 맛볼 수 있다.

04 안돌오름

OREUM 비밀의 숲 덕에 유명해진 오름

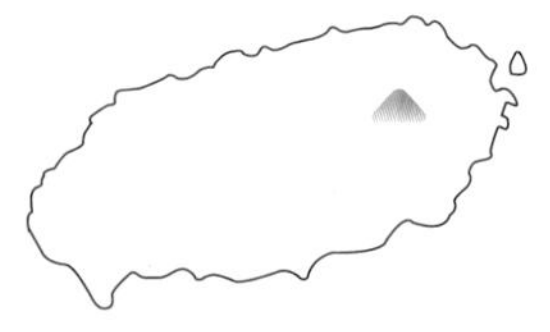

안돌오름을 세상에 알린 건 '비밀의 숲'으로 더 유명한 오름 앞 편백숲이다. 하지만 안돌오름도 편백숲 못지않은 멋진 전망을 보여준다. 정상에 오르면 동쪽으로 당오름, 높은오름, 다랑쉬오름, 용눈이오름, 돗오름 등이 파노라마처럼 펼쳐진다.

- **주소** 제주시 구좌읍 송당리 산66-1
- **순수 오름 높이** 93m
- **해발 높이** 368.1m
- **등반 시간** 편도 15분

안돌오름에서 바라본 밧돌오름

Travel Tip 안돌오름 여행 정보

인기도 상 접근성 상 난이도 중 정상 전망 중 등반로 상태 중 편의시설 주차장(거슨세미오름 주차장)
여행 포인트 비밀의 숲, 목초지, 트레킹 주변 오름 밧돌오름, 거슨세미오름

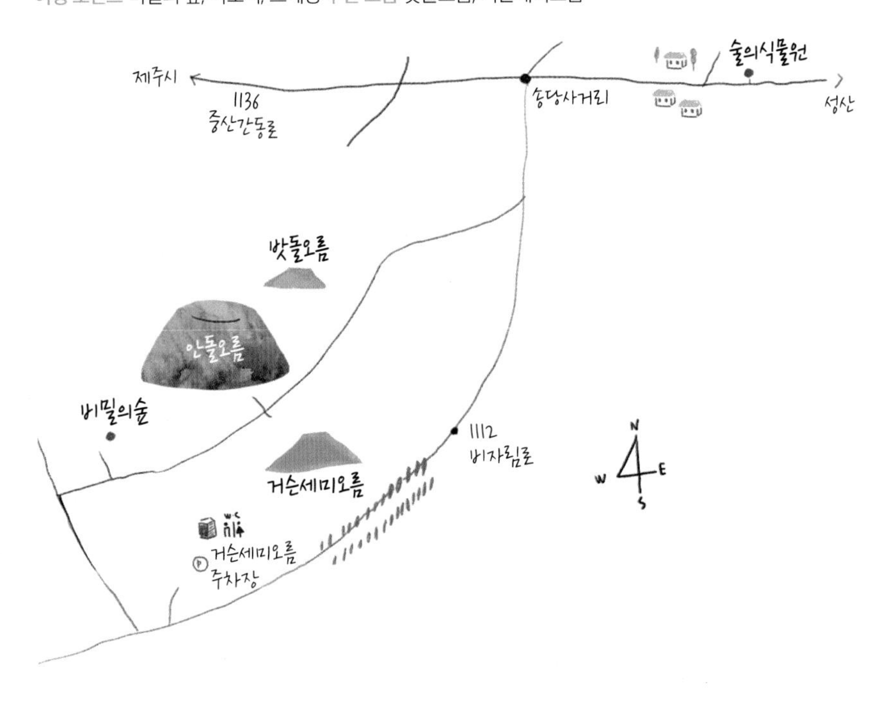

How to go 안돌오름 찾아가기

승용차 내비게이션에 '안돌오름' 찍고 출발. 비밀의 숲은 주소 '제주시 구좌읍 송당리 2173'을 찍고 출발. 두 곳 모두 제주공항에서 50분, 서귀포에서 1시간, 중문에서 1시간 15분 소요

콜택시 구좌읍 **김녕콜택시** 064-784-9910 **구좌콜개인택시** 064-783-4994

버스 ❶ 제주국제공항 1번 정류장에서 121번 승차 → 대천 환승 정류장 하차 후 721-1번 승차세화 방향 → 거슨세미오름·안돌오름 정류장 하차 → 북쪽으로 도보 1.5km 이동. 총 1시간 30분 소요
❷ 서귀포 중앙로터리 정류장에서 182번 승차 →교래 입구 정류장 하차 → 비자림로 교래 입구 정류장까지 도보로 이동70m → 212번 승차성산 방향 후 거슨세미오름·안돌오름 정류장 하차→ 북쪽으로 도보 1.5km 이동 → 오름 입구. 총 1시간 50분 소요

동부 오름 군락을 그대 품 안에

요즘 제주에서 가장 핫한 오름을 꼽으라면 단연 안돌오름이다. 안돌오름을 세상에 알린 건 오름 자체의 아름다움이 아니라 오름 앞의 편백숲이다. '비밀의 숲'으로 더 많이 알려진 편백숲을 여행자들이 인스타그램에 올리면서 안돌오름도 유명해졌다. 편백숲은 동화의 한 장면처럼 키 큰 편백이 촘촘히 숲을 이루고 있다. 숲 앞의 민트색 캠핑카는 놓치지 말아야 할 포토존이다. 편백숲이 유명하지만, 그래도 안돌오름의 백미는 오름 그 자체다. 크기가 작아 입구에서 약 15분이면 오를 수 있다. 오름에는 억새와 풀이 주로 자라고, 종종 소나무와 침엽수·활엽수가 군락을 이루고 있다. 가끔 소들이 등산로를 점령할 때도 있다. 정상에 오르면 당오름, 높은 오름, 다랑쉬오름, 돗오름 등이 파노라마처럼 펼쳐진다. 오름 바로 앞에는 밧돌오름이 있는데 안돌과 함께 이 두 오름을 묶어 돌오름이라고 부른다. 조선 시대부터 이 두 오름 사이에 돌담잣담이 있었는데 안쪽을 안돌오름, 바깥쪽을 밧돌오름이라고 부른다. 오름 입구는 거슨세미오름 주차장 북쪽 건너편에 있다.

Trekking Map 안돌오름 탐방 지도

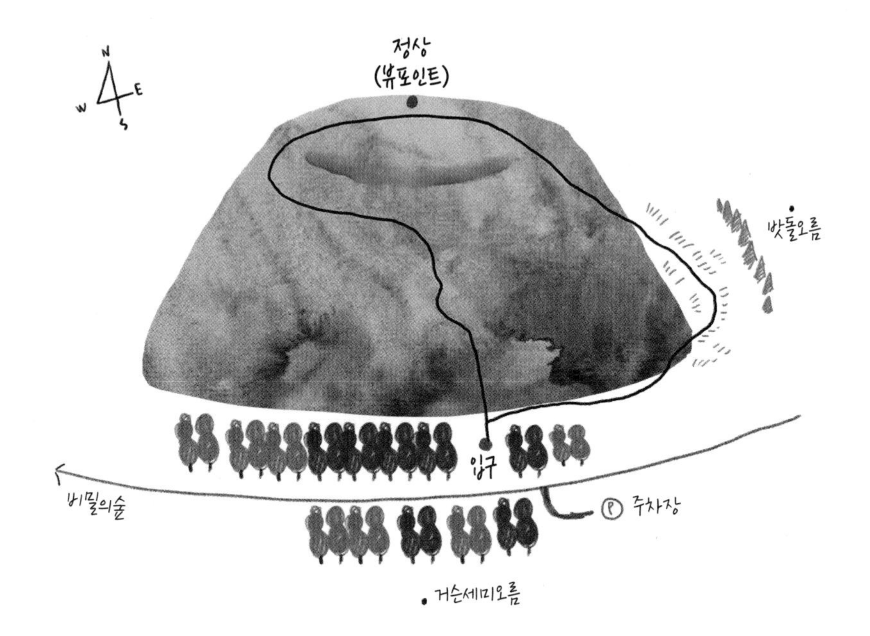

Trekking Tip 안돌오름 오르기

❶ 오름 입구 안돌오름 입구는 거슨세미오름 주차장 건너편에 있다.

❷ 트레킹 코스 정상 코스와 밧돌오름 경계에서 오르는 길이 있으나, 주로 오름 입구에서 정상까지 오르는 정상 코스를 이용한다. 정상까지 편도 15분 안팎 걸린다.

❸ 준비물 운동화, 모자, 선크림, 선글라스, 생수, 등산 스틱(선택)

❹ 유의사항 비밀의 숲을 찾는 여행자가 많아 조금 혼잡하다. 그리고 소를 오름에 자유롭게 방목하므로, 배설물을 주의하자.

❺ 기타 화장실과 주차장이 없다. 거슨세미오름의 시설을 이용해야 한다.

HOT SPOT

비밀의 숲

제주시 구좌읍 송당리 2173 ₩ 입장료 2,000원 ⓘ **주차** 가능 아부오름에서 자동차로 9분

인생 사진과 웨딩 촬영의 성지

몇 해 전 제주도청은 비자림로를 넓히려고 도민들의 반대를 무릅쓰고 아름드리나무를 벌목했다. 도민은 물론 자연을 생각하는 전국의 시민들로부터 많은 비난을 받았으나 역설적으로 벌목을 한 까닭에 비자림로 주변의 비밀의 숲이 세상에 살려지기 시작했다. 독특하고 아름다운 편백숲과 삼나무숲이 사람들을 불러모으더니 지금은 인생 사진과 웨딩 촬영 성지로 떠올랐다. 사람들이 몰려들자 땅 주인이 예쁜 민트색 빈티지 캠핑카를 가져다 놓았다. 비밀의 숲은 SNS에 올라오는 사진처럼 매혹적이다. 비현실적으로 아름다운 나무가 수직으로 뻗은 풍경이 신비롭고 이국적이다. 비밀의 숲은 사유지이다. 처음엔 무료였으나 사람들이 몰리면서 지금은 입장료 2천원을 받기 시작했다. 별도 주차장을 두고 있으며, 안돌오름 방문 차량은 출입할 수 없다.

ⓒ제주도청

RESTAURANT

한울타리한우

제주시 구좌읍 송당서길 5
064-782-3913
11:00~21:00(라스트오더 20:20, 월~목 휴무)
주차 가능
안돌오름에서 자동차로 8분

저렴하고 품질 좋은 정육식당

제주도가 흑돼지의 고향이라 그럴까? 제주의 초원과 오름엔 방목하는 소가 많지만, 이상하게 다른 지역과 비교해 한우 고깃집은 많지 않은 편이다. 오름이 많은 동부의 중산간 마을엔 더더욱 없는 편이다. 한울타리한우는 제법 한갓진 곳에 있지만, 늘 사람이 많다. 주말이나 저녁 시간이라면 예약하는 게 좋겠다. 정육식당이라 고기를 구매해 상차림 비를 내고 구워 먹으면 된다. 가격은 저렴하고 품질은 좋다. 상차림 비용은 1인당 12,000원이다. 불고기, 육회, 비빔밥도 판매한다. 아부오름, 높은오름, 다랑쉬오름에서도 가깝다.

CAFE

술의 식물원

제주시 구좌읍 중산간동로 2253
070-8900-2254
12:00~21:00(수·목 휴무)
주차 길가 주차
안돌오름과 아부오름에서 자동차로 6분

커피부터 맥주와 와인까지

오름의 고향 구좌읍 송당리에 있는 '나만 알고 싶은' 독특하고 매력적인 카페이다. 술의 식물원은 술과 커피, 간단한 안주를 더불어 즐길 수 있다. 제주의 오래된 가옥을 개조해 빈티지 분위기가 난다. 실내에 화분과 식물이 가득해 작은 식물원에 온 듯 기분이 절로 상쾌하다. 커피와 음료도 갖추고 있지만, 무엇보다 술의 종류가 다양하다. 수제 맥주, 스페인 와인, 샹그리아, 사케, 여기에 더해 일본 소주까지 마실 수 있다. 오름 트레킹 후 갈증을 풀며 잠시 쉬었다 가기 좋은 곳이다. 리뷰 평점이 아주 좋을 만큼 방문자의 만족도가 높다.

05 다랑쉬오름

OREUM

달처럼 생긴 분화구, 오름의 여왕

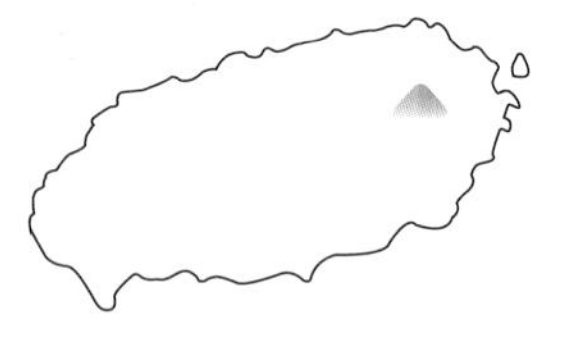

정상 분화구가 마치 달처럼 생겼다고 하여 다랑쉬오름이라는 이름을 얻었다. 한자로는 월랑봉(月朗峰)이다. 오름 꼭대기에 도착하면 장엄하고 아름다운 분화구가 여행자를 맞이한다. 웅장한 규모에 누구나 금세 압도된다.

- **주소** 제주시 구좌읍 세화리 산 6
- **순수 오름 높이** 227m
- **해발 높이** 382.4m
- **등반 시간** 정상 편도 20분
  분화구 둘레길(1.5km) 30분
  다랑쉬오름 둘레길(3.4km) 1시간

©제주도청

Travel Tip 다랑쉬오름 여행 정보

인기도 중 접근성 중 난이도 상 정상 전망 상 등반로 상태 상 편의시설 주차장, 화장실, 정상으로 가는 계단

여행 포인트 삼나무숲, 능선 뷰, 정상 뷰 주변 오름 아끈다랑쉬오름, 손지오름, 용눈이오름, 안돌오름

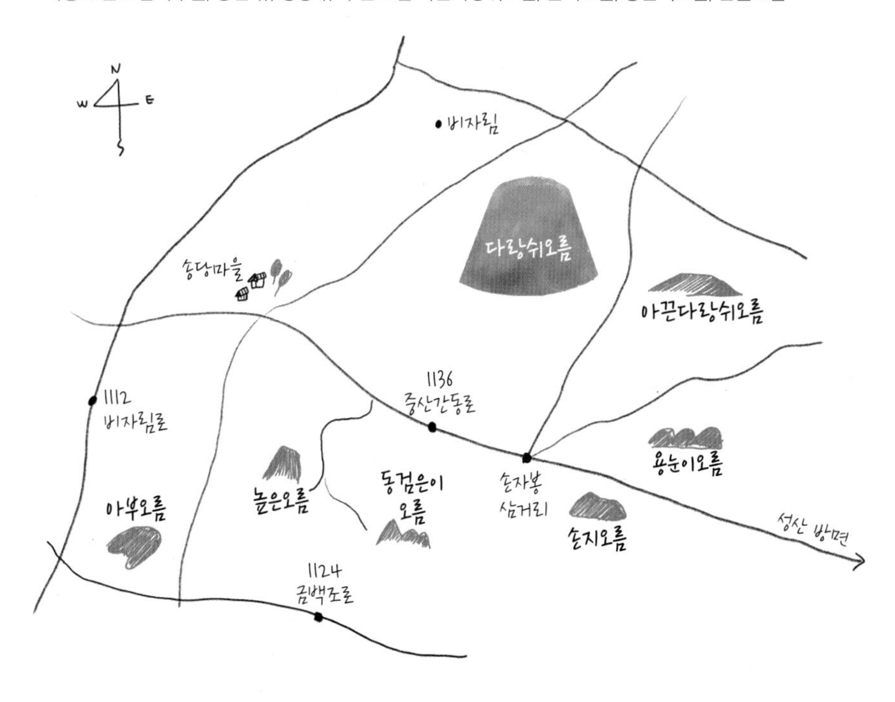

How to go 다랑쉬오름 찾아가기

승용차 내비게이션에 '다랑쉬오름 주차장' 찍고 출발. 제주공항에서 1시간, 중문에서 1시간 20분, 서귀포에서 1시간 15분 소요

콜택시 **김녕콜택시** 064-784-9910 **구좌콜개인택시** 064-783-4994

버스 ❶ 제주공항의 1번 정류장표선·성산·남원 방면에서 111번 승차 → 9개 정류장 이동 → 대천 환승 정류장 하차 후 810-2번으로 환승 → 8개 정류장 이동 → 다랑쉬 오름 입구 (북)정류장 하차 → 다랑쉬 오름까지 1.4km 도보 이동. 총 2시간 5분 소요

❷ 서귀포버스터미널 또는 서귀포시 중앙로터리(동)정류장에서 101번 승차 → 7개 또는 6개 정류장 이동 → 고성환승정류장에서 211, 212번 승차 후 12개 정류장 이동 → 다랑쉬오름 입구 (남)정류장 하차 → 다랑쉬오름까지 2.1km 도보 이동. 총 1시간 55분 소요

아름답고 장엄한 분화구

제주시 구좌읍 일대의 오름 군락 가운데 단연 여왕으로 꼽히는 오름이다. 매끈한 풀밭이 비단 치마처럼 펼쳐져 있어 여인의 우아한 맵시를 연상시킨다. 정상의 분화구가 마치 달처럼 보인다고 하여 다랑쉬오름이라 불리며, 한자로는 월랑봉月朗峰이다. 모양새가 인공적으로 만든 원형 삼각뿔 같다. 오름 입구에 서면 정상으로 올라가는 계단이 피아노 건반처럼 총총히 놓여 있다. 계단을 오르는 내내 삼나무들이 마치 오름의 여왕을 지키는 근위대처럼 줄을 맞추어 몸을 곧추세우고 있다. 오름 꼭대기에 도착하면 거대한 깔때기 모양으로 움푹 파인 장엄하고 아름다운 분화구가 여행자를 맞이한다. 깊이 115m깊이가 백록담과 같다, 둘레 1500m의 웅장한 규모에 압도되고 만다. 이곳에서 분화구 둘레 따라 시계 반대 방향으로 10분 정도 걸어가면 분화구에서 가장 높은 정상이 나온다. 정상에 서면 아끈다랑쉬, 용눈이오름, 손지오름, 백약이오름 그리고 저 멀리 성산일출봉과 한라산까지 제주 동부 풍경이 시야를 가득 채우며 푸른 파도처럼 밀려든다.

Trekking Map 다랑쉬오름 탐방 지도

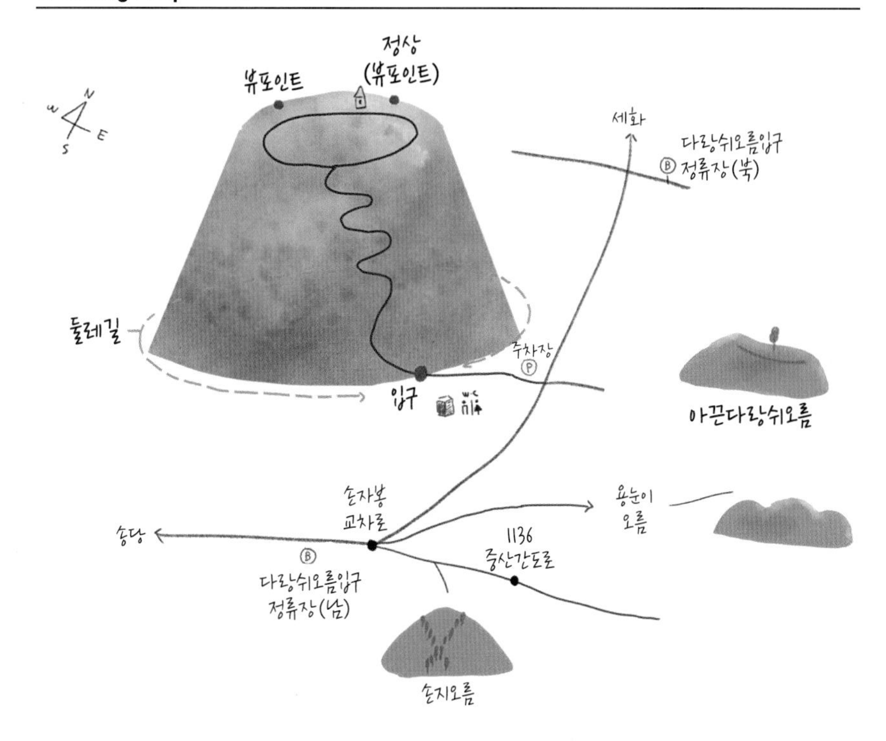

Trekking Tip 다랑쉬오름 오르기

❶ 오름 입구 오름 동쪽에 입구가 있다. 주차장과 탐방안내소 부근이다.

❷ 트레킹 코스 보통 다랑쉬오름 정상에 올라 분화구 둘레길1.5km을 도는 코스를 많이 걷는다. 더 걷고 싶으면 오름을 내려와 다랑쉬오름 둘레길진입로 화장실 옆을 트레킹하면 된다.

❸ 준비물 운동화, 모자, 선크림, 선글라스, 생수, 등산 스틱

❹ 유의사항 둘레길까지 트레킹 할 생각이라면 여럿이 함께 가는 게 안전하다.

❺ 기타 생각보다 경사가 심하니 유의하자. 뷰가 아름답다.

HOT SPOT

아끈다랑쉬오름

제주시 구좌읍 세화리 2593-1

편의시설 다랑쉬오름의 주차장, 화장실, 탐방안내소

트레킹 코스 입구 → 정상 → 분화구 둘레길 산책 →입구로 하산. 총 40~50분 소요

화산이 만든 거대한 도넛

다랑쉬오름의 바로 동쪽, 그러니까 다랑쉬오름의 입구 바로 앞에 있는 아담한 오름이다. '아끈'는 제주 말로 '버금간다'는 뜻이다. 아끈다랑쉬는 다랑쉬에 버금가는 오름인 셈이지만, 모양새는 전혀 다르다. 다랑쉬가 하늘 높이 뻗어 있다면 아끈다랑쉬는 커다란 도넛 모양이다. 제주도 사람들은 설문대할망제주도를 창조한 여신이 주먹으로 힘껏 누른 밀가루 반죽 같다고 말한다. 10분이면 오를 수 있는데, 정상에 다다르면 둘레 600m, 깊이 약 10m 정도의 분화구가 나온다. 분화구는 자연 그대로 조성된 스타디움 같다. 가을엔 분화구 안의 억새가 장관을 이룬다. 허리까지 오는 억새가 동시에 머리를 흔드는데, 그 모습이 영화 〈원령공주〉에 나오는 숲을 지키는 희고 작은 정령 '코다마'들이 일제히 머리를 흔드는 것 같다. 등반로가 흙길이고 거친 편이다. 꼭 등산화와 운동화를 신고 오르자.

HOT SPOT

비자림

제주시 구좌읍 비자숲길 55
064-710-7912
09:00~18:00
₩ 1,500원~3,000원
다랑쉬오름에서 자동차로 6분.
버스 260, 711-1, 810-1, 810-2
(입구까지 도보 5분)

희귀하고 귀중한 생태숲

비자나무가 군락을 이루고 있는 제주의 원시림이다. 수령 500년에서 800년에 이르는 나무들이 거대한 숲을 이루고 있다. 비자나무가 군락을 이루어 자생하는 건 세계적으로도 희귀할 만큼 귀중한 생태숲이다. 무려 2800그루의 비자나무가 피톤치드를 뿜어내며 여행자의 영혼까지 치유해준다. 산책로는 두 개 코스가 있다. A코스는 비교적 평탄하다. 붉은 화산송이석이 융단처럼 깔려있어 일부 구간은 맨발로 걸어도 좋다. B코스는 A코스보다 돌이 많은 편이다. 입구 탐방 대기소에서 기다리면 문화해설사의 설명을 들으며 탐방할 수 있다. 모두 돌아보는데 1시간 이상 소요된다.

HOT SPOT

제주레일바이크

제주시 구좌읍 용눈이오름로 641
064-783-0033
3월~10월 09:00~17:30
11월~2월 09:00~17:00
₩ 22,000원~52,000원
다랑쉬오름에서 자동차로 10분

오름을 눈에 담으며

제주 동부 중산간의 드넓은 초원과 오름을 감상하며 레포츠를 즐기기 좋은 곳이다. 레일바이크 코스는 오름과 오름 사이를 지나고 목장과 화원도 지나며 30분 남짓 이어진다. 코스가 아기자기하고 주변 풍경이 아름다워 지루할 틈이 없다. 오르막 구간은 자동 주행 코스이다. 페달을 밟지 않아도 되니 편하게 오를 수 있다. 반대로 내리막 구간에서 가속 페달을 밟으면 속도감을 즐길 수 있다. 제주레일바이크는 용눈이오름 바로 옆에 있다. 부드럽고 장엄한 오름을 감상하며 즐겁게 달릴 수 있다. 제주레일바이크는 눈이 즐거운 여행의 진수를 보여준다.

06 높은오름

OREUM

제주도 최고 오름 전망대

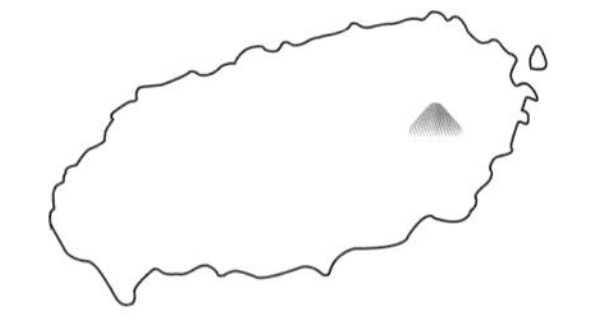

높은오름 정상에 서면 오름 군락이 장엄하게 물결친다. 북쪽으로 서서 고개를 왼쪽으로 천천히 돌리면 당오름, 아부오름, 백약이오름, 좌보미오름, 동검은이오름거미오름을 거쳐 손지오름, 용눈이오름, 다랑쉬오름까지 오름의 파노라마가 감동적으로 펼쳐진다.

- **주소** 제주시 구좌읍 송당리 산213-1
- **순수 오름 높이** 175m
- **해발 높이** 405.3m
- **등반 시간** 입구에서 분화구까지 편도 25분, 분화구 둘레길 25분

Travel Tip 높은오름 여행 정보

인기도 중 접근성 하 난이도 중 정상 전망 상 등반로 상태 중상 편의시설 화장실, 길가 주차
여행 포인트 끝없이 이어지는 제주 동부의 오름 파노라마, 분화구의 억새와 초지, 송당마을 풍경 감상
주변 오름 아부오름, 동검은이오름, 손지오름

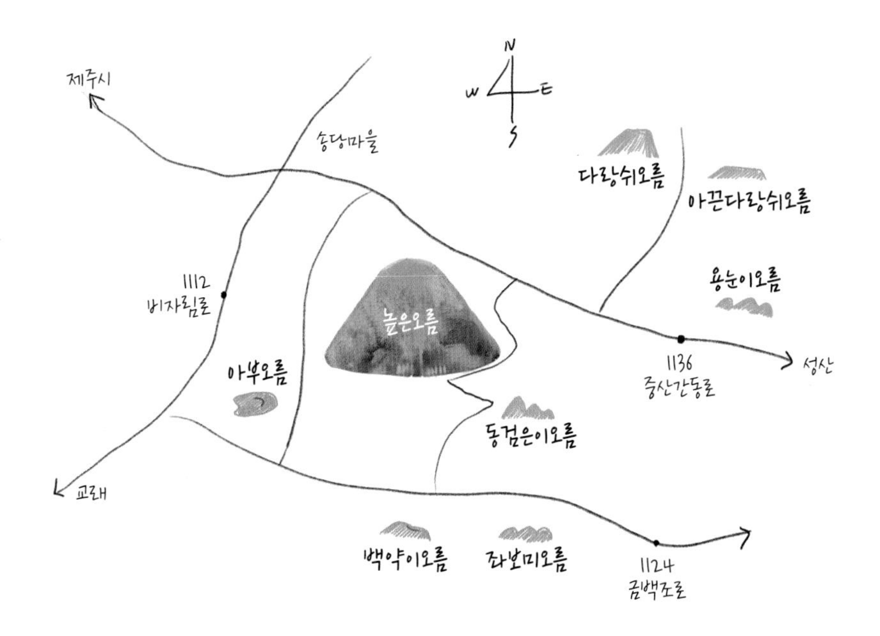

How to go 높은오름 찾아가기

승용차 내비게이션에 '높은오름' 찍고 출발. 제주공항에서 52분, 중문에서 1시간 12분, 서귀포에서 1시간 소요

콜택시
성산읍 **동성콜택시** 064-782-8200 **성산월드호출택시** 064-784-0500 **성산포호출개인택시** 064-784-3030
구좌읍 **김녕콜택시** 064-784-9910 **구좌콜개인택시** 064-783-4994

버스 ❶ 제주국제공항 2번 정류장일주동로, 5·16도로 방면에서 101, 181번 탑승 → 1개 정류장 이동 후 제주버스터미널(종점) 하차 → 도보 100m길 건너 제주버스터미널로 이동 → 제주버스터미널에서 211, 212번 탑승 → 40개 정류장 이동 → 높은오름 정류장 하차 후 1km 도보로 이동. 총 1시간 20분 소요
❷ 서귀포버스터미널 또는 서귀포시 중앙로터리 (동)정류장에서 182번 승차 → 6개 정류장 이동 후 교래 입구 (동)정류장 하차 → 도보 106m 이동 → 비자림로 교래 입구 정류장에서 212번 버스로 환승 후 20개 정류장 이동 → 높은오름 정류장 하차 후 1km 도보로 이동. 총 1시간 50분 소요
*211번, 212번 버스는 금백조로와 중산간 1136번 도로를 번갈아 가며 운행함. 하루에 6번 금백조로 운행. 버스 탑승할 때 금백조로 방향인지 확인하고 탑승해야 함.

물결치는 오름의 파노라마

제주 동부 중산간의 여러 오름을 대표하는, 가장 높은 오름이다. 소나무 숲과 풀밭이 조화를 이루고 있다. 능선은 거침없이 뻗어 있지만, 정상은 둥글어 부드러운 느낌이 든다. 구좌공원묘지 지나 오름 입구에 들어서면 오솔길 따라 경사가 심한 길이 끝없이 이어진다. 다리가 무거워질 즈음 소나무숲 터널이 갑자기 사라지면서 눈앞이 환해지고 이윽고 당신의 발길은 분화구에 다다른다. 분화구 안에는 억새밭과 초지가 펼쳐져 있다. 오름 높이와 달리 분화구 규모가 작아서깊이 25m, 둘레 500m 겸손해 보인다. 분화구 가장자리에는 높고 낮은 봉우리 3개가 있다. 높은오름 남동쪽에는 동검은이오름거미오름이 고운 자태로 그림처럼 앉아 들판을 지키고 있다. 북서쪽으로는 송당마을과 당오름이 시야로 들어온다. 고개를 왼쪽으로 한 바퀴 돌리면 아부오름, 백약이오름, 좌보미오름을 거쳐 손지오름, 용눈이오름, 다랑쉬오름까지 오름의 파노라마가 끝없이 펼쳐진다. 높은오름은 제주 동부 오름의 최고 전망대이다.

Trekking Map 높은오름 탐방 지도

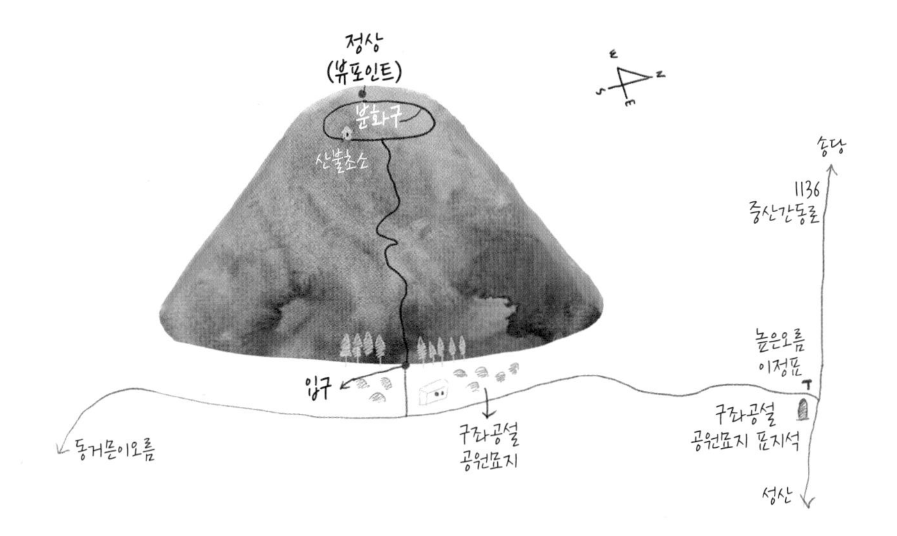

Trekking Tip 높은오름 오르기

❶ 오름 입구 오름 동쪽에 있다. 중산간도로1136의 송당로타리 정류장에서 입구까지 2.6km 거리이다.

❷ 트레킹 코스 입구에서 분화구에 올라 분화구 둘레길을 돌고 내려온다. 둘레길 서쪽에 높은 오름 정상이 있다.

❸ 준비물 트레킹화, 모자, 선크림, 선글라스, 생수, 등산 스틱

❹ 유의사항 여럿이 함께 추천. 말을 방목 중이니 조심하자.

❺ 기타 오름 입구 동쪽에 화장실이 있다.

TIP 주변 명소, 맛집, 카페 정보는 184쪽 아부오름, 190쪽 안돌오름, 196쪽 다랑쉬오름을 참고하세요.

07 손지오름

OREUM 능선이 부드럽고 아름다운

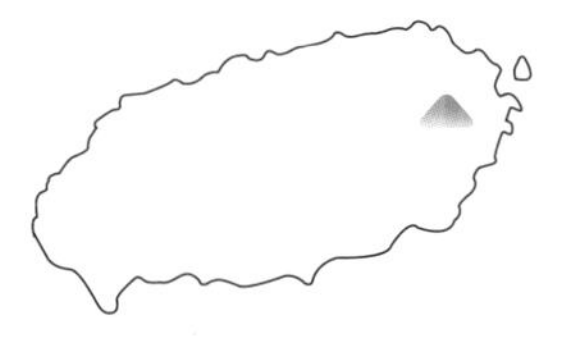

용눈이오름에 비견되는 아름다운 능선을 자랑한다. 억새가 가득한 타원형 분화구는 출렁거리는 물결처럼 아름다운 곡선의 미학을 보여준다. 시선을 북동쪽으로 돌리면 용눈이오름과 다랑쉬오름이 그윽한 자태로 손지오름을 바라보고 있다.

- **주소** 제주시 구좌읍 종달리 산52
- **순수 오름 높이** 76m
- **해발 높이** 255.8m
- **등반 시간** 입구에서 분화구까지 편도 10분, 분화구 둘레길 25분

©제주도청

Travel Tip 손지오름 여행 정보

인기도 중 접근성 상 난이도 중 정상 전망 상 등반로 상태 하 편의시설 없음(길가 주차)

여행 포인트 아름다운 능선, 여름과 가을에 지천으로 피는 야생화, 가을 억새, 제주 동부 풍경

주변 오름 다랑쉬오름, 아끈다랑쉬오름, 용눈이오름, 좌보미오름

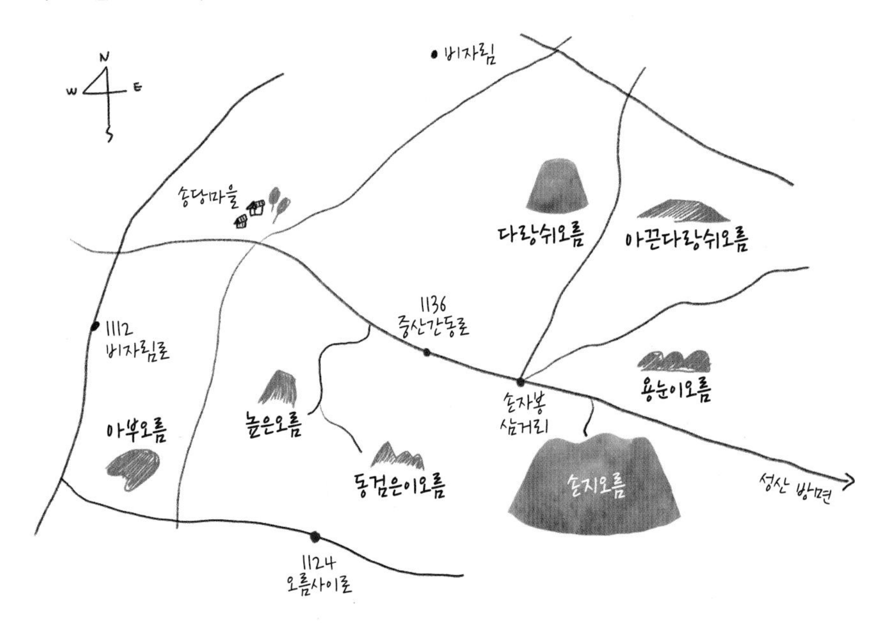

How to go 손지오름 찾아가기

승용차 내비게이션에 '손자봉' 찍고 출발. 제주공항에서 56분, 중문에서 1시간 15분, 서귀포에서 1시간 소요.

콜택시 구좌읍 **김녕콜택시** 064-784-9910 **구좌콜개인택시** 064-783-4994

성산읍 **동성콜택시** 064-782-8200 **성산월드호출택시** 064-784-0500 **성산포호출개인택시** 064-784-3030

버스 ❶ 제주공항의 표선·성산·남원 방향 정류장(1번) 또는 제주버스터미널에서 111번 승차 → 6개 또는 5개 정류장 이동 → 대천환승정류장세화 방향 하차 후 211, 212번으로 환승 → 11개 정류장 이동 → 손지오름 정류장 하차 후 도보 6분 이동. 총 1시간 13분 소요

❷ 서귀포버스터미널 또는 서귀포시 중앙로터리 (동)정류장에서 101번 승차 → 7개 또는 6개 정류장 이동 → 고성환승정류장에서 211, 212번 승차 후 11개 정류장 이동 → 손지오름 정류장 하차 후 도보 6분 이동. 총 1시간 27분 소요

손지오름에서 바라본 용눈이오름의 겨울 풍경

억새 가득한 타원형 분화구

손지는 손자를 뜻하는 제주어이다. 손지오름은 표선면 가시리에 있는 따라비오름의 손자뻘 오름이라고도 하고, 한라산의 손자뻘 오름이라고도 전해진다. 용눈이오름에 비견되는 아름다운 능선을 자랑한다. 나지막한 산비탈에는 X자 모양으로 조림한 삼나무가 독특해 눈길을 끈다. 여름과 가을에는 쑥부쟁이, 강아지풀, 엉겅퀴가 퍼져 자란다. 보랏빛 제비꽃, 솜양지꽃, 남산제비꽃 같은 야생화도 지천으로 피어난다. 입구에서 숲길을 걸어 분화구에 다다르면 분화구 둘레약 600m에 삼나무들이 군인처럼 줄 맞춰 빼곡히 자라고 있는 모습이 눈에 들어온다. 억새가 가득한 타원형 분화구는 출렁거리는 물결처럼, 비상을 준비하는 용의 등처럼 아름다운 곡선을 보여준다. 분화구 둘레길을 걷다 보면 남쪽으로는 좌보미오름이, 남서쪽으로는 유럽의 성 같은 동검은이오름이, 서쪽으로는 높은오름이 제주 동부의 크고 작은 알오름들과 어우러져 장관을 연출한다. 가까이서는 용눈이와 다랑쉬가 그윽한 자태로 손지오름을 바라보고 있다.

Trekking Map 손지오름 탐방 지도

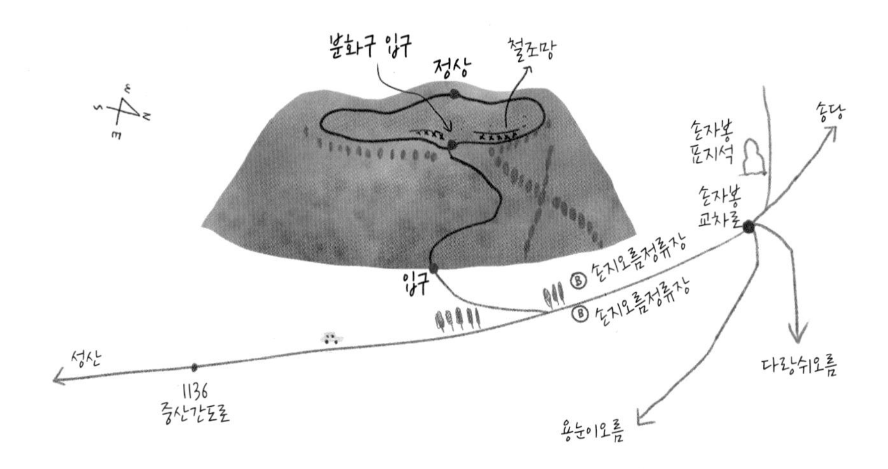

Trekking Tip 손지오름 오르기

❶ 오름 입구 오름 동쪽에 있다. 중산간도로1136 도로의 손지오름 정류장에서 입구까지 약 50m 거리이다. 다랑쉬오름 입구 정류장(남)에서 손지오름 입구까지는 약 650m 거리이다.

❷ 트레킹 코스 입구에서 분화구에 오른 뒤 분화구 둘레길을 돌고 내려온다. 둘레길 중간에 손지오름 정상이 있다. 분화구까지 편도 10분, 분화구 둘레길 25분 걸린다.

❸ 준비물 운동화, 모자, 선크림, 선글라스, 생수, 등산 스틱

❹ 유의사항 여럿이 함께 추천. 화장실 등 편의시설이 없으니 미리 대비하자. 여름엔 풀이 무성하고 가을엔 억새가 진풍경을 이룬다.

❺ 기타 등반로 조성이 돼 있지 않아 생각보다 힘들 수 있으니, 날씨나 건강 상태에 유의하여 여행 계획을 잡자. 운동화와 등산 스틱은 필수로 준비하자.

TIP 주변 명소, 맛집, 카페 정보는 184쪽 아부오름, 190쪽 안돌오름, 196쪽 다랑쉬오름을 참고하세요.

08 동검은이오름 거미오름

OREUM 삼각뿔처럼 높게 솟은

남성미로 눈길을 끄는 오름이다. 오름 중에서 보기 드물게 하늘을 향해 삼각뿔처럼 불끈 솟아오른 모습이 역동적이다. 높게 솟은 주봉 주변으로 수많은 알오름이 봉긋봉긋 솟으며 대지를 향해 사방으로 퍼져간다. 그 광경이 거미집이 펴져 나가는 모습과 흡사하여 거미오름이라고도 부른다.

- **주소** 제주시 구좌읍 종달리 산70
- **순수 오름 높이** 115m
- **해발 높이** 340m
- **등반 시간** 입구에서 정상까지는 15분, 분화구 트레킹 편도 30분

Travel Tip 동검은이오름 여행 정보

인기도 중 접근성 중 난이도 중 정상 전망 상 등반로 상태 중 편의시설 없음 여행 포인트 오르락내리락 트레킹의 묘미를 즐기기. 정상에서 찬란하게 빛나는 오름 바다 감상하기 주변 오름 높은오름, 손지오름, 백약이오름

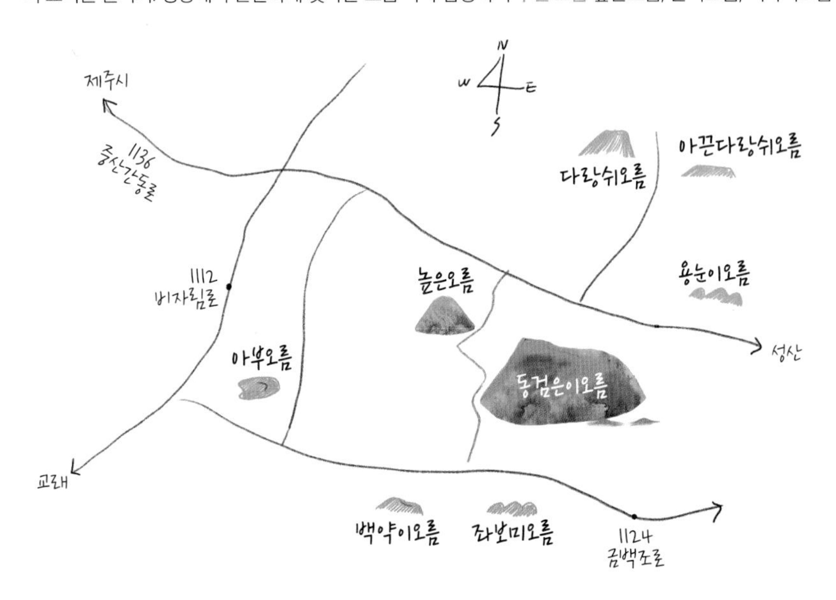

How to go 동검은이오름 찾아가기

승용차 내비게이션에 '백약이오름' 찍고 출발. 제주공항에서 50분, 중문에서 1시간 5분, 서귀포에서 55분 소요. 백약이오름 주차장에 주차한 후 동거문이오름 입구까지 도보로 10분 정도 이동. 백약이 주차장에서 동검은이오름 입구에 이르는 길은 좁고 험해서 자동차로 진입하기 어렵다.

콜택시

성산읍 **동성콜택시** 064-782-8200 **성산월드호출택시** 064-784-0500 **성산포호출개인택시** 064-784-3030
구좌읍 **김녕콜택시** 064-784-9910 **구좌콜개인택시** 064-783-4994

버스 ❶ 제주국제공항 2번 정류장일주동로, 5·16도로 방면에서 101, 181번 탑승 → 1개 정류장 이동 후 제주버스터미널(종점) 하차 → 도보 100m길 건너 제주버스터미널로 이동 → 제주버스터미널에서 211, 212번 탑승 → 33개 정류장 이동 후 백약이오름 정류장 하차 → 길 건너 샛길로 15분 도보로 이동. 총 1시간 30분 소요
❷ 서귀포버스터미널 또는 서귀포시 중앙로터리 (동)정류장에서 182번 승차 → 6개 정류장 이동 후 교래 입구(동)정류장 하차 → 도보 106m 이동 → 비자림로 교래 입구 정류장에서 212번 버스로 환승 후 17개 정류장 이동 후 백약이오름 정류장 하차 → 길 건너 샛길로 15분 도보로 이동. 총 1시간 45분 소요
*211번, 212번 버스는 금백조로와 중산간 1136번 도로를 번갈아 가며 운행함. 하루에 6번 금백조로 운행. 버스 탑승할 때 금백조로 방향인지 확인하고 탑승해야 함.

남성미가 넘친다

제주 동부의 수많은 오름 가운데 유난히 남성미로 눈길을 끄는 오름이다. 크기는 중간 정도이지만 보기 드물게 하늘을 향해 불끈 솟아오른 모습이 아주 역동적이다. 삼각뿔처럼 높게 솟은 주봉과 그보다 조금 작은 알오름 세 개를 중심에 두고 그 주변으로 수많은 알오름이 봉긋봉긋 솟으며 대지를 향해 사방으로 퍼져간다. 그 광경이 거미집이 펴져 나가는 모습과 흡사하여 거미오름이라고도 불린다. 솟아오르다가 내려가고, 오르다가 다시 내려가는 모습을 보고 있으면 마치 대지가 요동치는 것 같다. 특히 서남쪽으로는 수산곶자왈이 있어 마치 정글 한가운데에서 산이 불쑥 솟은 것 같아 신비롭기까지 하다. 멀리서 보면 높은오름, 문석이오름을 거느리고 선 동검은이오름이 유럽의 고성을 연상시킨다. 동검은이오름 정상에 서면 찬란하게 빛나는 오름의 바다가 시원하게 펼쳐져 있다. 백약이오름, 좌보미오름, 아부오름, 높은오름, 그리고 용눈이오름, 손지오름, 저 멀리 한라산까지. 제주의 오름은 스스로 명암을 만들어 자신의 아름다움을 마음껏 뽐낸다.

Trekking Map 동검은이오름 탐방 지도

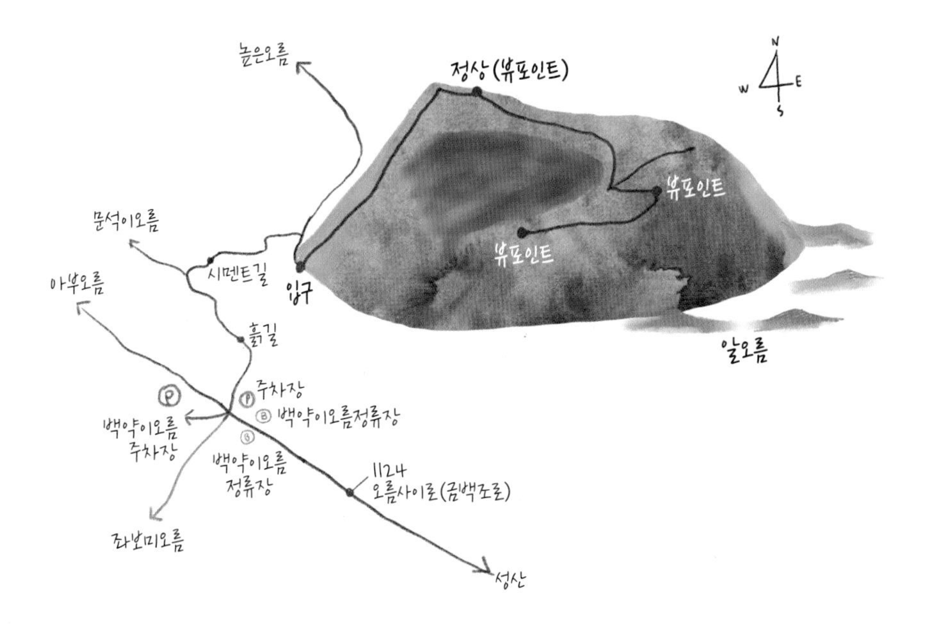

Trekking Tip 동검은이오름 오르기

❶ 오름 입구 오름 서쪽에 있다. 백약이오름 버스 정류장에서 약 1km 정도 거리이다.

❷ 트레킹 코스 입구에서 바로 이어지는 오르막길을 따라 숲길로 들어서 15분 정도 가면 정상이다. 이후 알오름들이 부정형으로 계속 이어지므로, 분화구를 따라 둥글게 트레킹하는 코스가 쉽지 않다. 정상 지나 남서쪽 봉우리까지 갔다가 다시 입구로 되돌아 나오는 코스를 추천한다. 입구부터 대략 1시간 정도 소요된다.

❸ 준비물 트레킹화, 스틱, 모자, 선크림, 선글라스, 생수, 간식

❹ 유의사항 정상 봉우리 탐방로에서 추락 주의. 봉우리 경사가 심하고 분화구가 깊어 잘못하면 굼부리 바닥으로 떨어질 수 있다.

❺ 기타 편의시설이 없으므로 트레킹 준비 꼼꼼하게 하자.

09 붉은오름

OREUM 오름보다 자연휴양림

붉은오름은 사려니숲길 붉은오름 입구 북쪽에 있다. 사려니숲길 산책 후 들르기 좋다. 아이와 함께 여행 중이라면 붉은오름자연휴양림을 추천한다. 삼나무 데크 길, 입이 떡 벌어지게 만들어 놓은 유아 숲체원, 잔디광장과 놀이터, 나무 놀이 시설, 목재문화체험장 등을 갖추고 있다.

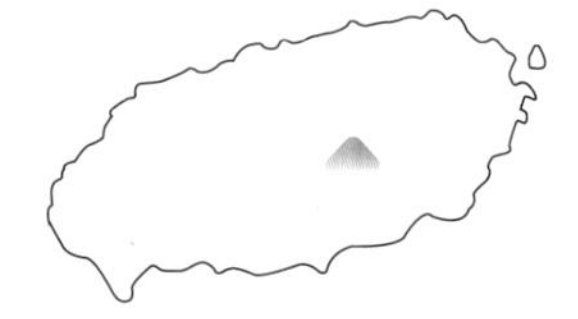

주소 서귀포시 표선면 남조로 1487-73
순수 오름 높이 129m
해발 높이 569m
등반 시간 1시간 30분

Travel Tip 붉은오름 여행 정보

인기도 상 접근성 상 난이도 중 정상 전망 상 등반로 상태 상 편의시설 주차장, 화장실, 자연휴양림, 목공체험장, 산책로 여행 포인트 오름보다 자연휴양림 주변 오름 물찻오름, 말찻오름

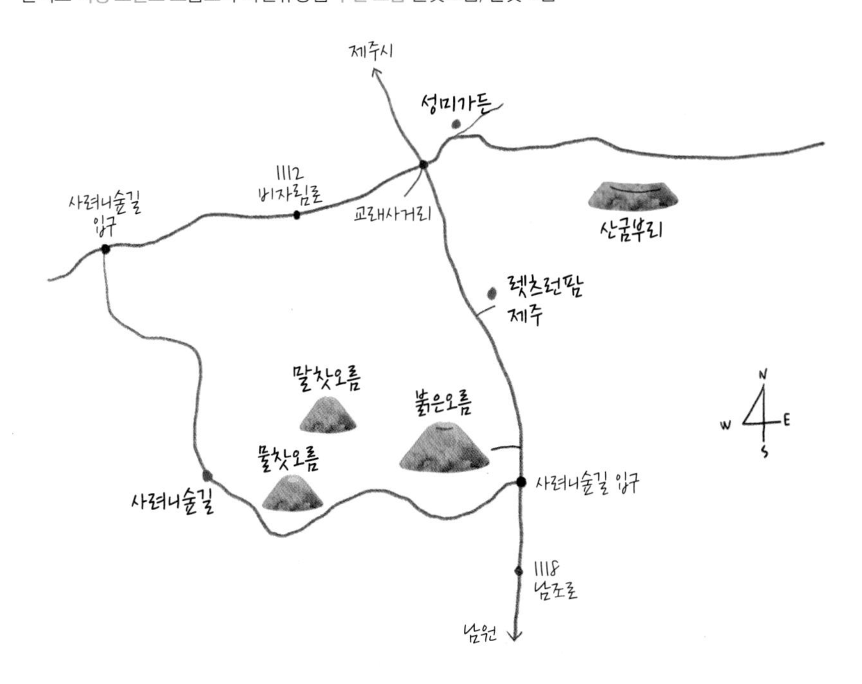

How to go 붉은오름 찾아가기

승용차 내비게이션에 붉은오름 또는 붉은오름 자연휴양림으로 검색. 제주공항에서 42분, 중문관광단지에서 55분 소요

콜택시 조천읍 **교래번영로호출 콜택시** 064-727-0082 **조천읍 콜택시** 064-783-8288
표선면 **표선24시콜택시** 064-787-3787 **표선호출개인택시** 064-787-2420

버스 ❶ 제주국제공항 1번 정류장표선, 성산, 남원 방면 또는 제주버스터미널에서 111, 121, 131번 승차 → 봉개동 정류장에서 231번 버스로 환승하여 붉은오름 자연휴양림 입구 정류장 하차 → 도보 10분 이동. 총 1시간 4분 소요
❷ 서귀포시 동문로터리 정류장에서 231, 232번 승차 → 57개 정류장 이동 → 붉은오름 자연휴양림 입구 하차 → 도보 10분 이동. 총 1시간 10분 소요
❸ 서귀포버스터미널 또는 서귀포시 중앙로터리 (동)정류장에서 101번 승차 → 남원환승정류장남원읍사무소 하차 → 비안동정류장까지 도보 2분 이동 후 231, 232번 승차 → 19개 정류장 이동 → 붉은오름 자연휴양림 입구 하차 → 도보 10분 이동. 총 1시간 15분 소요

아이와 가면 더 좋다

한라산 동쪽 중산간을 지키는 두 봉우리가 있다. 물찻오름과 붉은오름이다. 서귀포에서 보면 두 오름이 형제처럼 나란히 서서 한라산 초입을 딱 지키고 있다. 신기한 것은 한라산과 물찻오름은 항상 푸른 빛이거나 검푸른 색인데, 붉은오름은 적갈색 또는 검붉은 색을 띤다. 왜 이름이 붉은오름인지 쉽게 알 수 있다. 오름을 덮고 있는 돌과 흙이 붉은빛 또는 검붉은 빛을 띠고 있기 때문이다. 둥그런 분화구를 품은 원뿔 모양의 산이다. 붉은오름은 사려니숲길 붉은오름 쪽 입구 북쪽에 있다. 사려니숲길 산책 후 들르기 좋다. 붉은오름에서 말찻오름까지 곶자왈 일대가 하나의 산책로로 조성되어 있다. 붉은오름에서 출발하여 상잣성 숲길, 해맞이 숲길을 지나 서쪽의 말찻오름까지 이어지는 6.7㎞의 트레킹 코스가 있다. 피톤치드의 환영을 받으며 힐링 여행하기 좋다. 아이와 함께 여행 중이라면 붉은오름자연휴양림을 추천한다. 삼나무와 소나무가 울창한 숲을 이루고 있는데, 휴양림 면적이 무려 2백만 평이다. 숙박 시설, 삼나무 데크 길, 유아 숲체원, 잔디광장과 놀이터, 목재문화체험장 등을 갖추고 있다. 붉은오름자연휴양림(전화 064-760-3481, 입장료 600원~1,000원)

Trekking Map 붉은오름 탐방 지도

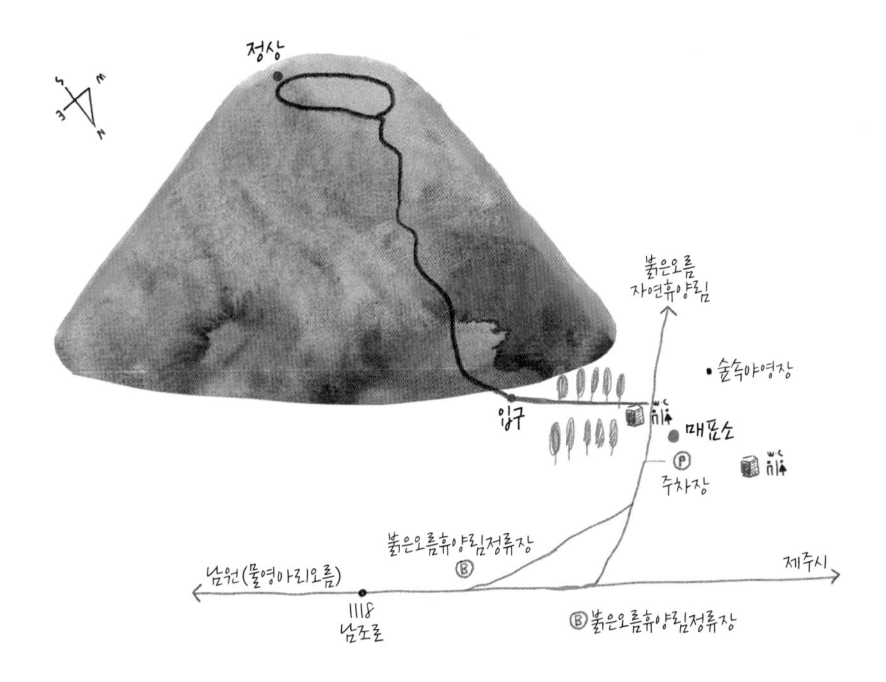

Trekking Tip 붉은오름 오르기

❶ 오름 입구 붉은오름자연휴양림 입구가 붉은오름 입구이다.

❷ 트레킹 코스 입구에서 붉은오름 정상까지 계단과 매트로 등반로를 잘 만들어 놓았다. 잔디광장과 생태연못에서 잠깐 휴식을 취해도 좋다. 왕복 등반 시간은 1시간 30분 남짓 걸린다. 붉은오름에서 상잣성 숲길, 해맞이 숲길을 지나 서쪽의 말찻오름까지 6.7km를 왕복해도 좋다. 2시간~2시간 30분이면 왕복할 수 있다.

❸ 준비물 운동화, 모자, 선크림, 선글라스, 생수, 등산 스틱(선택)

❹ 기타 화장실과 주차장은 붉은오름자연휴양림을 이용하면 된다.

HOT SPOT

사려니숲길

비자림로 입구 제주시 봉개동 산 78-1 붉은오름 입구 서귀포시 표선면 가시리 산 158-4

붉은오름에서 자동차로 2분

대한민국 최고 명품 숲길

사려니숲길은 우리나라의 최고 힐링 숲길이다. 산소의 질이 가장 좋다는 해발 500m에 있다. 삼나무, 졸참나무와 서어나무, 때죽나무, 편백이 울창하고, 단풍나무도 무성해 가을에는 단풍이 절경을 이룬다. 제주도 말로 '사려니'는 '살안이', '솔안이'에서 나온 말로, '살'이나 '솔'은 '신성한' 또는 '신령스러운'이라는 뜻이다. 뜻을 풀어보면 '신성한 숲길'이라는 의미다. 이 길의 매력은 도시와 인간세계를 떠나 자연으로 완전히 들어갈 수 있다는 것이다. 사려니숲길 입구는 두 군데이다. 비자림로 입구가 하나이고, 남조로1118 도로 옆에 있는 붉은오름 입구가 다른 하나이다. 여행객들은 비자림로 입구부터 물찻오름 입구까지 가는 1코스와 붉은오름 입구에서 물찻오름 입구까지 가는 2코스를 주로 찾는다. 각각 편도 이동 시간은 80~90분이다. 승용차로 비자림로 입구로 갈 때는, 절물휴양림 근처 주차장에 차를 세우고 사려니숲길 입구까지 도보로 이동해야 한다. 이동 거리는 약 2.5km이다. 붉은오름 입구엔 바로 옆에 주차장이 있어서 승용차 이용자에게 편리하다.

HOT SPOT

렛츠런팜제주

- 제주시 조천읍 남조로 1660
- 064-780-0131
- 09:00~18:00(매주 월·화 및 공휴일 휴무)
- **입장료** 무료 **트랙터 마차** 2,000원~3,000원(하루 5~6회 운행)
- 붉은오름에서 자동차로 4분

트랙터 타고 경주마 목장 구경하기

렛츠런팜제주는 붉은오름 북쪽 대각선 방향에 있다. 한국마사회가 설립한 경주마 목장으로, 면적이 무려 65만 평이다. 제주 조랑말을 구경하며 산책을 즐기기 좋다. 목장 안으로 한 걸음 더 들어가고 싶으면 트랙터 마차를 타자. 약 30분 동안 트랙터를 타고 농장을 구석구석 구경할 수 있다. 트랙터 마차 투어는 아이들이 특히 좋아한다. 무료 자전거를 타고 목장을 돌아보아도 된다. 렛츠런팜제주의 매력은 이게 끝이 아니다. 중산간의 넓은 땅에 계절을 바꾸며 해바라기, 양귀비가 피어난다. 인스타그램 포토 스폿으로 제법 알려졌다.

RESTAURANT

성미가든

- 제주시 조천읍 교래1길 2
- 064-783-7092
- 11:00~20:00 (둘째, 넷째 목요일 휴무)
- **주차** 가능
- 붉은오름에서 자동차로 6분

백종원의 3대천왕에 나온 토종닭 전문점

제주는 흑돼지 음식뿐만 아니라 토종닭 요리도 유명하다. 제주는 조류인플루엔자 청정 지역이다. 붉은오름 북쪽 조천읍 교래리는 토종닭 유통 특구로 지정되어 있다. 토종닭 맛집이 많은데 그중에서 성미가든이 제일 유명하다. 몇 해 전 백종원의 3대천왕에 나왔을 만큼 알아주는 토종닭 전문점이다. 토종닭 샤부샤부, 백숙, 그리고 닭죽으로 이어지는 코스요리를 맛보기 위해 많은 사람이 성미가든을 찾는다. 닭볶음탕 메뉴도 있다. 오름 트레킹으로 지친 몸, 토종닭 음식으로 제대로 풀어주자.

10 좌보미오름

OREUM

오름의 종합선물세트

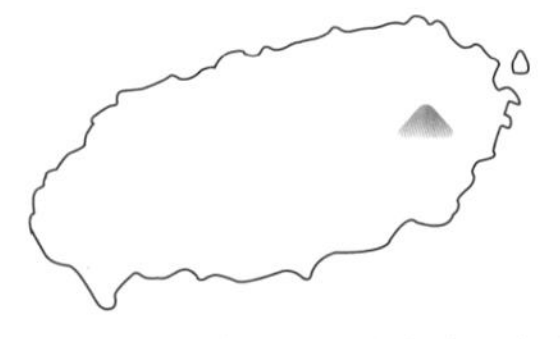

좌보미오름은 봉우리를 여러 개 거느리고 있다. 작은 봉우리까지 합하면 모양이 서로 다른 오름이 무려 열세 개나 된다. 봉우리에서 바라보는 풍경이 제각기 달라 제주 동부의 다채로운 전망을 즐기기 좋다. 좌보미는 종합선물 세트 같은 오름이다.

- **주소** 서귀포시 표선면 성읍리 산6
- **순수 오름 높이** 112m
- **해발 높이** 342m
- **등반 시간** 1시간 15분

Travel Tip 좌보미오름 여행 정보

인기도 중 접근성 중 난이도 상 정상 전망 상 등반로 상태 하 편의시설 없음입구 부근 갓길 주차 여행 포인트 다섯 개의 봉우리 따라 트레킹 하기, 제주 동부의 아름다운 들판 감상하기 주변 오름 동검은이오름, 백약이오름

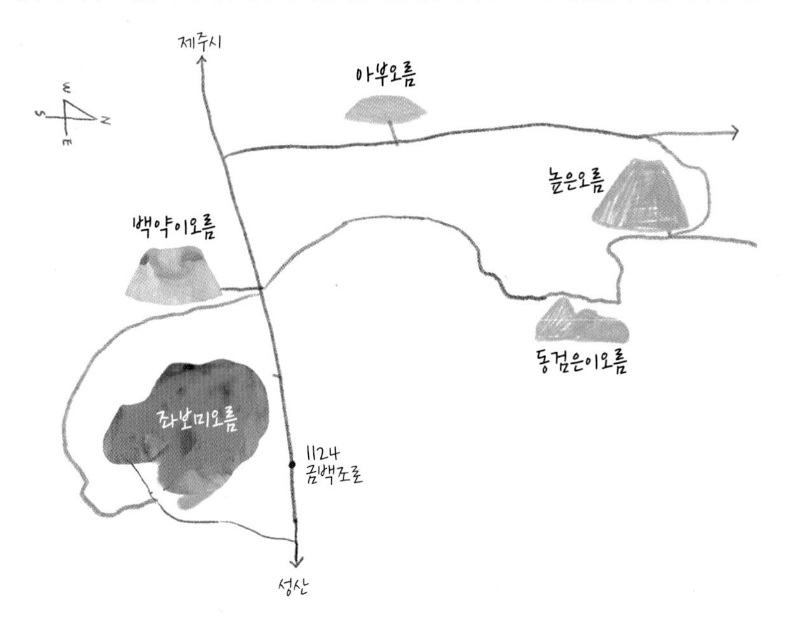

How to go 좌보미오름 찾아가기

승용차 내비게이션에 '좌보미오름' 찍고 출발. 제주공항에서 55분, 중문에서 1시간 5분, 서귀포에서 55분 소요

콜택시 표선24시콜택시 064-787-3787 **표선호출개인택시** 064-787-2420

버스 ❶ 제주국제공항 2번 정류장일주동로, 5·16도로 방면에서 101, 181번 탑승 → 1개 정류장 이동 후 제주버스터미널(종점) 하차 → 도보 100m길 건너 제주버스터미널로 이동 → 제주버스터미널에서 211, 212번 탑승 → 33개 정류장 이동 후 백약이오름 정류장 하차 → 2km 도보로 이동. 총 1시간 30분 소요

❷ 서귀포버스터미널 또는 서귀포시 중앙로터리 (동)정류장에서 182번 승차 → 6개 정류장 이동 후 교래 입구(동)정류장 하차 → 도보 106m 이동 → 비자림로 교래 입구 정류장에서 212번 버스로 환승 후 17개 정류장 이동 후 백약이오름 정류장 하차 → 2km 도보로 이동. 총 1시간 35분 소요

*211번, 212번 버스는 금백조로와 중산간 1136번 도로를 번갈아 가며 운행함. 하루에 6번 금백조로 운행. 버스 탑승할 때 금백조로 방향인지 확인하고 탑승해야 함.

봉우리가 무려 13개, 다채로워 좋다

좌보미오름은 여러 개 봉우리를 거느리고 있다. 그래서 형체를 한 번에 알아보기 쉽지 않다. 금백조로에서 백약이오름 주차장 옆의 샛길로 접어들면 왼쪽에 크고 작은 봉우리가 오솔길과 초지와 어우러져 오름의 향연을 펼치고 있다. 이들이 모두 좌보미오름이다. 모양이 서로 다른 봉우리 다섯 개에 작은 봉우리까지 합하면 산이 열세 개나 된다. 밑지름은 1200m에 이르며 분화구도 여러 개다. 봉우리마다 보이는 풍경이 달라 제주 동부의 다채로운 모습을 즐기기 좋다. 쉽게 말하면 좌보미는 종합선물 세트 같은 오름이다. 트레킹은 입구에서 바로 오른쪽동쪽으로 연결되는 봉우리로 출발하면서 시작해도 되고, 정면북쪽에 보이는 봉우리로 출발해도 된다. 북쪽 봉우리는 억새가 가득해 운치가 있고 또 근사한 한라산 풍경을 눈에 담기 좋다. 이 봉우리에서 이어지는 북동쪽 봉우리가 삼나무 빽빽한 좌보미 정상이다. 정상에서 남서쪽으로 5분 거리에 전망대가 따로 있다. 아기자기하고 다양한 좌보미오름의 전경을 한눈에 담기 좋다.

Trekking Map 좌보미오름 탐방 지도

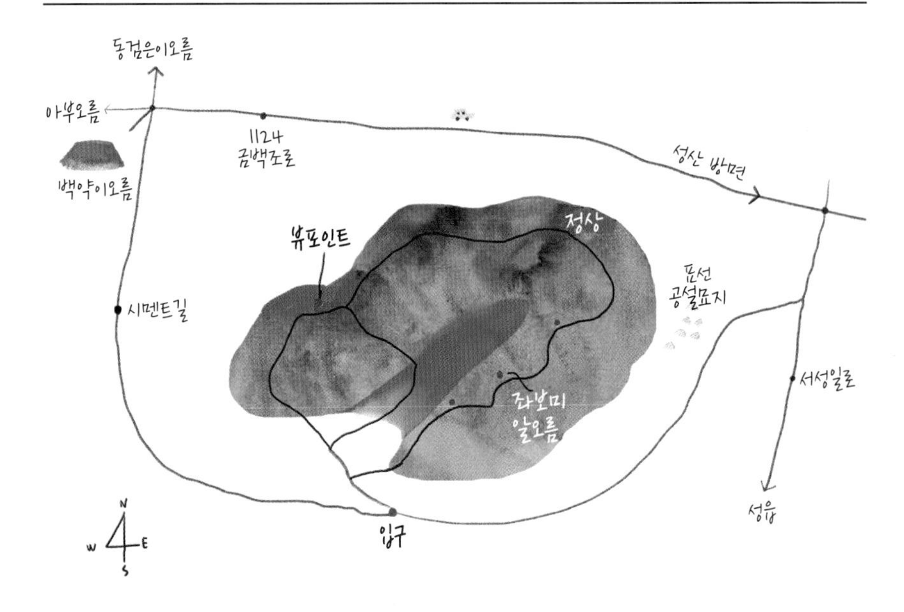

Trekking Tip 좌보미오름 오르기

❶ 오름 입구 오름 남쪽에 있다. 백약이오름 버스 정류장에서 내려 주차장을 끼고 시멘트 길로 접어들어 2km 정도 이동하면 된다.

❷ 트레킹 코스 큰 봉우리 다섯 개를 순서대로 트레킹한다. 다 돌아보는데 1시간 15분 남짓 걸린다.

❸ 준비물 트레킹화, 등산 스틱, 모자, 선크림, 선글라스, 생수

❹ 유의사항 잡초가 무성한 곳이 많으므로 목이 긴 양말을 신고 긴 바지를 입는 게 좋다. 여럿이 함께 등반하기를 추천한다.

❺ 기타 편의시설이 없으므로 트레킹 준비를 꼼꼼히 하자. 차는 갓길에 주차해야 한다.

11 비치미오름 횡악

OREUM

360도 오름 파노라마

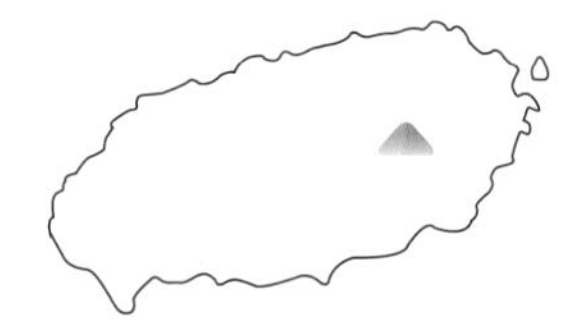

비치미오름은 제주시의 동남쪽 끝자락에 있다. 생김새가 타원형이어서 타원형 횡악橫岳이라 부르기도 한다. 넓은 분화구가 화산 폭발 당시의 위력을 실감케 해준다. 정상에 오르면 칡오름, 선족이오름, 모지오름, 새끼오름, 영주산에서 한라산까지 360도 파노라마 풍경이 펼쳐진다.

- **주소** 제주시 구좌읍 송당리 산 255-1
- **순수 오름 높이** 109m
- **해발 높이** 312m
- **등반 시간** 입구에서 정상까지 편도 15분, 분화구 둘레길 포함 1시간 30분 이내

Travel Tip 비치미오름 여행 정보

인기도 중 접근성 중 난이도 중 정상 전망 상 등반로 상태 중 여행 포인트 정상에서 바라보는 360도 파노라마 뷰
주변 오름 아부오름, 백약이오름, 송당 민오름, 성불오름

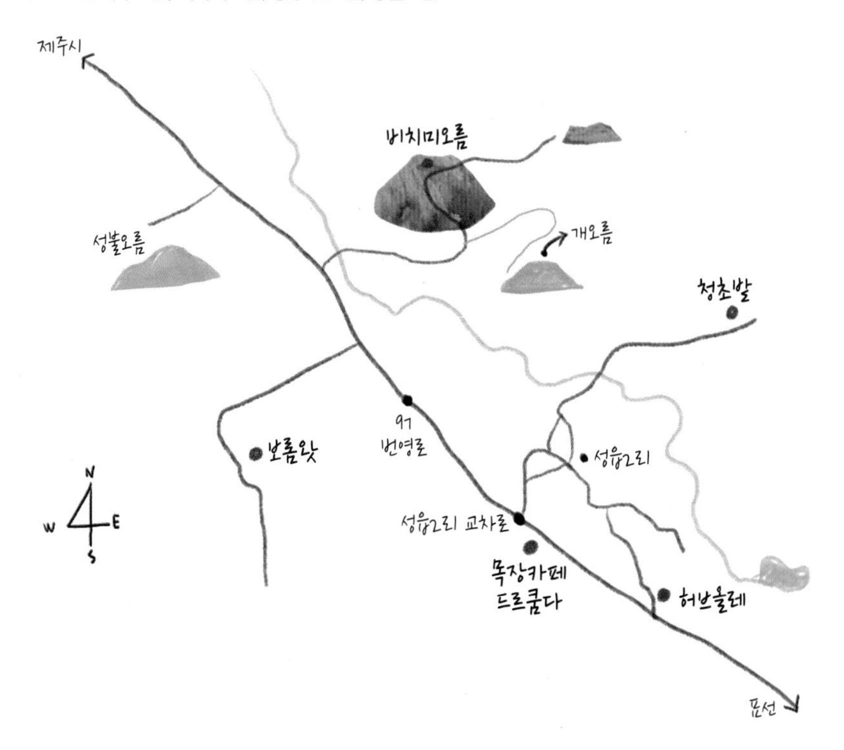

How to go 비치미오름 찾아가기

승용차 내비게이션에 비치미오름 검색. 제주공항에서 51분, 서귀포시에서 1시간, 중문관광단지에서 1시간 7분

콜택시 **김녕콜택시** 064-784-9910 **구좌콜개인택시** 064-783-4994

버스 ❶ 제주국제공항 1번 정류장표선, 성산, 남원 방향 또는 제주버스터미널에서 111, 121번 승차 → 5개 또는 4개 정류장 이동 → 남조로검문소 정류장에서 221번 버스로 환승제주민속촌 방향 → 10개 정류장 이동 후 성연목장 하차 → 도보 833m 이동. 총 1시간 소요

❷ 서귀포버스터미널 또는 서귀포 중앙로터리 (동)정류장 182번 승차 → 8개 또는 7개 정류장 이동 → 교래 입구 하차 → 비자림로 교래 입구에서 222번 버스로 환승 → 16개 정류장 이동→ 성연목장 하차 → 도보 833m 이동. 총 1시간 27분 소요

비치미오름 정상에서 본 선흘민오름

탁 트인 시야, 오름 군락이 한눈에

비치미오름은 작은 오솔길을 사이에 두고 개오름과 마주하고 있다. 길 하나 차이지만 두 오름은 느낌이 사뭇 다르다. 봉긋하게 솟은 개오름은 정상의 면적이 좁은 편이다. 개오름은 행정구역으로 서귀포시의 동북쪽 끝자락에 해당한다. 반대로 비치미오름은 제주시의 동남쪽 끝자락이다. 생김새도 달라서 모양이 넓게 퍼진 타원형이다. 그래서 타원형 횡악橫岳이라 부르기도 한다. 정상은 개오름과 달리 능선이 길고 면적도 넓다. 분화구도 퍽 인상적이다. 넓은 분화구가 화산 폭발 당시의 위력을 실감케 해준다. 비치미오름 가까이에 성불오름, 송당 민오름, 돌리미오름이 있다. 정상에 오르면 칡오름, 선족이오름, 모지오름, 새끼오름, 영주산에서 한라산까지 360도 파노라마 풍경이 펼쳐진다. 비치미오름에 가려면 97번 도로 옆 주차장에 차를 세우고 천미천 다리를 건너, 목장길을 따라 울창한 삼나무 숲 지나야 한다. 길 안내를 해주는 리본을 따라 트레킹을 하면 된다. 등반로를 조성하지 않아 자연 그대로의 모습을 많이 간직하고 있다.

Trekking Map 비치미오름 탐방 지도

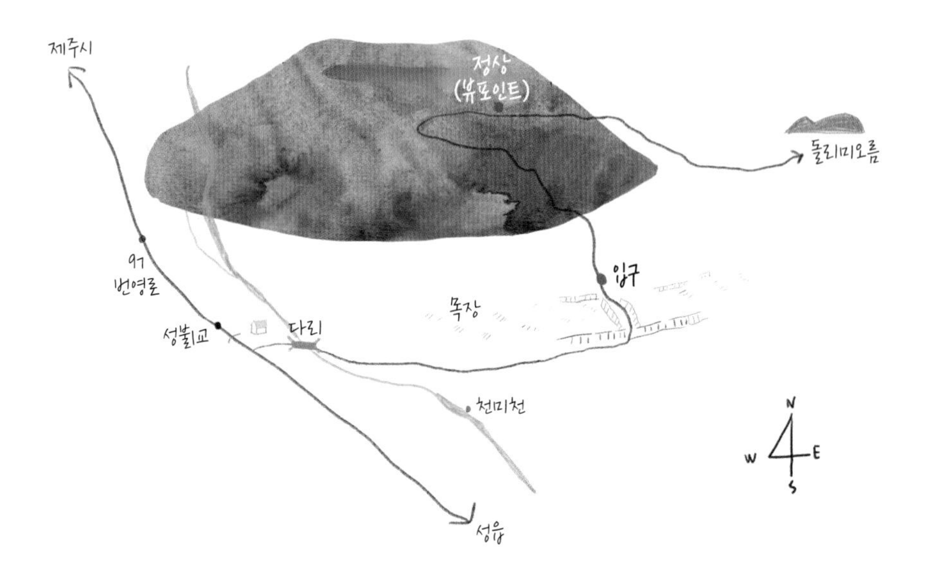

Trekking Tip 비치미오름 오르기

❶ 오름 입구 97번 도로번영로에서 비치미오름으로 들어갈 수 있는 작은 길을 찾아야 한다. 천미천 다리를 지나 목장길을 따라 오름으로 가면 된다. '산불조심' 현수막을 지나면 된다. 천미천 다리 앞에 2~3대 정도 주차할 수 있는 공간이 있다.

❷ 트레킹 코스 삼나무 숲 안으로 들어가 리본과 생수통으로 만든 표식을 따라 정상으로 오른다. 사람의 발길이 만든 자연 생성 등산로를 따라가면 된다. 입구에서 정상까지 15분 안팎 걸린다.

❸ 준비물 등산화, 등산복, 등산 스틱, 장갑 등을 준비하자. 모자, 선글라스, 음료수도 필수 준비물이다.

❹ 유의사항 자연 생성된 터라 등산로가 거친 편이다.

❺ 기타 비치미오름, 개오름, 성읍리 영주산까지 이어지는 트레킹 코스도 추천한다.

HOT SPOT

보롬왓

서귀포시 표선면 번영로 2350-104(표선면 성읍리 3229-4) 010-7362-2345 09:00~18:00
₩ 입장료 1,000원~3,000원 **편의시설** 주차장, 카페, 정원, 잔디밭 **인스타그램** boromwat_
비치미오름 주차장에서 서남쪽으로 자동차로 4~5분

오름 옆 천상의 화원

드라마 〈도깨비〉를 보았는가? 새하얀 꽃이 바람에 흔들리던 환상 풍경을 기억하는가? 소금을 뿌린 듯 새하얀 메밀꽃이 핀 이 멋진 장면을 보롬왓에서 찍었다. '보롬'은 제주어로 바람이라는 뜻이다. '왓'은 밭과 언덕을 뜻하는 제주 사투리다. 표준어로 풀면 '바람이 부는 언덕'이라는 의미다. 봄부터 가을까지, 보롬왓엔 꽃의 향연이 펼쳐진다. 유채, 청보리, 메밀꽃, 튤립, 라벤더, 수국, 핑크뮬리, 다시 메밀꽃, 맨드라미, 메리골드! 계절이 바뀔 때마다 형형색색 꽃이 앞다투어 피어난다. 매월 개화하는 꽃은 인스타그램에서 확인할 수 있다. 꽃만 피어나는 게 아니다. 염소, 닭, 양, 소 등 동물 친구들이 여행자를 반긴다. 아이들에게 인기 최고인 깡통 열차가 30분 간격으로 넓고 푸른 잔디밭을 달린다. 카페에선 커피와 음료는 물론 담백한 빵과 라벤더 아이스크림도 즐길 수 있다. 천상의 화원에도 겨울이 온다. 그러나 꽃이 다 졌다고 걱정할 필요는 없다. 겨울엔 화원 가득 눈꽃이 피어난다. 바람이 부는 언덕은 그대로 설국이고, 그대로 겨울 왕국이다.

목장카페 드르쿰다

서귀포시 표선면 번영로 2454(성읍리 2873) 064-787-5220
09:00~18:00(연중무휴) 주차 가능 비치미오름 주차장에서 남쪽으로 자동차로 3분

목장 체험 카페

어린이를 동반한 가족여행이라면, 또는 연인끼리 커플 여행이라면 한 번쯤은 가볼 만한 동부 중산간 동네의 핫 플레이스다. 목장체험을 제공하는 카페로 승마와 카트도 경험할 수 있다. 목장을 수 놓은 아름다운 조형물과 환상의 날씨를 배경으로 인생 사진도 남겨보자.

HOT SPOT

청초밭

서귀포시 표선면 성읍이리로57번길 34(성읍리 2497)

064-787-7811

10:00~18:00(연중무휴)

입장료 3,000원~5,000원 (오픈 전기차 1시간 대여 10,000원)

비치미오름 주차장에서 남동쪽으로 자동차로 7~8분

오름이 둘러싼 국내 최대 유기 농장

국내 최대 유기농 축산 농장이다. 남북으로 8km, 동서로 4km, 전체 면적이 270만 평이다. 오름과 산이 병풍처럼 둘러싼 곳에서 닭, 돼지, 젖소와 같은 동물과 당근, 무, 배추 등 36가지 농작물이 자란다. 농장 주변으로 백약이오름, 좌보미오름, 개오름, 비치미오름, 영주산이 병풍처럼 둘러싸고 있다. 유채밭 산책, 녹차 페스티벌, 힐링 체험, 메밀밭 산책, 동물 먹이 주기 체험 등 봄부터 가을까지 다양한 축제와 체험행사에 참여할 수 있다. 전동 오픈카를 대여해 목장을 돌아보는 색다른 재미도 경험할 수 있다.

CAFE

허브올레

제주시 표선면 번영로 2543-5(성읍리 2669)

0507-1384-7447

10:00~18:00(월요일 휴무)

주차 가능

비치미오름 주차장에서 남쪽으로 자동차로 6분

허브 테마 카페

비치미오름과 목장카페 드르쿰다 남쪽에 있다. 직접 키운 허브로 만든 제품을 판매하는 카페이다. 아로마, 라벤더 등 달콤한 향이 여행자를 맞이한다. 허브차는 기본이고, 매주 토요일엔 향수, 샴푸, 로션, 방향제 만들기 체험도 가능하다. 농장 투어와 허브 채취 체험도 할 수 있다. 허브에 관한 모든 것이 여기 있다.

12 개오름 개악

OREUM **목장길 따라 낭만적인 오름 여행**

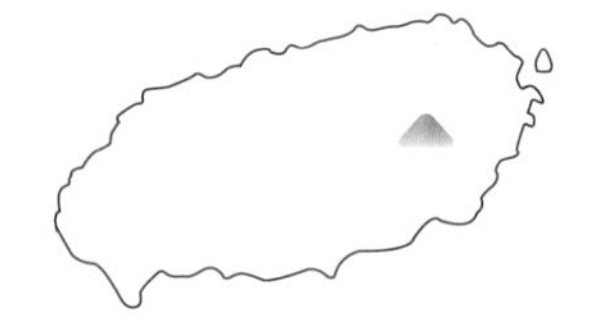

- 주소 서귀포시 표선면 성읍이리로57번길 162
- 순수 오름 높이 130m
- 해발 높이 345m
- 등반 시간 40분

개오름은 표선면 성읍2리 목장지대에 있다. 푸른 초원, 분화구를 품은 독특한 오름, 맑은 하늘……. 눈이 저절로 시원해진다. 목장길 따라 걷는 일이 퍽 낭만적이다. 정상에 서면 쉽게 내려올 수 없다. 제주의 남동쪽 풍광이 내려가려는 당신의 발길을 자꾸 잡는다.

Travel Tip 개오름 여행 정보

인기도 중 접근성 중 난이도 중 정상 전망 중상 등반로 상태 중 편의시설 주차장

여행 포인트 성읍2리에서 개오름까지 이어지는 목장길 산책, 정상 전망 주변 오름 비치미오름

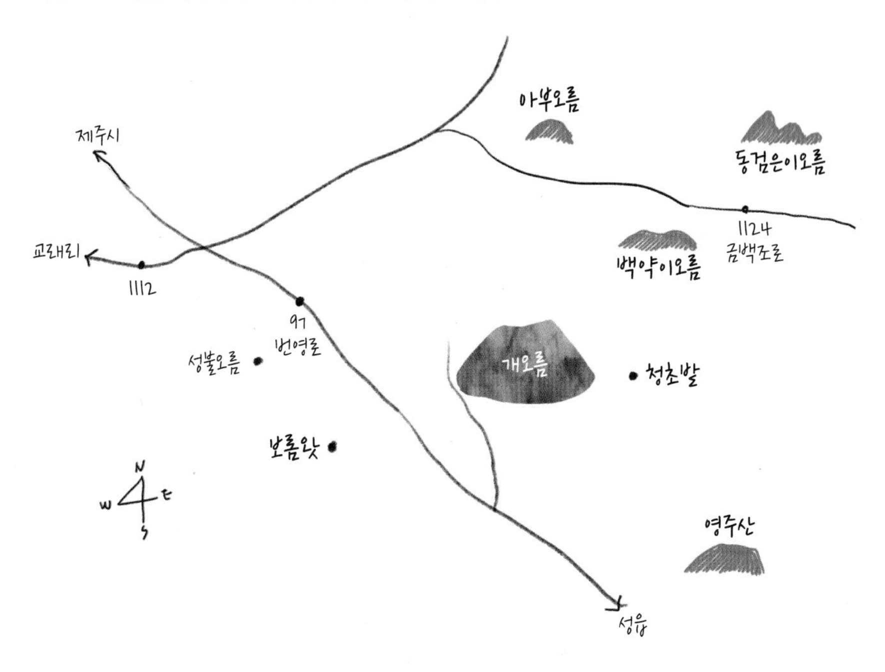

How to go 개오름 찾아가기

승용차 내비게이션에 '개오름' 검색 → 제주공항에서 43분, 중문관광단지에서 1시간 7분 소요

콜택시

성산읍 **동성콜택시** 064-782-8200 **성산월드호출택시** 064-784-0500 **성산포호출개인택시** 064-784-3030

구좌읍 **김녕콜택시** 064-784-9910 **구좌콜개인택시** 064-783-4994

표선면 **표선24시콜택시** 064-787-3787 **표선호출개인택시** 064-787-2420

버스 ❶ 제주국제공항 1번 정류장표선,성산,남원 방향 또는 제주버스터미널에서 111, 121, 131번 승차 → 4개 또는 3개 정류장 이동 → 봉개동 정류장에서 221번 버스로 환승 → 18개 정류장 이동 → 표선면 충혼묘지 정류장 하차 → 개오름까지 1.7km 25분 이동. 총 1시간 20분 소요

❷ 서귀포버스터미널 정류장 또는 서귀포시 중앙로터리 정류장에서 101번 승차 → 5개 또는 4개 정류장 이동 → 표선환승정류장표선리사무소 하차 후 표선환승정류장표선면사무소까지 4분 이동 → 221, 222번 승차 후 20개 정류장 이동 → 표선면 충혼묘지 정류장 하차 → 개오름까지 1.7km 25분 이동. 총 1시간 35분 소요

이름으로 평가하지 마세요!

97번 도로 번영로의 성읍2리입구 교차로에서 성읍2리 마을로 들어가 주택가를 지나면 넓은 초원 지대가 나타난다. 이 목장지대부터 개오름의 정취가 시작된다. 길에 서서 서쪽부터 동쪽으로 고개를 돌리면 성불오름, 비치미오름, 개오름이 차례로 시야에 들어온다. 푸른 초원, 분화구를 품은 독특한 오름, 맑은 하늘……. 눈이 저절로 시원해진다. 개오름에 닿기 전부터 눈이 호강이다. 성읍2리에 차를 세우고 이 길부터는 걸어가길 권한다. 목장길 따라 걷는 게 퍽 낭만적이다. 한 20분 즐겁게 산책을 하고 나면 이윽고 오름 입구에 닿는다. 오름을 설명하는 안내판이 보인다. 덮을 개蓋를 써서 개오름이라고 한다. 성읍 주민과 그의 충견에 관해 전해지는 이야기 때문에 '개오름'이라는 설명도 있다. 이러나저러나 오름 이름과 아름다운 정취는 별 관계가 없어 보인다. 오름 입구에서 정상까지는 30분 정도 걸린다. 정상에 서면 쉽게 내려올 수 없다. 제주의 남동쪽 풍광이 내려가려는 당신의 발길을 잡는다. 이름으로 오름을 평가하면 안 된다고, 개오름 풍광이 말해주는 것 같다. 오름 북쪽은 비치미오름, 동쪽은 우리나라에서 가장 큰 유기농 목장 청초밭이다.

Trekking Map 개오름 탐방 지도

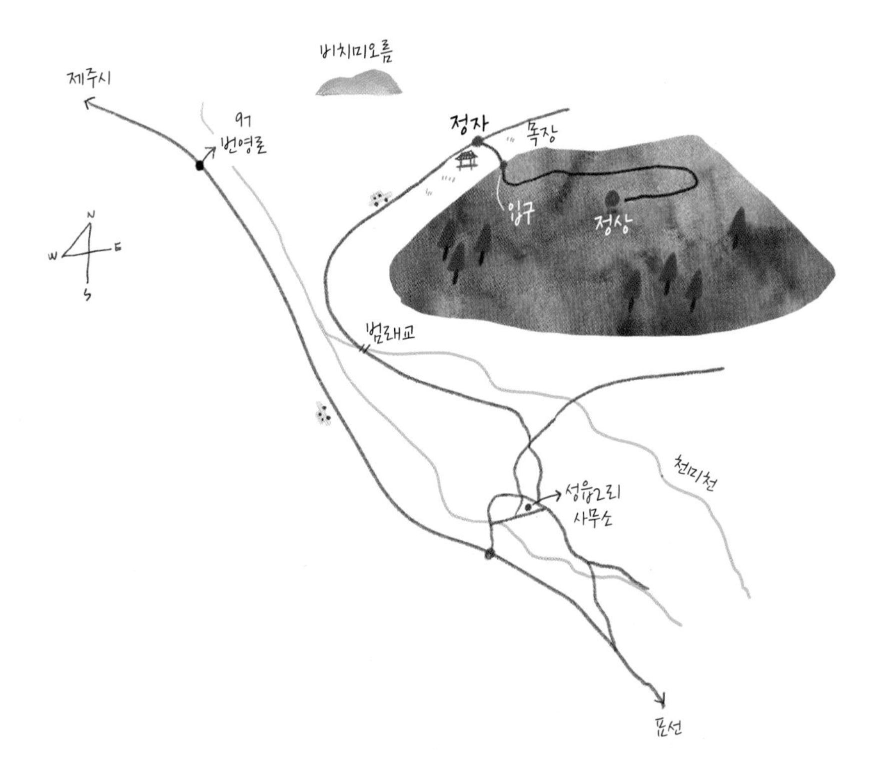

Trekking Tip 개오름 오르기

❶ 오름 입구 오름 북쪽에 있다. 성읍2리 지나 청초밭 입구에서 왼쪽 길로 접어들어 4~5분 달리면 정자와 주차장이 나온다.

❷ 트레킹 코스 정자에서 풀밭을 지나 오름으로 들어가면 정상으로 가는 길과 둘레길이 나온다. 정상은 편도 30분, 들레길은 약 2km로 한 바퀴 도는 데 한 시간쯤 걸린다.

❸ 준비물 트레킹화, 등산 스틱, 모자, 선크림, 선글라스, 생수

❹ 유의사항 잡초가 무성한 곳이 있으므로 목이 긴 양말을 신고 긴 바지를 입는 게 좋다.

TIP 주변 핫스폿과 카페는 224쪽 비치미오름을 참고하세요.

13 영주산

OREUM 수국이 아름다운 말굽형 분화구

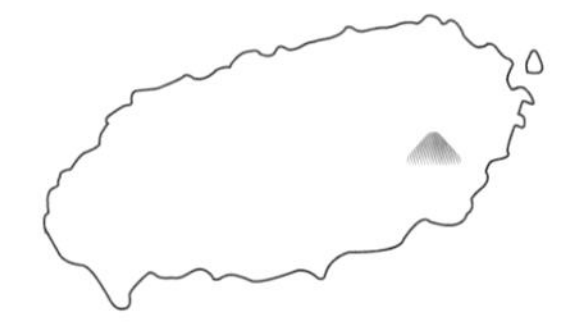

영주산은 높은 산은 아니지만, 제주 동부의 너른 땅과 숱한 오름, 멀리 바다까지 넉넉하게 품었다. 6월이 되면 수국이 예쁘게 피어 여행자를 반겨준다. 분화구 둘레길 서쪽 정상에 오르면 동부 벌판을 가득 채운 오름과 성산일출봉, 우도 그리고 쪽빛 바다가 손에 잡힐 듯 다가온다.

- **주소** 서귀포시 표선면 성읍리 산 18-1
- **순수 오름 높이** 176m
- **해발 높이** 323.3m
- **등반 시간** 입구에서 정상까지 40분, 둘레길 1시간

Travel Tip 영주산 여행 정보

인기도 상 접근성 중 난이도 중 정상 전망 상 등반로 상태 중 편의시설 주차장 여행 포인트 한라산과 제주 동부의 광활한 풍경 즐기기, 영주산이 품은 숲, 꽃, 바람, 하늘 마음껏 즐기기 주변 오름 비치미오름, 개오름, 따라비오름

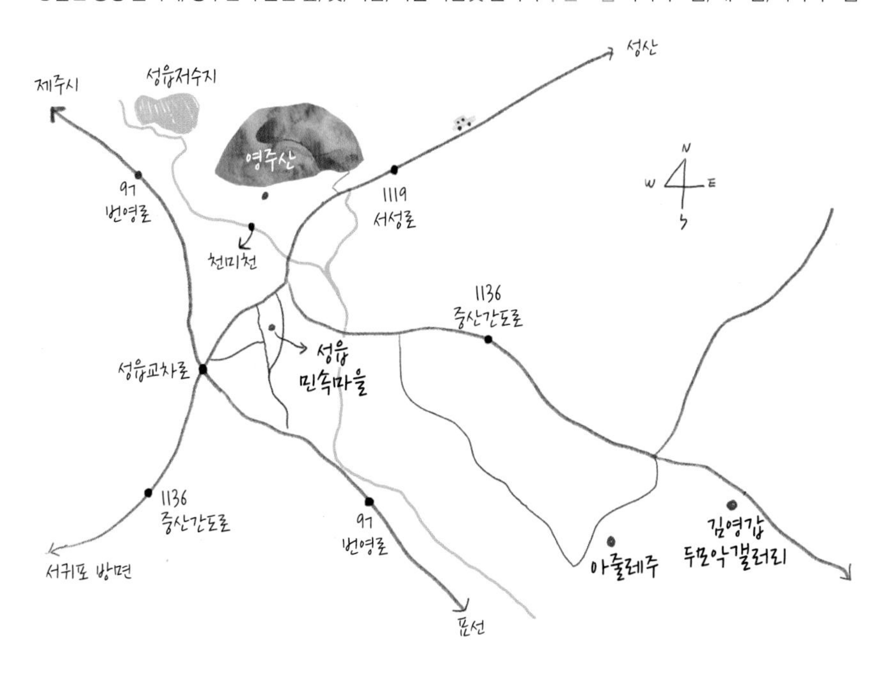

How to go 영주산 찾아가기

승용차 내비게이션에 '영주산' 찍고 출발. 제주공항에서 45시간, 중문에서 1시간, 서귀포에서 45분 소요

콜택시

성산읍 **동성콜택시** 064-782-8200 **성산월드호출택시** 064-784-0500 **성산포호출개인택시** 064-784-3030

표선면 **표선24시콜택시** 064-787-3787 **표선호출개인택시** 064-787-2420

버스 ❶ 제주공항 1번 정류장표선·성산·남원 방향 또는 제주버스터미널에서 121번 승차 → 7개 또는 6개 정류장 이동 → 성읍환승정류장성읍1리사무소 하차 → 성읍1리 정류장까지 도보로 8분 이동 후 721-3번 버스로 환승 → 2개 정류장 이동 → 영주산 정류장 하차 → 도보 9분 이동. 총 1시간 15분 소요

❷ 서귀포버스터미널 또는 서귀포시 중앙로터리 (동)정류장에서 101번 승차 → 4개 또는 3개 정류장 이동 → 표선환승정류장표선리사무소 하차 → 도보로 178m 이동 → 표선환승정류장표선면사무소에서 221, 222번 버스로 환승 → 14개 정류장 이동 → 성읍1리 정류장 하차 후 도보 1.5km, 20분 이동. 총 1시간 15분 소요

너른 대지와 푸른 바다를 품었다

성읍마을은 표선에서 제주 동부 오름으로 가는 관문이자 베이스캠프이다. 영주산, 백약이오름, 동거문오름, 아부오름, 용눈이오름 같은 크고 작은 오름이 보초 서듯 성읍을 지키고 있다. 이들 오름 가운데 영주산이 성읍마을에서 가장 가깝다. 영주산은 한라산의 옛 이름이기도 하다. 그래서 제주 사람들은 영주산을 한라산만큼이나 신성하게 여긴다. 영주산은 높은 산은 아니지만 품이 넉넉하여 제주의 땅과 사람, 숱한 오름과 바다까지 품은 오름이다. 비스듬히 경사가 진 풀밭이 중턱 능선까지 넓게 펼쳐져 있다. 풀밭 등성이를 지나면 분화구 둘레길을 따라 나무 계단이 정상까지 이어진다. 해마다 6월이 되면 나무 계단 양옆으로 수국이 예쁘게 피어 여행자를 반겨준다. 중턱 즈음 가면 분화구가 눈에 들어오는데, 사발 모양이 아니라 말굽형 분화구이다. 분화구 둘레길 서쪽 정상 부근 능선에 오르면 제주 동부 벌판을 가득 채운 오름과 언제나 아름다운 성산일출봉, 우도 그리고 쪽빛 바다가 그림처럼 펼쳐져 있다.

Trekking Map 영주산 탐방 지도

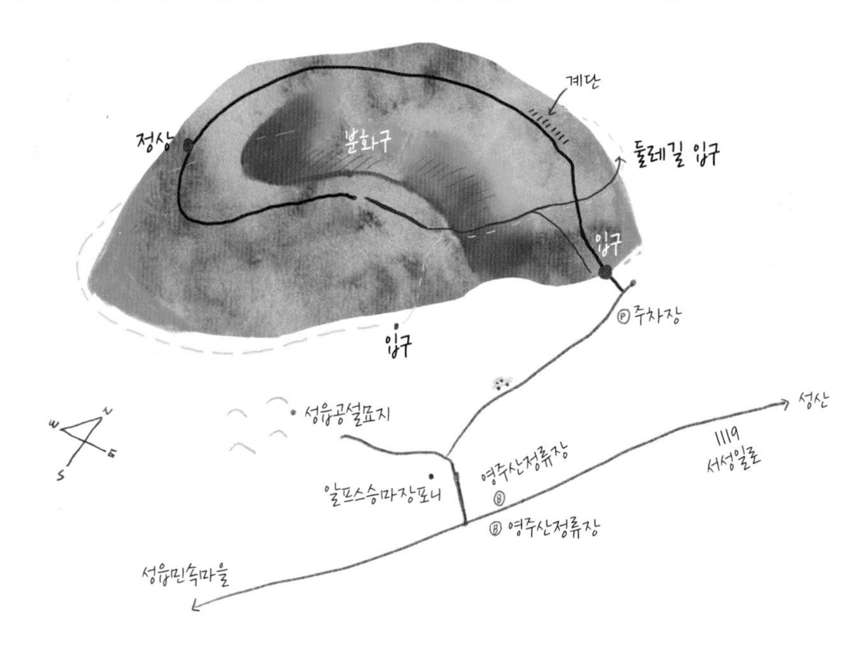

Trekking Tip 영주산 오르기

❶ 오름 입구 오름 동쪽에 주차장과 입구가 있다.

❷ 트레킹 코스 오름 입구 주변은 아름답고 이국적인 초원이다. 초원길을 따라 올라가다 보면 말굽형 분화구가 눈에 들어온다. 분화구 북서쪽의 정상까지 갔다가 다시 돌아 나오는 코스로 트레킹하면 된다. 입구에서 정상까지 30분 정도 소요. 트레킹을 더 즐기고 싶으면 정상까지 갔다가 내려와 영주산 둘레길 코스를 돌면 된다. 둘레길은 1시간 정도 소요된다.

❸ 준비물 등산화, 모자, 선크림, 선글라스, 생수

❹ 유의사항 중턱 이후로는 경사가 심한 울창한 숲길이다. 긴 바지, 트레킹화를 준비하자.

❺ 기타 둘레길 코스는 동행과 함께 걷자. 편의점이나 음식점 등은 성읍민속마을 이용

HOT SPOT

성읍민속마을

서귀포시 표선면 성읍정의현로 22길 9-2 064-787-1179 ₩ 무료 영주산에서 자동차로 5분

조선 시대 제주 사람들은 어떻게 살았을까?

조선 시대 정의현의 읍성과 현청이 있던 마을이다. 500년이 넘는 기간 정의현의 중심가였다. 현무암과 억새를 사용하여 만든 제주전통 가옥이 아직도 보존되어 있으며 실제 주민들이 거주하고 있다. 마을 전체가 국가지정 민속문화재이다. 마을에 가면 남문 앞을 지키는 돌하르방 먼저 구경하자. 푸짐하고 인상 좋고 익살스럽고 조금 험상궂고……. 돌하르방이 다 다르고 하나하나 표정이 살아있어서 퍽 인상적이다. 생동감 있고, 표정이 풍부해 구경하는 재미가 있다. 제주의 수많은 돌하르방의 원형이 아닐까, 하는 생각이 든다. 성읍민속마을엔 수백 년이 넘은 고목이 곳곳에서 자라고 있다. 고목은 사시사철 조용히 서서 만만치 않은 성읍마을의 역사를 소곤소곤 들려준다. 고목뿐 아니라 돌과 읍성, 올레길이 어우러져 있어서 마을을 산책하는 즐거움이 남다르다. 옛 객주와 신당, 연자방아도 구경할 수 있으며, 차와 음식도 먹을 수 있다. 원하면 문화관광해설사의 설명을 들으며 마을을 돌아볼 수 있다.

ⓒ제주도청

HOT SPOT

김영갑 갤러리 두모악

서귀포시 성산읍 삼달로 137
064-784-9907
09:30~18:00
(11~2월 09:30~17:00, 월요일·신정·설날·추석 휴무)
₩ 3,000원~5,000원
영주산에서 자동차로 9분

서정시 같은 풍경 사진

사진가 김영갑이 남긴 제주의 자연을 만날 수 있다. 김영갑은 제주의 바람, 구름, 오름에 빠져 육지 생활을 청산하고 제주에 뿌리내렸다. 그는 갤러리를 만들면서 한라산의 옛 이름에서 따다 두모악이라 이름 지었다. 그가 남긴 중산간 오름 풍경은 하나하나가 한 편의 서정시 같다. 맑아서 아름답고, 아름다워서 슬프다. 김영갑 갤러리는 올레 3코스에 포함되어 있어 잠시 호젓한 시간을 즐기기도 좋다. 김영갑은 용눈이오름의 곡선을 특별히 사랑했다.

CAFE

아줄레주

서귀포시 성산읍 신풍하동로19번길 59
010-8518-4052
11:00~19:00(화요일 휴무)
영주산에서 자동차로 12분

중산간의 핫플 카페

서귀포 동부 지역의 인기 카페이다. 성산읍의 한적한 중산간에 있다. 카페 건물이 심플하지만 매력적이다. 멀리서 보면 포르투갈 어느 시골 마을의 아담한 교회당 같다. 카페 이름에서부터 포르투갈 냄새가 폴폴 풍긴다. 실제로 포르투갈의 타일 벽화 아줄레주를 건물 외벽에 적극적으로 수용했다. 다만, 포르투갈의 아줄레주에 비해 절제미를 보여준다. 실내는 미니멀리즘과 빈티지 느낌이 동시에 풍긴다. 창을 많이 내 제주 감성이 짙은 중산간 풍경을 감상하기 좋다. 아줄레주의 시그니처 메뉴는 에그타르트다. 건물과 메뉴에서 포르투갈 느낌이 물씬 풍긴다.

14 따라비오름

OREUM 억새가 파도처럼 물결친다

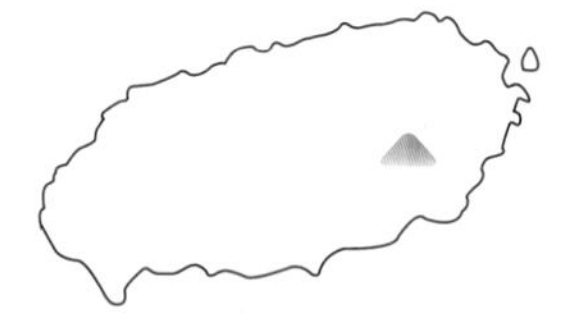

제주 동부의 중산간 표선면 가시리에 있다. 따라비의 진면목은 정상에서 만날 수 있다. 정상은 온통 억새밭이다. 가을마다 햇빛을 받은 황금빛 억새가 바람 따라 파도처럼 물결친다. 다른 계절도 아름답지만, 가을엔 특히 따라비가 정답이다.

- **주소** 제주시 표선면 가시리 산63
- **순수 오름 높이** 107m
- **해발 높이** 342m
- **등반 시간** 입구에서 정상까지 약 5분, 분화구 둘레길 15~20분정상은 분화구 남동쪽에 있다, 따라비오름 둘레길 1시간

Travel Tip 따라비오름 여행 정보

인기도 중 접근성 하 난이도 중 정상 전망 중 등반로 상태 중 편의시설 주차장

여행 포인트 가을 억새 즐기기, 세 개의 분화구의 오묘한 조화 주변 오름 영주산, 큰사슴이오름

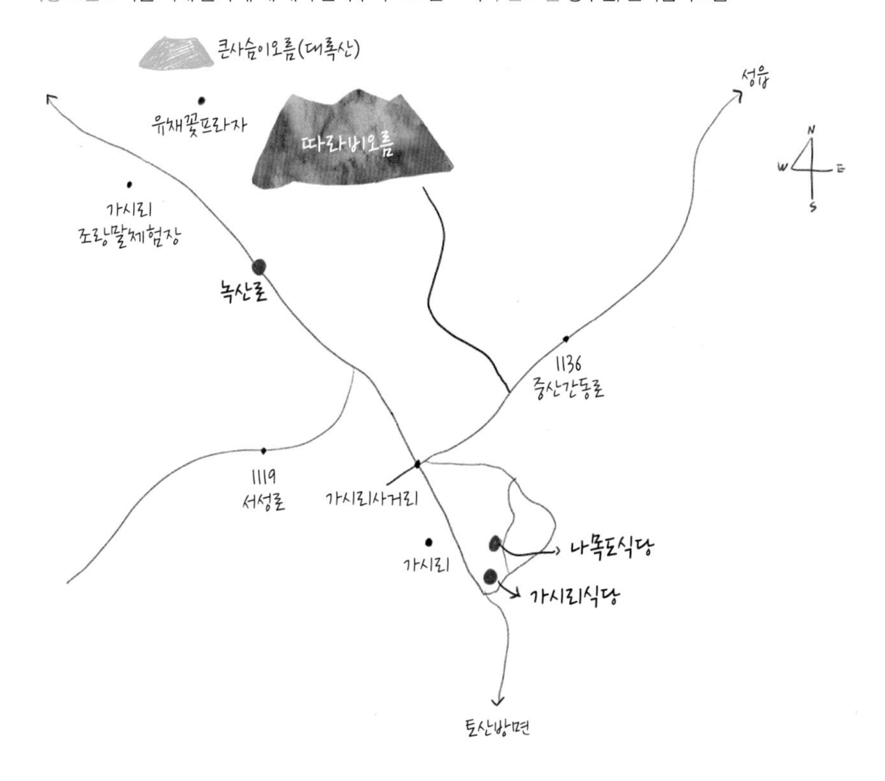

How to go 안돌오름 찾아가기

승용차 내비게이션에 '따라비오름' 찍고 출발. 제주공항에서 1시간, 중문에서 56분, 서귀포에서 50분 소요.

콜택시 **표선24시콜택시** 064-787-3787 **표선호출개인택시** 064-787-2420

버스 ❶ 제주공항 표선·성산·남원 방향 1번 정류장 또는 제주버스터미널에서 121번 버스 승차 → 7개 또는 6개 정류장 이동 → 성읍환승정류장성읍1리사무소 하차 → 222, 732-1번으로 환승 → 가시리 정류장 하차 → 도보로 2.8km 이동. 총 2시간 소요

❷ 서귀포버스터미널 또는 서귀포 중앙로터리 (동)정류장에서 182번 승차 → 7개 또는 6개 정류장 이동 → 교래입구 정류장 하차 → 비자림로 교래 입구 정류장으로 70m 이동 → 222번으로 환승 후 29개 정류장 이동 → 가시리 정류장 하차 → 도보로 2.8km 이동. 총 2시간 10분

뒷모습이 더 아름답다

따라비는 서귀포시 표선면 가시리에서 북서쪽으로 3km 지점에 있다. '따라비'라는 이름이 독특하다. 주변에 모지오름, 장자오름, 새끼오름 등이 있는데 이 오름을 거느리고 있는 가장이라 하여 '따애비' 혹은 '땅하래비'라 불리다가 '따라비'가 되었다. 따라비의 첫인상은 평범한 편이다. 따라비의 진면목은 정상에서 만날 수 있다. 정상은 온통 억새밭이다. 가을엔 황금빛 억새가 봉우리 전체에 물결친다. 따라비에는 세 개의 분화구가 있는데, 굼부리마다 억새들이 가득 차 파도처럼 일렁인다. 인상적인 것은 세 분화구의 오묘한 조합이다. 곡선의 아름다움을 보여주는 능선이 굼부리와 따라비에 딸린 알오름을 하나의 유기체로 만들어 준다. 따라비의 아름다움을 보고 싶으면 새끼오름이 있는 북쪽으로 가보자. 따라비의 뒷모습을 볼 수 있는 그곳에서 바라보면 세 개의 분화구가 만들어낸 곡선이 이리저리 흘러 다닌다. 여러 개의 봉우리로 나뉘었다가 다시 하나로 합쳐지는 마술 같은 모습을 보고 있으면, 거대한 산수화 한 폭을 감상하고 있는 기분이 든다.

Trekking Map 따라비오름 탐방 지도

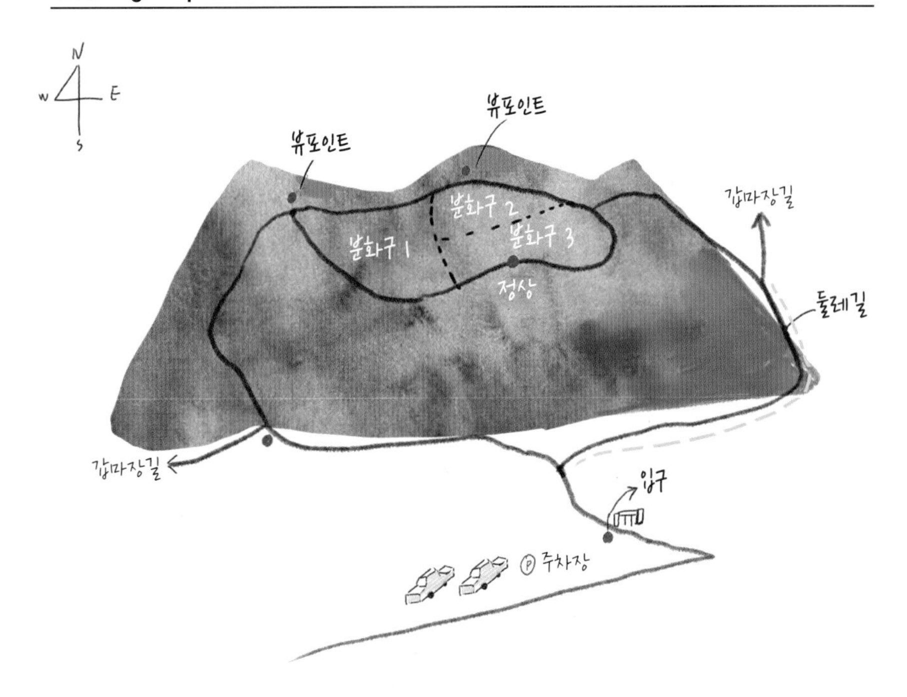

Trekking Tip 따라비오름 오르기

❶ 오름 입구 오름 남동쪽, 주차장 부근에 있다.

❷ 트레킹 코스 입구에서 조금 가면 갈림길이 나오는데, 양쪽 길 모두 따라비오름 둘레길이다. 어느 쪽으로 가든 정상부의 분화구 둘레길과 연결된다. 따라비오름 정상은 분화구 둘레길 남동쪽에 있다.

❸ 준비물 운동화, 모자, 선크림, 선글라스, 생수

❹ 유의사항 분화구 둘레길 능선에는 그늘이 없어 뙤약볕이 심한 여름 한낮에는 트레킹 하기 힘들다.

❺ 기타 가시리 정류장이 있는 가시리 사거리에 편의점이 있다.

HOT SPOT

녹산로

서귀포시 표선면 녹산로 381-15(가시리 3149-33) 따라비오름에서 자동차로 13분

유채와 벚꽃길을 달리는 환상 드라이브

녹산로는 서귀포시 표선면 가시리 사거리에서 제주시 조천읍 교래리 제동목장 동쪽 입구 교차로까지 이어지는 10km 남짓한 도로이다. 몇 해 전까지 아는 사람만 아는 아름다운 길이었으나 이제는 봄철 드라이브 코스로 제주에서 첫손에 꼽힐 만큼 유명해졌다. 애월해안도로, 해맞이해안로, 노을해안로, 종달리수국길, 형제해안로, 비자림로……. 제주에 아름다운 드라이브 코스가 많지만 매년 봄철만 되면 그 아름다운 모든 도로가 녹산로 앞에 고개를 숙인다. 3월 말과 4월 초, 녹산로 양쪽으로 노란 유채꽃과 팝콘 같은 벚꽃이 앞다투어 피어나는데 노랑꽃과 흰 꽃의 색대비가 탄성이 나올 만큼 환상적이다. 당신은 틀림없이 황홀한 풍경에 매료되어 감탄사를 쏟아낼 것이다. 4월 초 녹산로 옆 조랑말체험공원에서 열리는 유채꽃 축제에도 참여해보자. 사람이 너무 많이 몰려 차가 막힌다면 '미니 녹산로' 알려진 남산봉로로 핸들을 돌리자. 꿈결 같은 벚꽃길이 3.5km 남짓 이어진다.

남산봉로 서귀포시 성산읍 삼달리 2149-6 → 신풍교차로

RESTAURANT

나목도식당

서귀포시 표선면 가시로 613길 60
064-787-1202
09:00~20:00(부정기 휴무)
따라비오름에서 자동차로 9분

저렴하고 맛있는 생고기와 두루치기

돼지 생고기와 두루치기가 대표 메뉴이다. 놀라운 맛과 저렴한 가격으로 가시리에서 유명한 식당이다. 현지인에게 먼저 알려졌으나 점점 여행자들에게 입소문을 타더니 지금은 손님 대부분이 여행자이다. 생갈비는 예약한 손님만 맛볼 수 있다. 생갈비가 동이 났다면 다음으로 좋아하는 부위를 생고기로 주문하자. 두루치기도 맛있다. 남은 양념에 밥을 비벼 철판볶음밥으로 먹거나 부추를 고명으로 총총 썰어 넣은 멸치국수를 후식으로 먹는 것도 별미이다. 나목도식당에서 가까운 곳에 몸국과 두루치기로 유명한 가시식당이 있다.

RESTAURANT

가시식당

서귀포시 표선면 가시로 565길 24
064-787-1035
08:30~20:00
(브레이크타임 15:00~17:00,
설 연휴 둘째 날까지 휴무)
따라비오름에서 자동차로 9분

몸국과 두루치기의 모든 것

가시식당은 표선면에서도 손꼽히는 맛집이다. 몸국과 두루치기가 대표 메뉴이다. 두루치기도 유명하지만, 몸국 식당으로도 인기가 높다. 제주 토속음식 몸국은 처음 먹었을 때 그 맛을 제대로 느끼기가 쉽지 않다. 하지만 가시식당이라면 이야기가 달라진다. 메밀가루를 넣어 걸쭉하게 끓인 육수에 모자반과 큼직하게 썬 돼지고기가 가득하다. 입안 가득 구수함이 퍼지며 쫄깃하게 씹히는 고기 맛이 일품이다. 고추를 썰어 넣은 멜젓멸치젓을 넣으면 맛이 더 개운해진다. 손님이 많아 줄을 서 기다려야 할 때가 많다. 제주시 이도2동에 2호점이 있다.

15 큰사슴이오름 대록산

OREUM 걷는 즐거움과 보는 즐거움을 동시에

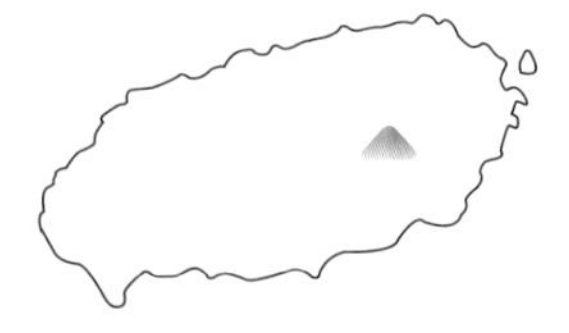

큰사슴이오름은 트레킹의 묘미를 느끼고 최고의 풍경도 만끽할 수 있는 곳이다. 가을에는 억새가 바람 따라 파도 치고, 봄이 오면 노란 유채꽃이 최고의 풍경을 선사한다. 정상의 나무 벤치는 여유롭게 가시리 초원 지대를 감상하는 전망 명당이다.

주소 서귀포시 표선면 가시리 산68
순수 오름 높이 125m
해발 높이 474.5m
등반 시간 오름 입구에서 분화구까지 편도 도보 15분, 분화구 둘레길 30분

Travel Tip 큰사슴이오름 여행 정보

인기도 중 접근성 중 난이도 중 정상 전망 중 등반로 상태 중 편의시설 정석항공관 주차장과 화장실, 유채꽃프라자 화장실 이용 여행 포인트 오름 주변은 가을 억새와 봄 유채가 가득하다. 오름 정상 벤치에서 제주 동부의 광활한 파노라마 풍광를 즐기자. 주변 오름 작은사슴이오름, 영주산, 따라비오름

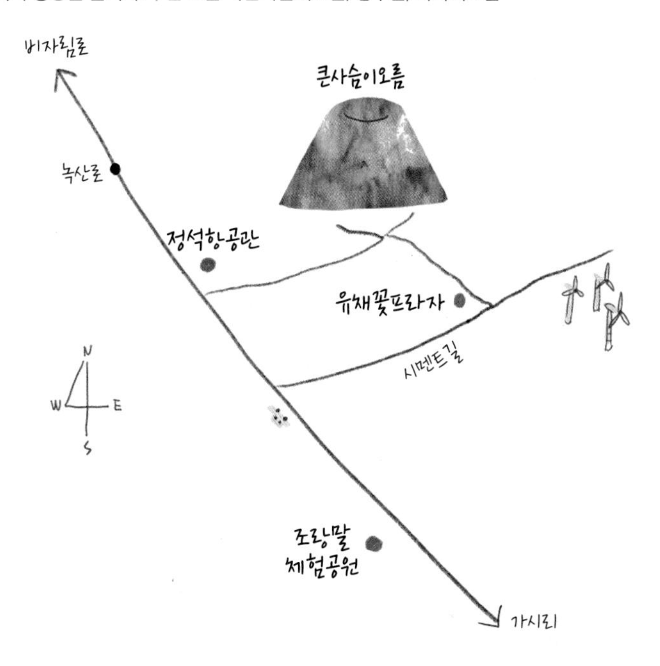

How to go 큰사슴이오름 찾아가기

승용차 내비게이션에 '대록산' 찍고 출발. 제주공항에서 55시간, 중문에서 50분, 서귀포에서 45분 소요

콜택시 **표선24시콜택시** 064-787-3787 **표선호출개인택시** 064-787-2420

버스 ❶ 제주공항 1번 정류장표선·성산·남원 방향 또는 제주버스터미널에서 111번 버스 승차 → 6개 또는 5개 정류장 이동 → 대천환승정류장세화 방향 하차 → 280m 도보 이동하여 대천환승정류장교래 방향에서 810-1번 버스로 환승 → 1개 정류장 이동 → 정석비행장 정류장 하차 → 도보로 1.3km 이동 → 큰사슴이오름 진입로정석항공관 바로 옆 도착. 총 1시간 25분 소요

❷ 서귀포버스터미널 또는 서귀포시 중앙로터리 (동)정류장에서 182번 승차 후 8개 또는 7개 정류장 이동 → 교래입구 정류장 하차 →비자림로 교래입구 정류장까지 90m 이동 후 212, 222번 승차 → 12개 정류장 이동하여 셰프라인 월드 정류장 하차 → 대천환승정정류장까지 344m 이동 후 810-1번 승차 → 1개 정류장 이동 → 정석비행장 정류장 하차 → 도보로 1.3km 이동 → 큰사슴이오름 진입로정석항공관 바로 옆 도착. 총 1시간 45분 소요

봄엔 유채, 가을엔 억새

오름 걷기는 해안 길이 중심인 올레에서 보지 못하는 제주 내륙의 아름다움을 느낄 수 있는 여행이다. 그중에서도 큰사슴이오름은 트레킹의 묘미를 느끼며 최고의 풍경을 만끽할 수 있는 코스이다. 가을에는 큰사슴이오름 주변에 억새가 바람 따라 파도치고, 봄이 오면 노란 유채꽃이 만발하여, 여행자에게 최고의 풍경을 선사한다. 큰사슴이오름 진입로는 정석항공관 바로 옆에 있다. 진입로에서 큰사슴이오름 입구까지는 20~25분 정도 걸어야 한다. 억새가 가득한 혹은 유채가 가득한 들판을 만끽하기 좋다. 입구에서 분화구까지는 나무 계단이 놓여 있어 편히 걸을 수 있다. 정상에는 나무 벤치가 있어 전망을 감상하며 쉬어 가기 좋다. 정상은 분화구 남동쪽에 있다. 사슴이 많이 살고 있어, 혹은 오름 모양새가 사슴 같다 하여 큰사슴이라 불린 이 오름은, 대록산이라고도 불린다. 큰사슴이 서쪽에는 새끼처럼 작은사슴이오름소록산이 붙어 있다. 봄이 되면 큰사슴이오름 일원에서 〈대록산봄꽃축제〉가 열린다.

Trekking Map 큰사슴이오름 탐방 지도

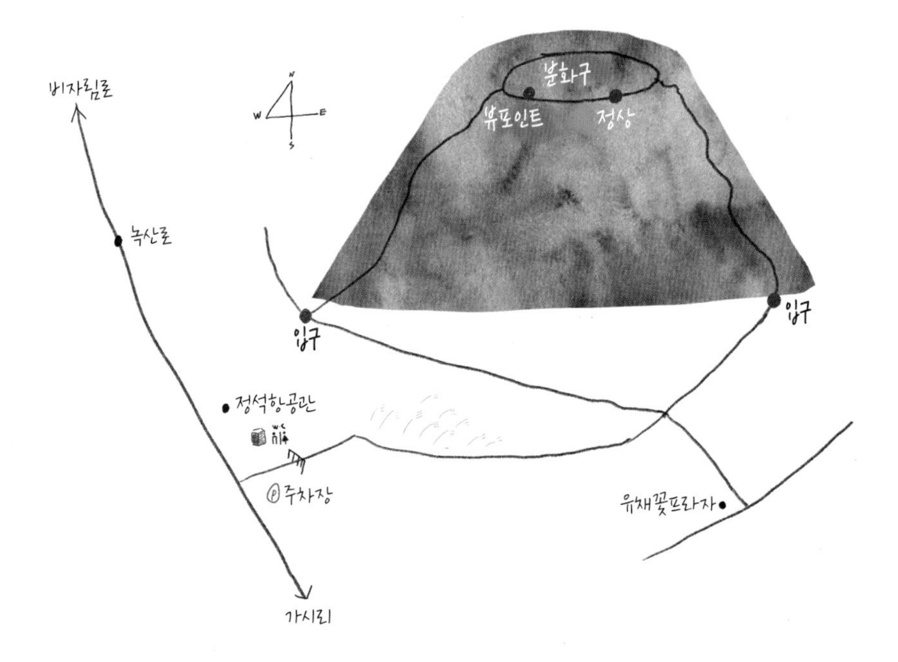

Trekking Tip 큰사슴이오름 오르기

❶ 오름 입구 오름 남서쪽에 있다. 정석항공관 옆 오름 진입로에서 오름 입구까지 도보 25분 거리. 녹산로의 유채꽃프라자 옆 진입로를 이용하면 입구까지 도보 15분 정도 걸린다. 동쪽에도 입구가 있으나 잘 이용하지 않는다.
❷ 트레킹 코스 입구에서 10분 정도 오르면 벤치가 나오고 분화구에 다다른다. 이곳에서 15분 정도 걸으면 오름 정상 지나 갈림길이 나오는데, 대부분 갈림길에서 하산한다. 오름 정상은 갈림길에서 10분 정도 더 걸어가면 분화구 둘레길 남동쪽에 있다.
❸ 준비물 운동화, 모자, 선크림, 선글라스, 생수, 간식
❹ 유의사항 진입로에서 오름 입구까지 꽤 걸어야 한다. 여럿이 함께 걷기 추천

HOT SPOT

조랑말체험공원

서귀포시 표선면 녹산로 381-17 064-787-0960 매일 09:00~18:00 ₩ **조랑말박물관** 3,000원~5,000원 **승마체험** 12,000~100,000원 **만들기 체험** 10,000원 **먹이 주기 체험** 3,000원~5,000원
큰사슴이오름에서 자동차로 8분

말 체험도 하고 유채꽃 구경도 하고

표선면 가시리는 제주 조랑말의 고향이다. 조선 시대부터 왕실에 진상하는 말을 키웠다. 조랑말체험공원은 제주마의 고향 가시리에 있다. 봄마다 유채와 벚꽃이 같이 피어나 환상 풍경을 연출해 주는 녹산로 바로 옆이다. 체험공원 안에는 승마장, 조랑말박물관, 말을 테마로 한 카페 등이 있다. 승마체험, 조랑말 먹이 주기, 말똥 쿠키 만들기, 머그잔 만들기 등을 할 수 있다. 조랑말박물관은 제주의 말에 대한 모든 것을 이해하기 쉽다. 잣성목장 경계용 돌담과 말 관련 유물과 목축문화를 표현한 판화와 민속품, 사진작품 100여 점을 전시하고 있다. 카페에선 공정무역 커피와 제주산 재료로 만든 음료와 빵을 먹을 수 있다. 카페 옥상에서 바라보는 전망이 환상적이다. 4월 초엔 조랑말체험공원에서 유채꽃 축제가 열린다. 축구장 면적 14배에 이르는 유채밭이 눈부시게 펼쳐진다. 풍력 발전기까지 가세하여 환상적인 풍경을 연출한다. 봄마다 유채밭엔 여행자들이 몰려들어 인생 사진을 찍기에 여념이 없다. 여행자들은 하나같이 꽃처럼 환하게 웃는다.

HOT SPOT

정석항공관

서귀포시 표선면 녹산로 554
064-783-9811
09:00~17:00
₩ **입장료** 무료
큰사슴이오름에서 자동차로 5분

어릴 적 꿈을 소환해주는 항공박물관

대한항공에서 운영하는 항공박물관이다. 보잉 747 여객기, 조정실 내부, 시대별 승무원 유니폼, 세계 항공의 역사, 무궁화위성 모형, 제트엔진, 블랙박스 등을 만나볼 수 있다. 서클버전도 인상적이다. 영사기 9대가 360도에서 레이저 빔을 쏴 입체 영상을 만드는데, 세계의 아름다운 풍경을 맘껏 구경할 수 있다. 아이와 함께 여행 중이라면 들러보길 권한다. 입장료가 없으므로 가벼운 마음으로 찾아가자. 특히 4월 초에는 항공관이 있는 녹산로 주변으로 유채꽃이 가득 피어나 제주의 봄을 만끽하고 싶은 여행자에게 환상 풍경을 선물해준다.

HOT SPOT

유채꽃프라자

서귀포시 표선면 녹산로 464-65
0507-1416-1669 큰사슴이오름에서 자동차로 3분

가장 제주다운 풍경 즐기기

초원, 풍력 발전기, 유채꽃과 억새, 한가로이 풀을 뜯는 소와 말……. 유채꽃플라자에 가면 가장 제주다운 풍경을 모두 구경할 수 있다. 카페와 숙소, 세미나실, 음식점 등을 운영하는 복합공간인데, 대록산 남쪽 기슭 언덕 위에 있어서 경치가 아주 좋다. 조랑말체험공원의 유채 꽃밭과 풍력 발전기 그리고 멀리 남쪽 바다까지 한 프레임에 넣을 수 있다. 그뿐이 아니다. 봄엔 유채꽃이, 여름엔 푸른 초원이, 9월이 오면 코스모스가, 10월부터는 거대한 억새밭 물결이 장관을 이룬다. 전망대와 포토존에서 멋진 사진을 얻을 수 있다.

16 지미봉

OREUM **우도와 성산일출봉을 한눈에**

지미봉은 제주 동쪽 끝 종달리를 상징하는 오름이다. 25분 남짓 걸어 정상에 오르면 장관이 펼쳐진다. 중세의 요새 같은 성산일출봉과 쪽빛 바다에 평화롭게 떠 있는 우도가 한눈에 들어오고, 동쪽으로는 한라산과 동부의 오름 군락이 장관을 연출한다.

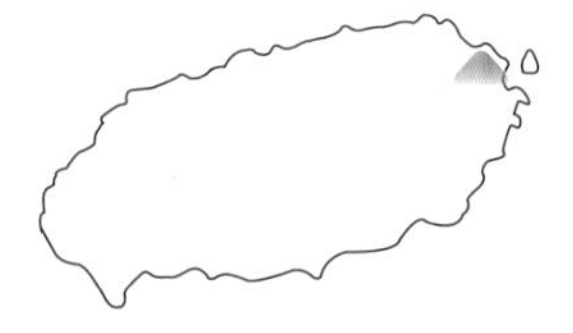

- **주소** 제주시 구좌읍 종달리 산 2
- **순수 오름 높이** 160m
- **해발 높이** 165.8m
- **등반 시간** 편도 25~30분, 둘레길 1시간 소요

ⓒ제주도청

Travel Tip 지미봉 여행 정보

인기도 중 접근성 상 난이도 중 정상 전망 상 등반로 상태 상

편의시설 주차장, 화장실 여행 포인트 정상 뷰, 올레 21코스, 성산일출봉, 종달리 해안도로

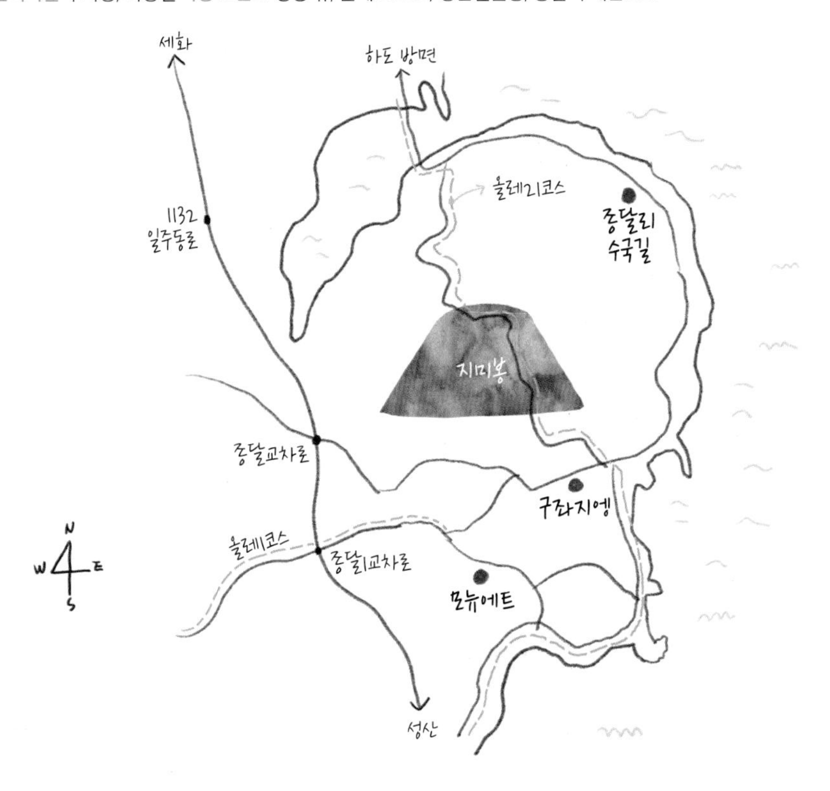

How to go 지미봉 찾아가기

승용차 내비게이션에 '지미봉' 찍고 출발. 제주국제공항에서 1시간, 서귀포시에서 1시간 15분, 중문에서 1시간 35분 소요

콜택시 김녕콜택시 064-784-9910 **구좌콜개인택시** 064-783-4994

버스 ❶ 제주국제공항 2번 정류장에서 101번 승차 → 세화환승정류장 하차 → 711-2번, 201번 버스 환승→ 지미봉 입구 정류장 하차→ 지미봉 입구까지 도보 5분, 400m 이동. 총 1시간 40분 소요

❷ 서귀포 중앙로터리 정류장에서 201번 버스 승차 → 종달리 정류장 하차 → 지미봉 입구까지 도보 25분1.4km 이동. 총 1시간 50분 소요

제주 동부의 전망 명소

옛날 제주 사람들은 한경면 두모리를 섬의 머리, 동쪽 끝 종달리를 꼬리로 여겼다. 그래서 이름도 종달리이다. 종달리는 제주인들에게도 과거에는 생소한 지역이었다. 올레 21코스가 만들어지고 카페와 맛집들이 생겨나면서 관광지로 거듭나고 있다. 지미봉은 종달리를 상징하는 오름이다. 순수 오름 높이가 160m로, 제법 높은 오름에 속한다. 지미봉 등산로는 정상까지 직선으로 나 있다. 계단이 잘 정비되어 있다. 등반로 옆은 나무가 우거져 밖이 잘 보이지 않지만, 정상에 오르면 장관이 펼쳐진다. 종달항과 종달리 앞바다는 손에 잡힐 듯 가까이 다가와 있고, 중세의 요새 같은 성산일출봉과 쪽빛 바다에 평화롭게 떠 있는 우도가 한눈에 잡힌다. 오름 동쪽으로는 한라산과 동부의 오름 군락이 장관을 연출한다. 겨울에는 철새를 심심치 않게 볼 수 있다. 저어새, 도요새, 청둥오리가 겨울마다 터를 잡는 철새도래지가 가까이 있는 까닭이다. 정상의 봉수대 흔적은 이곳이 지리적으로 중요했음을 알려준다. 올레 21코스 마지막 구간이 지미봉을 지난다. 지미봉에서 내려와 20분 남짓 걸으면 21코스 종착지 종달해변이다.

Trekking Map 지미봉 탐방 지도

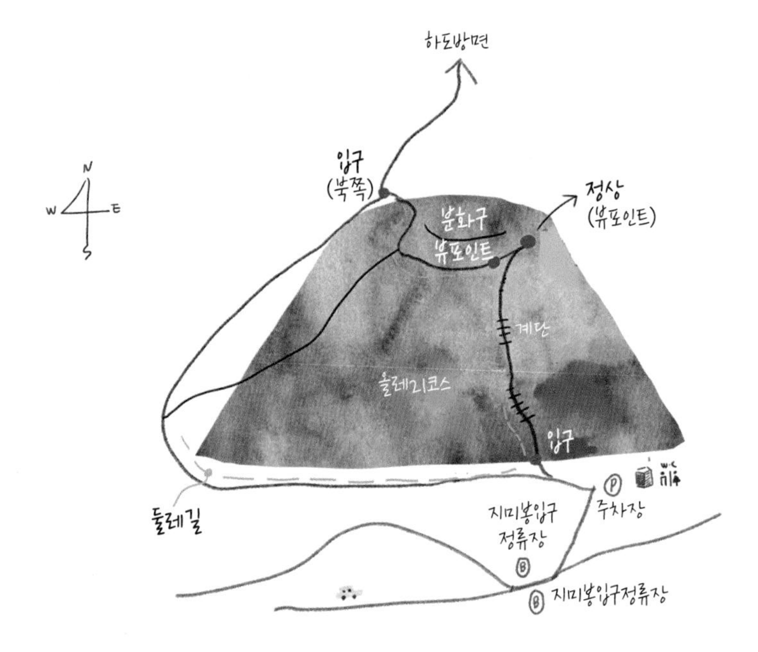

Trekking Tip 지미봉 오르기

❶ 오름 입구 오름 남쪽과 북쪽에 입구가 있다. 주차장은 남쪽 입구 옆에 있다.

❷ 트레킹 코스 산책로에 데크 계단이 있어 오르는 건 어렵지 않지만 경사가 심한 편이다. 지미봉 아래엔 둘레길이 있으나 걷는 사람은 많지 않다.

❸ 준비물 등산화, 등산 스틱, 모자, 선크림, 선글라스, 생수

❹ 기타 마을과 가까워 주변에 편의시설이 많다.

©flickr_Camine

HOT SPOT

올레 21코스

코스 제주해녀박물관-종달 바당 (길이 10.3km, 3~4시간 소요, 난이도 하)
상세 경로 제주해녀박물관 → 별방진(3km) → 석다원(4km) → 토끼섬(5.2km) → 하도해수욕장(6.7km) → 지미봉 정상(9km) → 종달 바당(11.3km)
문의 064-762-2190

길은 다채롭고 전망은 감동적이다

올레 21코스는 구좌읍 하도리의 해녀박물관제주시 구좌읍 해녀박물관길 26에서 종달리 바다까지 이어진다. 전체 길이는 10km가 조금 넘는다. 밭담길, 바다, 오름이 있어서 길이 다채롭다. 처음엔 밭과 밭 사이로 난 밭담길을 걷는다. 구좌 당근을 키우는 너른 밭을 지나면 그 유명한 종달리 해안도로해맞이해안로가 나온다. 제주에서 손꼽히는 드라이브 코스이다. 하도해변을 지나면 21코스의 하이라이트 지미봉이 당신을 반긴다. 성산일출봉과 우도 풍경이 너무 아름다워 감탄사가 절로 나온다. 오름을 내려와 2km를 더 걸으면 종착지인 종달해변이다.

HOT SPOT

종달리 수국길

제주시 구좌읍 종달리 112-5 (종달가망난돌쉼터)

환상적인 수국길 드라이브

종달리수국길은 해맞이해안로의 일부 구간이다. 우도행 여객선이 출발하는 종달항성산포항보다 운행 횟수가 적다에서 북쪽 하도해변까지 4km 남짓 이어진다. 이 길이 해맞이해안로의 하이라이트다. 특히 수국이 피는 6월 말에 가장 아름답다. 도로 양편에 핀 흰색, 보랏빛 수국이 환상적이다. 종달리전망대구좌읍 해맞이해안로 2196는 우도와 성산일출봉을 감상하기 좋다. 조금 더 한적하게 바다를 즐기고 싶다면 종달가망난돌쉼터에 차를 세우자. 종달항에서 드라이브를 시작하면 바다를 더 가까이에서 볼 수 있다.

구좌지앵

제주시 구좌읍 해맞이해안로 1588-42
010-5185-1220
11:30~15:30 (라스트오더 14:00, 금요일 휴무)
주차 가능
지미봉 주차장에서 도보 4분

파스타와 스테이크 맛집

지미봉 남쪽 바로 아래에 있다. 지미봉 주차장에서 약 300m 거리로 걸어서 4분 걸린다. 종달리에서 가장 유명한 레스토랑으로 이용자들의 리뷰 평점도 좋다. 오래된 구옥을 리모델링하여 빈티지 느낌의 레스토랑으로 변모시켰다. 허브, 야자수, 향나무가 자라는 마당이 정겹다. 휠치즈 크림파스타, 수비드 부챗살 스테이크, 와일드 머쉬룸 리조토의 인기가 좋다. 테이블이 5개로 많지 않아서 예약은 받지 않는다. 구좌지앵 바로 옆은 핸드메이드 주얼리 공방이다. 혹시 웨이팅이 있다면 잠시 들어 구경해도 좋겠다.

모뉴에트

제주시 구좌읍 종달동길 23
010-5746-5316
11:00~19:00
인스타그램 monuet_

커피와 무척 잘 어울리는 카눌레

지미봉 남쪽에 있다. 옛 가옥을 모던하고 멋스럽게 개조했다. 다양한 스피커, LP, 첼로 등 음악에 관련된 인테리어 소품이 눈길을 끈다. 자리를 잡고 앉아 천천히 둘러보면 카페가 아니라 음악가의 작업실에 와 있는 기분이 든다. 이 집의 모든 메뉴가 맛있지만, 으뜸은 단연 프랑스 전통 디저트이자 빵 '카눌레'다. 매일 카눌레를 굽는다. 겉은 탄 듯 바삭바삭한데 속은 촉촉하면서 부드럽다. 쌉쌀하면서도 달콤한 맛이 커피와 제격이다. 음악을 들으며 카눌레를 먹다 보면 시간 가는 줄 모른다. 휴무일은 인스타그램에 알린다.

17 두산봉 말미오름

OREUM **제주 동부의 으뜸 전망대**

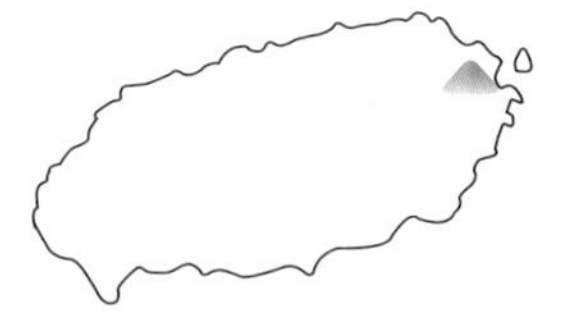

두산봉은 성산의 아름다운 마을 시흥리를 안고 있다. 우리 말로는 말미오름이다. 제주 올레길 1코스가 두산봉을 지난다. 산이 높지 않아서 10분이면 금세 오를 수 있다. 정상에 분화구를 품고 있고, 옆으로 말산메오름(알오름)을 거느리고 있다. 정상에 오르면 우도와 푸른 바다, 성산일출봉 같은 제주 동쪽의 아름다운 풍경을 다 안을 수 있다.

주소 서귀포시 성산읍 시흥리 산 1-5
순수 오름 높이 101m
해발 높이 127m
등반 시간 정상 10분,
말세오름 포함 40분

ⓒ정용혁

Travel Tip 두산봉 여행 정보

인기도 중 접근성 중 난이도 중 정상 전망 하 등반로 상태 상

편의시설 화장실 여행 포인트 정상 전망, 올레 1코스 주변 오름 지미봉, 성산일출봉

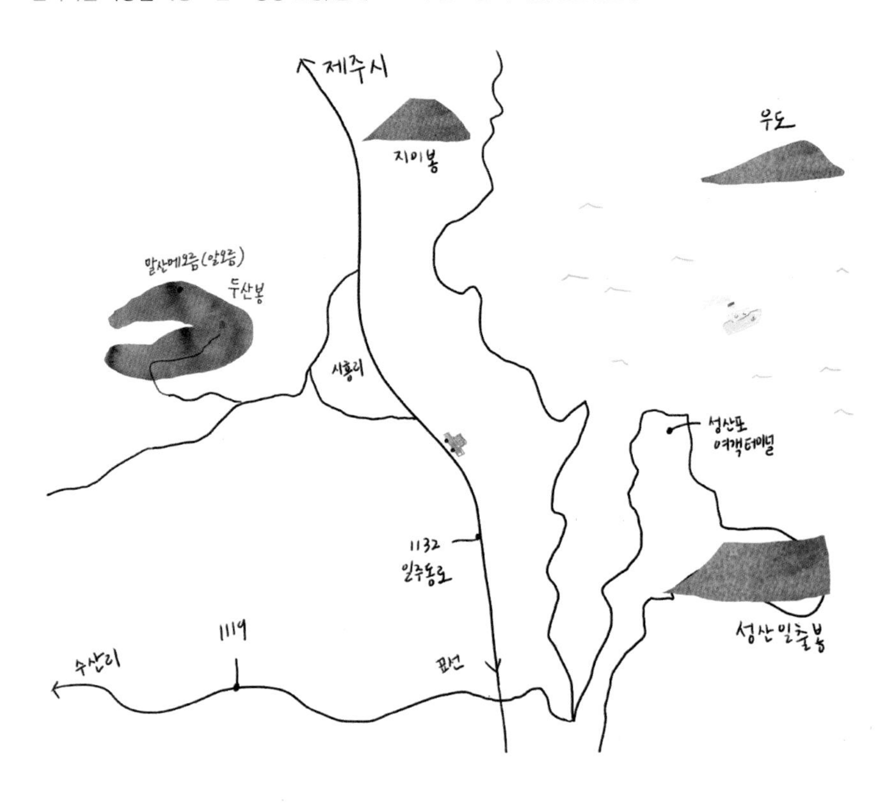

How to go 두산봉 찾아가기

승용차 내비게이션에 '두산봉'을 찍고 출발. 제주공항에서 50분, 서귀포에서 1시간 10분, 중문관광단지에서 1시간 30분 소요

콜택시 **동성콜택시** 064-782-8200 **성산월드호출택시** 064-784-0500

버스 ❶ 제주공항 2번 정류장일주동로, 5·16도로 방면에서 181번, 101번 승차 후 제주버스터미널 (남)정류장 하차 → 길 건너 제주버스터미널에서 201번 승차 후 시흥리 정류장에서 하차 →- 도보로 1.8km 이동. 총 2시간 소요
❷ 서귀포 (구)버스터미널에서 201번 승차 후 시흥리 정류장 하차 → 도보로 1.8km 이동. 총 2시간 10분 소요

작지만 다채롭다

성산읍 신흥리 북쪽으로 들어가 신흥초등학교와 나지막한 돌담길을 따라가면, 가파른 절벽의 두산봉이 모습을 드러낸다. 동쪽 땅끝에 있어서 말미오름이라 부르기도 한다. 시흥리 정류장에서 시작되는 제주 올레길 1코스가 두산봉으로 오른다. 오르기 직전 올레 1코스 공식 안내소가 있다. 두산봉은 '우두머리 오름'이라는 뜻으로, '斗山'이라는 한자를 사용한다. 입구에서 10분쯤 올랐을까? 하늘을 가리던 나무들은 점차 사라지고, 야자 매트가 깔린 작은 초지가 나타난다. 설마 이곳이 정상인가 의심이 들 무렵, 산불 감시 초소가 보인다. 조금 더 걸어가니 전망대가 나타난다. 더 오를 곳이 없다. '두산'이라는 이름이 좀 무색하지만, 틀림없이 이곳이 말미오름의 정상이다. 말미오름은 제주 동부의 아름다운 풍경을 파노라마로 펼쳐 보여준다. 중세 유럽의 성처럼 단단하게 서 있는 성산일출봉이 손에 잡힐 듯 가까이 있고, 푸른 바다 위에는 우도가 평화롭게 누워 있다. 오름 아래로는 천연색 들판이 펼쳐진다. 들판은 형형색색의 천을 곱게 이어서 붙인 조각보처럼 아름답다. 들판 한쪽엔 검은 돌담을 두른 제주 특유의 가옥들이 옹기종기 모여 있다. 더없이 평화롭다. 전망대에서 내려와 산책길을 따라 분화구 쪽으로 내려가자 다시 소나무 숲이 나타나 하늘을 가린다. 길은 완만하게 아래로 이어진다. 숲을 빠져나오자 탁 트인 하늘 아래 넓은 밭과 목장이 펼쳐진다. 저 멀리 평화롭게 노니는 말들과 작은 연못이 보인다. 바람이 불자 풀들이 살랑살랑 춤을 춘다. 세상 밖 소리는 하나도 들리지 않는다. 따뜻한 바람 소리와 새소리만 분화구를 가득 메우고 있다. 작은 오름에 이렇게 다채로운 풍경이 숨어 있다는 게 놀랍다. 길을 따라 북쪽으로 가자 두산봉이 품고 있는 말산메오름(알오름) 정상이 나온다. 나무 사이로 봉긋 솟은 지미봉이 눈에 잡힌다.

Trekking Map 두산봉 탐방 지도

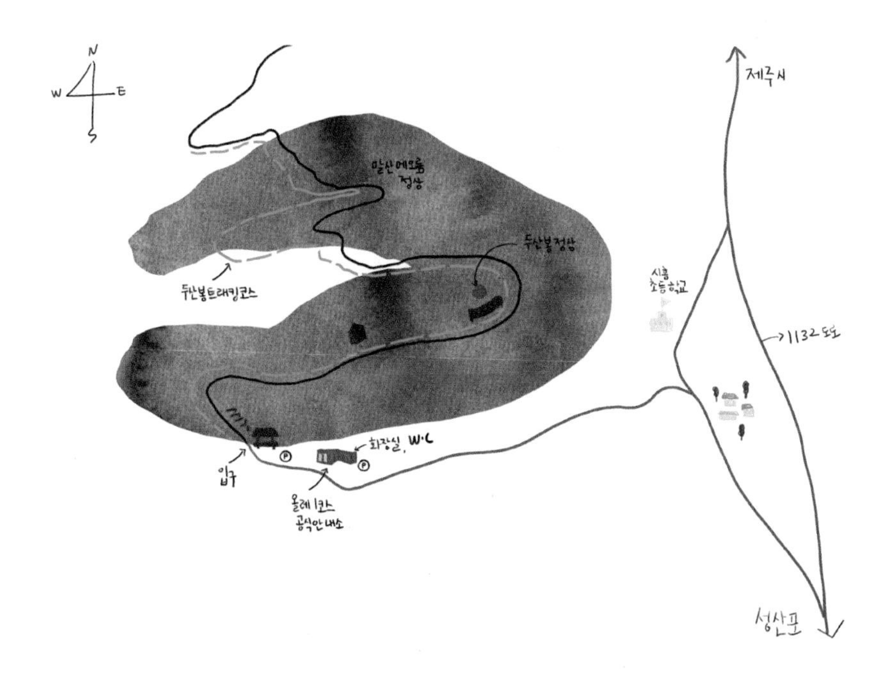

Trekking Tip 두산봉 오르기

❶ 오름 입구 올레길 1코스 공식 안내소에서 조금 더 가면 오름 입구이다. 올레길 안내소에 화장실이 있다.

❷ 트레킹 코스 올레길 1코스가 있고, 그 옆 가까운 곳에 두산봉 트레킹 코스가 따로 있다. 올레길 1코스 정상에서 두산봉 분화구 쪽으로 내려와 북쪽 말산메오름(알오름)으로 올라간다. 서쪽으로 돌아가면 두산봉 트레킹 코스다.

❸ 준비물 편한 운동화, 모자, 선크림, 생수

❹ 기타 두산봉엔 목장이 있다. 소똥과 말똥이 많다.

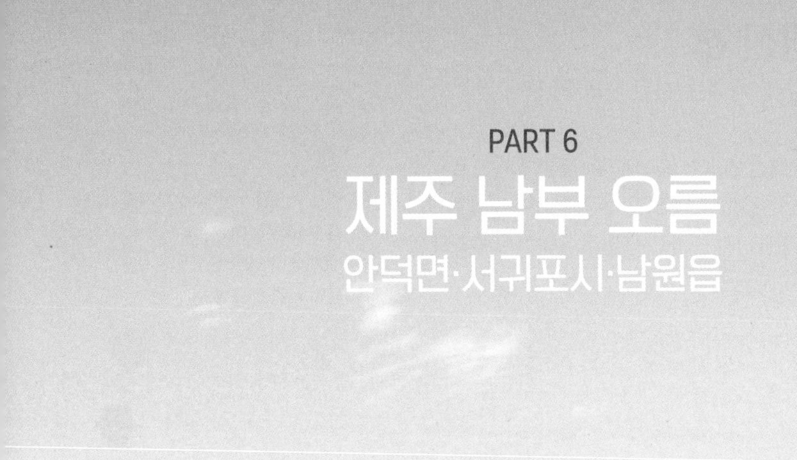

PART 6

제주 남부 오름

안덕면·서귀포시·남원읍

01 산방산

OREUM

영주십경, 서귀포 최고 전망 명소

산방산은 종 모양 화산체이다. 깎아내리는 듯한 절벽으로 이루어져 신비롭고 위풍당당하다. 약 80만 년 전 바닷속에서 화산이 부풀어 오르면서 만들어져 종처럼 생겼다. 용암이 폭발하지 않고 풍선처럼 부풀어 오른 상태에서 굳어 분화구가 없다.

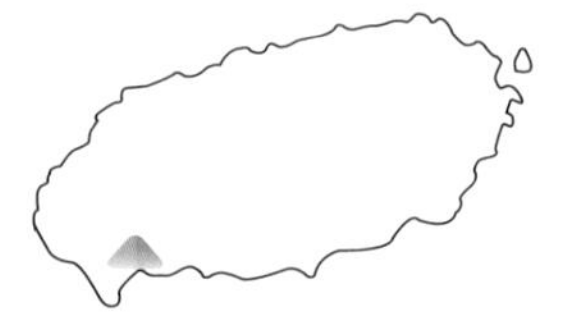

- **주소** 서귀포시 안덕면 사계리 16
- **순수 오름 높이** 340m
- **해발 높이** 395m
- **등반 시간** 편도 20분

Travel Tip 산방산 여행 정보

인기도 상 접근성 상 난이도 중 정상 전망 상 등반로 상태 상 편의시설 주차장, 화장실

여행 포인트 산방굴사, 아름다운 전망, 용머리해안 주변 오름 송악산, 군산오름, 단산바굼지오름

개방 시간 매일 09:00~17:30

How to go 산방산 찾아가기

승용차 내비게이션에 '산방산 주차장' 입력하고 출발. 제주공항에서 45분, 중문에서 21분, 서귀포에서 37분 소요

콜택시 안덕면 **이어도콜택시** 064-748-0067 **안덕개인콜택시** 064-794-1400

대정읍 모슬포호출개인택시 064-794-0707 **대안콜택시** 064-794-8400

버스 ❶ 제주국제공항 5번 정류장평화로 방면에서 182번 탑승 → 7개 정류장 이동 → 상창보건진료소 (서)정류장에서 하차 후 197m 이동. 창천초등학교 (북)정류장에서 202번 승차 후 13개 정류장 이동 → 산방산 (북)정류장 하차 후 도보 1분 이동. 총 1시간 25분 소요

❷ 서귀포 (구)버스터미널에서 282번 승차 후 10개 정류장 이동 → 성산하이츠빌라 정류장에서 202번 환승 후 36개 정류장 이동 → 산방산 (북)정류장에서 하차 후 도보 1분 이동. 총 58분 소요

제주 서남부의 랜드마크

산방산은 안덕면 사계리 평야 지대에 홀로 우뚝 서 있다. 안덕면과 대정읍 어디서든 산방산이 보인다. 타원형 또는 종 모양 돌산인데, 산 정상부를 제외하고 대부분 깎아내리는 듯한 절벽으로 이루어져 그 모습이 이국적이고 위풍당당하다. 약 80만 년 전에 크지 않은 화산 분출이 있었는데, 분출물들이 분화구를 메우면서 방사 형태가 되었고, 오랜 기간 가장자리가 침식되면서 제주에서는 보기 드문 종 형태의 화산이 되었다. 산 정상부에는 후박나무, 구실잣밤나무, 까마귀쪽나무 등이 울창하고 절벽에는 천연기념물로 지정된 섬회양목 등이 자생한다. 오래전부터 산방산은 제주인에게 명산이었다. 산 초입에는 산방사와 보문사 적멸보궁이라는 두 사찰이 있다. 예전에는 산 정상까지 오를 수 있었으나, 지금은 '공개 제한 지역'으로 고시되 오를 수 없다. 중턱에 있는 산방굴사까지만 오를 수 있다. 산방굴사는 커다란 해식동굴인데 이곳에서 내려다보이는 일출과 용머리해안, 형제섬, 가파도, 마라도의 모습은 절경을 이루어 영주십경의 하나로 꼽힌다. 계단이 많아 이곳까지 오르기 힘들다면 산 초입에 있는 보문사까지만 가도 좋다. 야외 불상 앞은 산방굴사 못지않은 전망 명소이다.

Trekking Map 산방산 탐방 지도

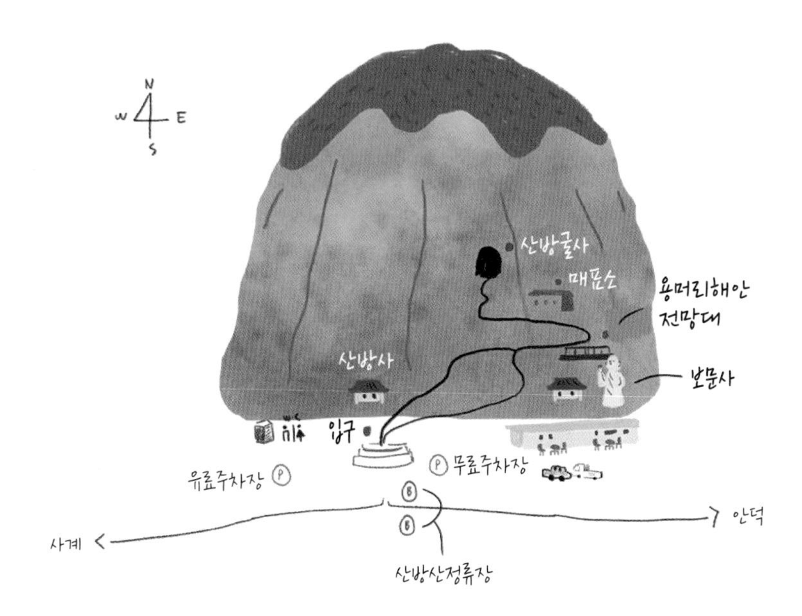

Trekking Tip 산방산 오르기

❶ 오름 입구 도로를 사이에 두고 주차장이 둘이다. 해안과 가까운 오른쪽에 공영주차장이, 왼쪽산방산 바로 아래에 사설 주차장이 있다. 사설 주차장 쪽에 입구가 있다. 개방 시간은 09:00~17:30이다.

❷ 트레킹 코스 탐방로는 하나이고, 모두 계단으로 이루어져 있다. 출입이 가능한 산방굴사까지 15분이면 쉬엄쉬엄 오를 수 있다.

❸ 준비물 운동화, 모자, 선크림, 선글라스, 생수

❹ 기타 공영주차장은 주차료가 무료이고, 입구에서 가까운 도로 왼쪽의 사설 주차장은 유료이다. 승용차 주차료는 2천 원이다. 보문사와 산방사는 무료이지만, 산방굴사는 입장료 1천 원을 내야 한다.

ⓒ제주도청

ⓒ제주도청

HOT SPOT

용머리해안

서귀포시 안덕면 사계리 118
064-794-6321
개방 시간 09:00~17:00(만조 및 기상악화 시 통제. 전화 확인)
입장료 1,000원~2,000원 **산방굴사 통합관람권** 1,500원~2,500원
주차 가능
산방산 주차장에서 도보 10분

한국의 그랜드캐년

화산은 산방산뿐만 아니라 용머리해안도 만들었다. 산방산 자락이 바다로 뻗어나가는 곳에 있다. 생김새가 바닷속으로 들어가는 용을 닮았다고 하여 용머리해안이라 부른다. 약 180만 년 전 화산이 수중에서 폭발하면서 바닷속에서 바위가 불쑥 올라왔다. 높이 30~50m의 절벽이 바람과 파도에 깎여 굽이치는 용처럼 길게 600m나 이어진다. 거대한 바위가 꿈틀거리며 살아 움직이는 것 같아 입이 다물어지지 않는다. 용머리해안은 네덜란드 선원 하멜이 난파되어 표착한 곳이기도 하다. 이를 기념하는 하멜표류기념비와 상선전시관이 있다.

HOT SPOT

산방산탄산온천

서귀포시 안덕면 사계북로 41길 192
064-792-8300
실내 온천 06:00~23:00
노천탕 10:00~22:00
찜질방 06:00~22:00
₩ 5,000원~14,000원
산방산 주차장에서 자동차로 5분

산방산 감상하며 온천욕을

제주도는 화산섬이지만 일본과 달리 의외로 온천이 거의 없다. 마그마가 땅속 깊숙이 있어서 지하수를 덥힐 수 없는 까닭이다. 산방산탄산온천은 제주도에서 유일한 온천이다. 이름에서 알 수 있듯이 산방산 지척에 있다. 자동차로 4~5분 거리다. 노천탕과 온천 수영장, 찜질방 등을 갖추고 있다. 산방산탄산온천의 가장 큰 매력은 주변 풍경이다. 특히 노천탕에선 산방산이 손에 집힐 듯 가까이 보인다. 신비로운 산방산을 감상하며 노천욕을 즐기는 기분이 퍽 낭만적이다. 탄산온천은 피부를 곱게해주고 혈압을 조절하는데 효과가 좋다.

RESTAURANT

춘미향

서귀포시 안덕면 산방로 378
064-794-5558
11:30~21:00
(브레이크타임 14:00~17:30,
매주 수요일 휴무, 재료 소진 시 종료)
주차 가능
산방산 주차장에서 자동차로 3~4분

도민 맛집에서 여행자 맛집으로

산방산 근처 안덕면 사계리의 도민 맛집이다. 주인이 낚시와 요리를 좋아해 아예 식당을 열었다. 처음에는 사계리 주민들의 즐겨 찾던 식당이었는데 지금은 여행객들에게도 맛 좋기로 소문이 났다. 가족이 운영하는데, 어머니는 김치와 반찬을 만들고, 아버지는 낚싯배를 몰아 고기를 잡고, 형제는 음식을 만든다. 메뉴는 흑돼지목살구이, 생선김치찜, 점심 특선인 고기정식과 보말정식 등이 있다. 고기정식은 흑돼지뒷다리구이와 함께 밑반찬이 나오는데, 밑반찬 중에서 황돔튀김 맛이 좋다. 사이드 메뉴 딱새우장은 밥도둑이다.

CAFE

원앤온리

서귀포시 안덕면 산방로 141
0507-1323-6186
10:00~18:40(라스트오더18:30)
주차 가능
산방산 주차장에서 자동차로 2분

오션 뷰에 마운틴 뷰까지

제주도에서 전망이 좋기로 손꼽히는 카페다. 카페 뒤로 산방산이 신비로운 자태를 뽐내며 서 있고, 고개를 남쪽으로 돌리면 황우치해수욕장이 고요하게 누워있다. 시선을 조금 더 멀리 던지면, 푸른 바다가 비단처럼 부드럽게 물결친다. 카페 이름이 세상에 하나뿐인 전망과 분위기를 품었다는 뜻인데, 실제 모습도 이름과 같다. 2층은 루프톱이다. 산방산과 바다가 더 가까이 와 있다. 넓은 마당엔 남국에 온 듯 야자수가 자란다. 루프톱 소파에 앉으면 마치 리조트에 온 것 같다. 커피, 음료, 치맥, 산방산 모양을 본뜬 케이크를 즐길 수 있다.

02 군산오름

OREUM 정상에서 감상하는 파노라마 풍경

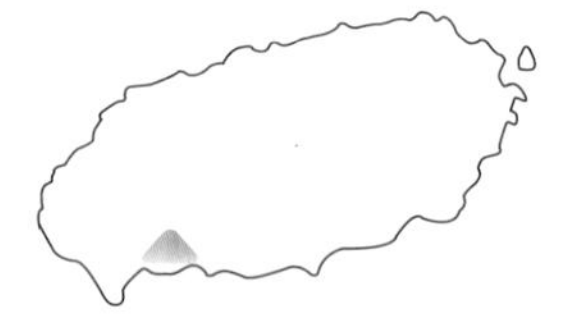

군산오름은 오름 가운데 드물게 자동차로 정상 바로 아래까지 갈 수 있다. 입구가 세 군데인데 어느 곳에서든 5~10분이면 정상에 오를 수 있다. 정상에 서면 북동쪽으로 한라산이 그림처럼 펼쳐져 있고, 남쪽으로는 서귀포에서 송악산에 이르는 아름답고 가슴 저린 해안선이 시야 가득 들어온다.

- **주소** 서귀포시 안덕면 창천리 564
- **순수 오름 높이** 280m
- **해발 높이** 334m
- **등반 시간** 입구별로 편도 5분~10분

Travel Tip 군산오름 여행 정보

인기도 상 접근성 중 난이도 중 정상 전망 상 등반로 상태 중 편의시설 주차장, 화장실(상예2동 정류장 진입로 쪽 입구) 여행 포인트 한라산과 제주의 해안선, 북태평양 감상하기 주변 오름 산방산, 송악산, 단산

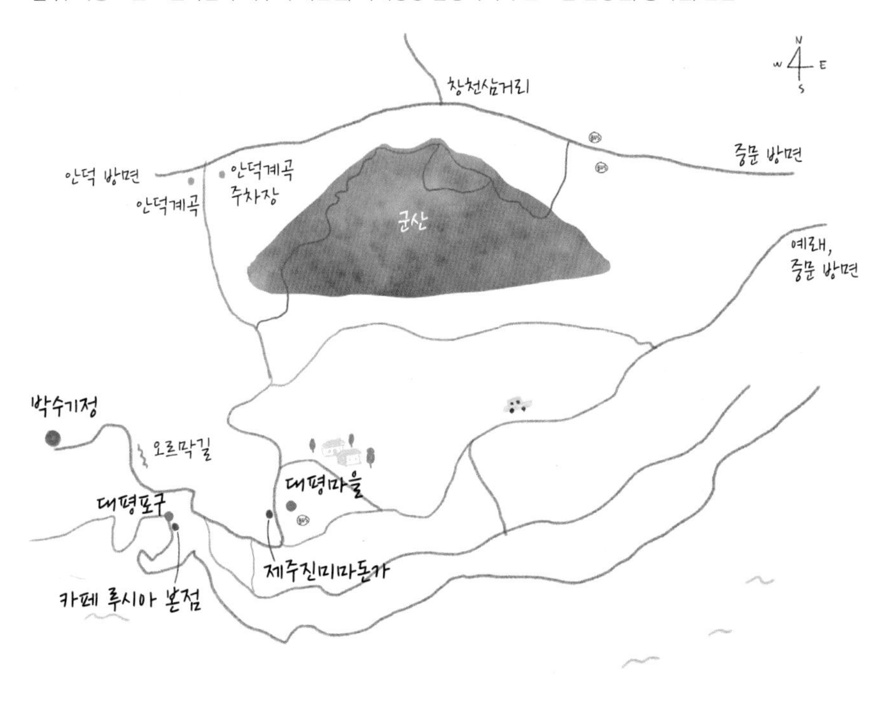

How to go 군산오름 찾아가기

승용차 내비게이션에 '군산오름 주차장' 찍고 출발. 제주공항에서 50분, 중문에서 20분, 서귀포에서 40분 소요

콜택시 중문관광단지 **중문호출개인택시** 064-738-1700 **중문천제연** 064-738-5880
안덕면 **이어도콜택시** 064-748-0067 **안덕개인콜택시** 064-794-1400
대정읍 **모슬포호출개인택시** 064-794-0707 **대안콜택시** 064-794-8400

버스 ❶ 제주공항 4번 정류장에서 151, 152번 승차 → 27분, 4개 정류장 이동 → 제주관광대학 정류장에서 282번으로 환승 → 29분, 11개 정류장 이동 → 상예2동 정류장에서 하차 → 정류장 부근 군산 입구로 가는 길로 진입 → 1.2km, 도보 18분 이동. 총 1시간 15분 소요
❷ 서귀포시 아랑조을거리 입구 정류장에서 202, 282번 승차 → 45분, 35개 정류장 이동 → 감산 입구 정류장 하차 → 도로 건너편 군산 입구로 가는 길로 진입 → 1.2km, 도보 18분 이동. 총 1시간 소요

한라산과 제주 해안의 비경을 품다

서남부에서 산방산과 더불어 인기가 많은 오름이다. 군산은 모양새가 군인들이 천막을 친 것 같다 해서 붙여진 이름이다. 1007년고려 목종 7년 화산이 폭발하였을 때 상서로운 산이 솟아났다 하여, 서산이라 부르기도 했다. 군메오름이라고 부르기도 하는데, 군메는 '나중에야 갑자기 솟아난 산, 즉 덧생긴 산'이라는 뜻이다. 처음 산이 등장할 때 뿌연 안개 속에 그림자처럼 보여서, 혹은 없어도 잘 살았는데 갑자기 꼭 필요하지 않은 산이 불쑥 솟아나 이렇게 불렀다. 오래전부터 군산오름 정상은 명당으로 알려져, 가뭄이 들었을 때 이곳에서 기우제를 지냈다. 제주의 오름들 가운데 드물게 자동차로 정상 부근까지 갈 수 있으며, 탐방로를 따라 걸어서 트레킹을 즐기기 좋다. 작은 초원 같은 정상에는 뿔 모양 바위가 있다. 바위에 서서 북쪽을 보면 한라산이 그림처럼 펼쳐져 있고, 남쪽에는 서귀포에서 대정의 송악산에 이르는 아름답고 가슴 저린 해안선이 두 눈 가득 들어온다. 한눈에 담기에 해안선은 너무 길다. 천천히 고개를 돌리며 태평양과 맞닿은 해안 풍경을 마음에 담아보자. 입구는 세 군데에 있다. 북쪽, 동쪽, 남쪽에 있다.

Trekking Map 군산오름 탐방 지도

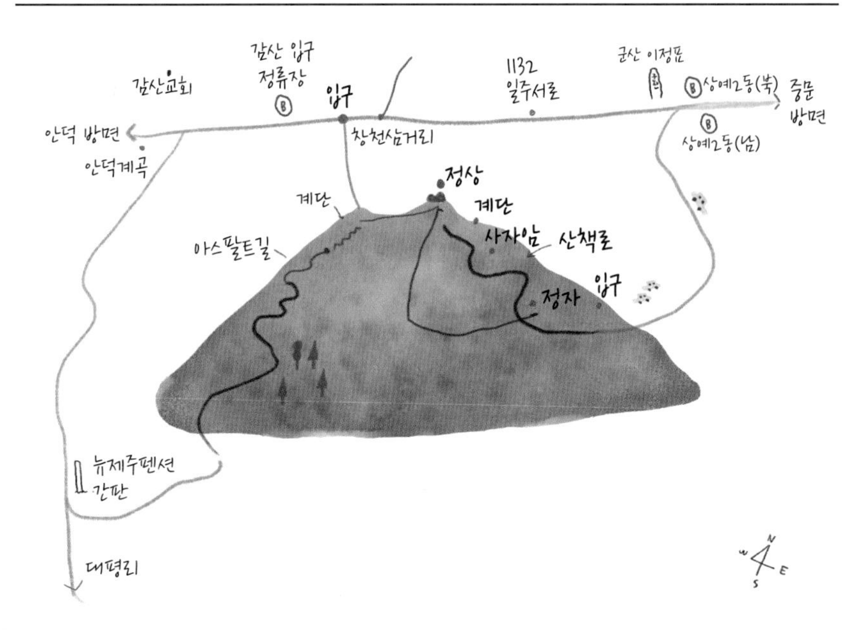

Trekking Tip 군산오름 오르기

❶ 오름 입구 입구가 세 군데이다. 군산 북쪽의 상예2동 정류장 옆 진입로로 들어서서 1km 정도 걸으면 입구가 하나 있고, 군산 서쪽의 감산 입구 정류장 건너편 진입로로 들어서 500m 정도 걸으면 영구물샘물 옆에 입구가 또 있다. 자동차로 이동할 땐 일주서로에서 대평감산로로 접어들어 뉴제주펜션 옆길로 들어서서 조금 더 가면 또 다른 군산 입구가 나온다. 이 입구에서 정상까지는 5분 정도만 걸으면 된다.

❷ 트레킹 코스 영구물 옆 입구에서 출발하여 전망대와 군산 정상 지나 상예2동 정류장 쪽으로 하산하는 코스. 반대로 코스를 잡아 상예2동 정류장 쪽에서 출발해도 좋다.

❸ 준비물 운동화, 모자, 선크림, 선글라스, 생수

❹ 유의사항 바람이 많음. 날씨 정보 확인. 기온이 급격히 떨어질 수 있으니 여벌 옷을 준비하자.

❺ 기타 여럿이 함께 추천. 정상에 그늘이 없다.

HOT SPOT

대평마을

서귀포시 안덕면 대평감산로 43
군산에서 자동차로 7분

군산 남쪽의 아름다운 마을

중문관광단지 서쪽에, 군산 남쪽에 있는 작은 동네이다. 과거 당나라 선박이 드나들어 '당포'라 불렸다. 제주도에서는 보기 드물게 중산간 마을과 어촌 풍경을 한 동네에서 느낄 수 있다. 군산 아래로 펼쳐진 난드르넓은 벌판는 중산간 마을의 특징을 보여주고, 반대로 바다는 어촌마을을 일구게 해주었다. 2010년 무렵부터 독특한 환경이 입소문을 타고, 올레 8코스가 지나면서 유명해졌다. 소박한 돌담과 굴곡이 심한 팽나무, 키 낮은 제주 전통 가옥이 정감을 불러일으킨다. 펜션, 게스트하우스, 분위기 좋은 카페, 맛집이 많이 생겼다. 군산 전망대에서 마을이 한눈에 내려다보인다.

HOT SPOT

박수기정과 대평포구

서귀포시 안덕면 감산리 982-2
군산에서 자동차로 12분

해발 100m, 아찔한 해안절벽

대평마을에서 가장 인상적인 곳은 서쪽에 있는 박수기정이다. 높이 약 100m에 이르는 수직 절벽으로, 인위적으로 조각한 듯 아찔하게 아름답다. 바가지로 떠 마실 수 있을 만큼 깨끗한 샘물박수이 솟는 절벽기정이라는 뜻이다. 대평포구 앞에서 이어지는 몽돌 바닷길을 따라가면 절벽을 가장 가까이서 볼 수 있다. 중문 쪽에서 간다면 해안도로를 타자. '논짓물'에서 시작하는 예래해안도로를 택하면 된다. 여름철 저녁엔 간혹 해변 무대에서 해녀들의 공연이 열린다. 박수기정에 서면 군산의 모습을 한눈에 담을 수 있다.

RESTAURANT

제주진미마돈가

서귀포시 안덕면 대평감산로17

0507-1402-2346

10:00~21:30(브레이크타임 15:30~17:00, 라스트오더 20:30, 수요일 휴무)

주차 가게 주차장

말고기 코스로 즐기기

군산오름의 남쪽 아랫마을 안덕면 대평리에 있다. 제주도의 토속 음식 말고기를 즐길 수 있는 식당이다. 육회, 초밥, 사시미, 갈비찜, 편육냉채, 말고기 가스 등 다양한 부위를 코스 요리로 맛볼 수 있다. 육회, 초밥이 먼저 나온다. 초밥엔 차돌박이가 올라간다. 말고기의 육질은 소고기와 제법 비슷하다. 특유의 냄새가 나지 않는다. 맛이 생각 이상으로 부드럽고 담백하다. 편육으로 만든 냉채는 맛이 산뜻하고 갈비찜은 소갈비찜과 맛이 비슷하다. 마지막은 말고기구이가 장식한다. 말고기의 육즙을 제대로 느낄 수 있다.

CAFE

카페 루시아 본점

서귀포시 안덕면 난드르로 49-17

064-738-8879

매일 10:00~21:00

주차 카페 앞 주차장

군산오름 주차장에서 자동차로 10분

바다, 노을, 해안 절경을 다 품었다

군산오름 남쪽 대평리 바닷가에 있다. 뒤쪽은 군산, 앞은 바다, 오른쪽은 해안 절벽이 막고 있어서 대평리는 오랫동안 오지마을이었으나, 제주 올레 8코스와 9코스가 지나면서 정겨운 마을 분위기가 알려지기 시작했다. 카페루시아는 깎아지른 듯한 기암절벽 박수기정과 바다를 조망할 수 있어서 인기가 많다. 360도 파노라마로 펼쳐진 아름다운 풍경이 마음에 설렘과 평화를 아울러 선사한다. 커피와 에이드, 스무디 같은 음료, 그리고 베이커리 메뉴가 있다. 앙버터와 스콘은 인기가 좋아 주말에는 빠르게 떨어진다.

03 원물오름 원수악

OREUM

높이는 낮지만 전망은 특별하다

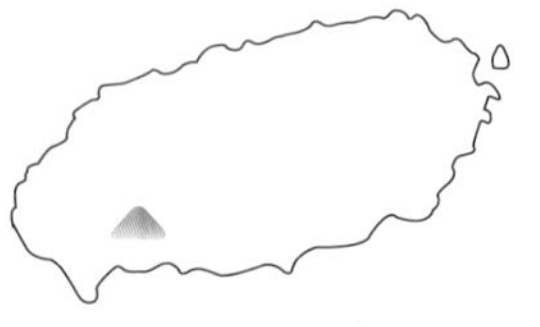

순수 오름 높이 98m. 높지 않은 오름이지만 제주의 풍경 1/4을 볼 수 있다. 산방산과 북태평양의 형제섬과 송악산이 다가오고, 군산·단산·모슬봉도 시야에 들어온다. 동쪽으로는 제주 서부의 오름 행렬을 지나 한라산까지 한눈에 잡힌다. 원물오름은 동서남북을 아우르며 아름다운 제주를 숨김없이 보여준다.

- **주소** 서귀포시 안덕면 동광리 산 41
- **순수 오름 높이** 98m
- **해발 높이** 458.5m
- **등반 시간** 편도 20분

Travel Tip 원물오름 여행 정보

인기도 중 접근성 상 난이도 중 정상 전망 상
등반로 상태 하 편의시설 주차장
여행 포인트 탁월한 정상 전망
주변 오름 족은대비악, 거린오름

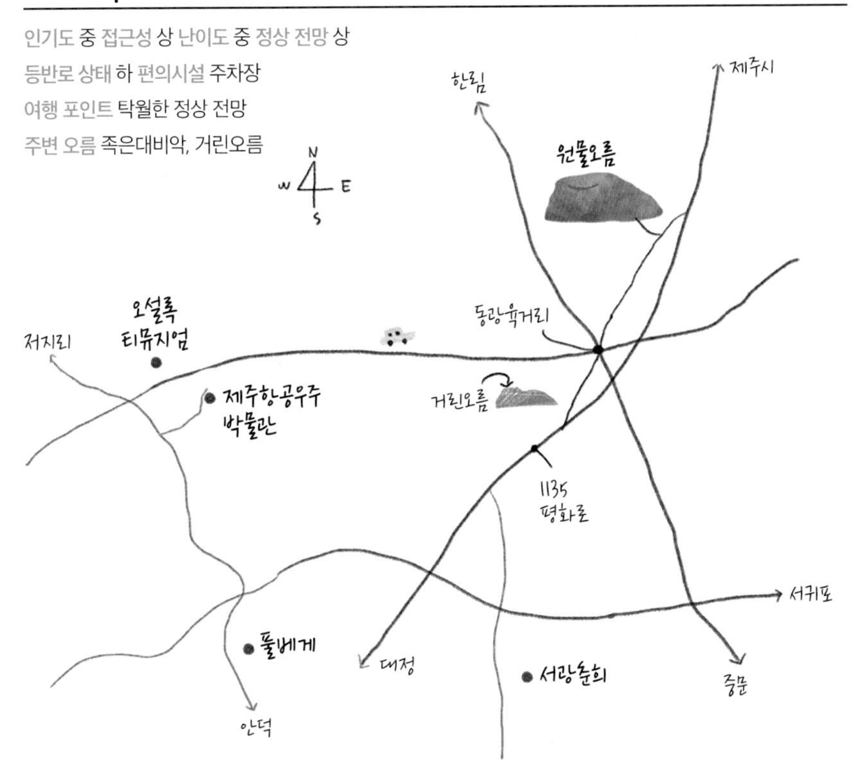

How to go 원물오름 찾아가기

승용차 내비게이션에 '안덕충혼묘지' 입력하고 출발. 제주공항에서 40분, 중문에서 20분, 서귀포에서 33분

콜택시 중문관광단지 **중문호출개인택시** 064-738-1700 **중문천제연** 064-738-5880
안덕면 **이어도콜택시** 064-748-0067 **안덕개인콜택시** 064-794-1400

버스 ❶ 제주공항 4번 정류장대정, 화순, 일주서로 방향에서 151, 152번 승차 → 4개 정류장, 26분 이동 → 제주관광대학교 정류장에서 하차 후 251, 252, 253, 254번 버스로 환승 → 9개 정류장, 21분 이동 → 원물오름 정류장 하차 → 안덕충혼묘지 정류장까지 3분 도보 이동. 총 52분 소요
❷ 서귀포 환승 정류장서귀포등기소와 중문 환승 정류장중문우체국에서 181번 승차 → 동광환승 정류장4제주시 방면에서 251, 252, 253, 254, 282번 버스로 환승 → 2개 정류장, 2분 이동 → 원물오름 정류장 하차 → 안덕충혼묘지 정류장까지 3분 도보 이동. 서귀포에서 총 48분, 중문에서 총 27분 소요

제주 서부 풍경을 다 보여준다

원물오름은 제주 서부 교통의 요충지 동광육거리 근처에 있다. 서쪽에 말굽형 분화구를 품고 있다. 동서로 길게 그리고 나지막하게 누워있다. 조선 시대 출장을 가던 대정의 원님들이 이곳의 숙박시설 원原에 머물며 샘에서 물을 마시고 갈증을 풀었다고 하여 '원물'이라 불렀다는 이야기가 있다. 이 샘이 지금도 오름 남쪽에 있다. 오름 입구는 '원물' 옆에 있다. 안덕충혼묘지 주차장과 붙어 있다. 입구에서 20여 분 오르면 정상이다. 제주시로 내달리는 평화로가 누군가 붓으로 획 그어 놓은 것처럼 대지 위에 길게 뻗어 있다. 차들은 원물오름을 유령 취급하며 쌩쌩 달린다. 분화구는 축구장 두어 개 합쳐놓은 크기다. 남서쪽에 커다란 기암괴석이 있다. 이곳에 서면 손에 닿을 듯 산방산과 북태평양의 형제섬 그리고 송악산이 보인다. 군산, 단산, 모슬봉도 시야에 들어온다. 동쪽으로는 제주 서부의 오름 행렬을 지나 한라산까지 한눈에 잡힌다. 높지 않은 오름이지만 제주의 풍경 1/4을 볼 수 있다. 탁월한 지리적 이점 덕에 동서남북을 아우르며 아름다운 제주를 숨김없이 보여준다. 태평양전쟁 말기엔 이곳에 일본군 111사단 사령부가 주둔했다.

Trekking Map 원물오름 탐방 지도

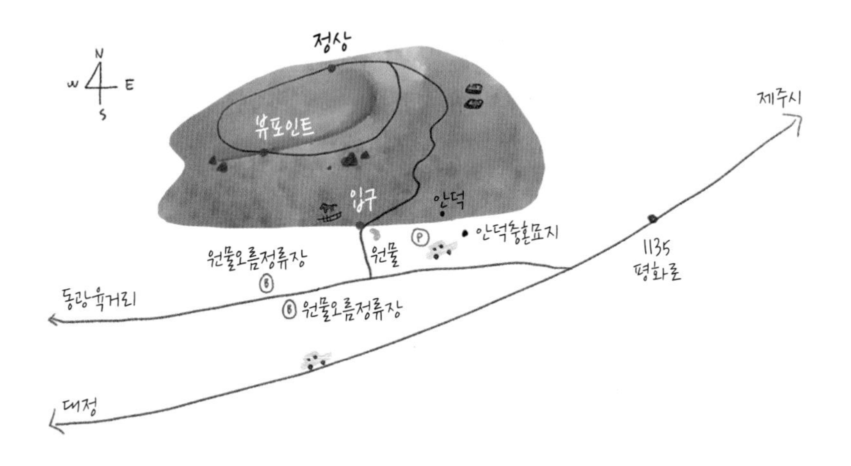

Trekking Tip 원물오름 오르기

❶ 오름 입구 오름 남쪽 안덕충혼묘지 주차장 옆에 있다. 주차장 왼쪽으로 가면 입구가 나온다.

❷ 트레킹 코스 20분이면 정상에 닿는다. 경사가 심하진 않지만 눈, 비 올 때는 미끄럽다.

❸ 준비물 운동화, 모자, 선크림, 선글라스, 생수

❹ 유의사항 우마의 배설물이 많은 편이다. 잘 살피며 걷자.

❺ 기타 화장실은 없다. 동광육거리 주변에 식당과 편의점이 있다.

HOT SPOT

오설록티뮤지엄

서귀포시 안덕면 신화역사로 15
064-794-5312
09:00~18:00
원물오름에서 자동차로 8분

차밭 감상하며 녹차 디저트를

서광다원, 도순다원, 한남다원, 신흥차밭, 서귀다원……. 제주도에는 열 손가락에 다 꼽을 수 없을 만큼 많은 차밭이 있다. 그중에서 대표적인 곳이 오설록티뮤지엄이 있는 서광다원이다. 2001년 개관한 오설록티뮤지엄은 우리나라 최초의 차 박물관이다. 차의 역사, 종류, 다기, 녹차를 주제로 한 회화 작품 등이 보기 좋게 전시되어 있다. 녹차로 만든 디저트를 즐길 수 있고, 다양한 기념품도 살 수 있다. 전망대에 오르면 압도적인 전망이 펼쳐진다. 넓은 차밭과 한라산, 제주 남서부 풍경이 파노라마처럼 펼쳐진다.

HOT SPOT

제주항공우주박물관

서귀포시 안덕면 녹차분재로 218
064-800-2000
09:00~18:00
(매월 셋째 주 월요일 휴관)
₩ **입장료** 8,000~10,000원
원물오름에서 자동차로 8분

아이들이 더 좋아하는 우주 놀이터

어른보다 아이들이 더 좋아하는 여행지이다. 비행기와 우주에 관심이 많은 아이와 함께 가면 멋진 선물이 될 것이다. 체험 요소를 집중적으로 배치해 하늘과 우주를 실감 나게 경험할 수 있다. 무엇보다 실제로 비행했던 26기나 되는 전투기와 항공기를 살펴보는 재미가 남다르다. 조종사 옷을 입고 조종석에 앉아 사진을 찍을 수 있는 포토존은 언제나 인기가 넘친다. 우주개발 역사, 태양계와 은하계, 137억 년이나 이어진 우주 생성의 신비를 공부할 수 있다. 그리고 나이가 일곱 살 이상이라면 중력가속도 체험 기구도 타볼 수 있다.

서광춘희

서귀포시 안덕면 화순서동로 367
064-792-8911
11:00~20:00(브레이크타임 16:00~17:30, 화요일 휴무)
주차 가능
원물오름에서 자동차로 6분

짬뽕보다 맛있는 성게라면

안덕면 아름다운 마을 서광리에 있는 퓨전 음식점이다. '서광'이라는 마을 이름에 알렉상드르 뒤마의 희곡이자 베르디의 오페라 라트라비아타의 한국 공연 이름이기도 한 '춘희'를 더해 상호를 지었다. 서광춘희 메뉴는 음식 경연 TV 프로그램 〈마스터셰프 코리아〉의 우승자인 김승민 셰프의 레시피로 만든 것이다. 춘희면이라 불리는 성게라멘과 성게비빔밥, 새우튀김라면, 카츠동이 대표 메뉴이다. 특히 성게라면의 인기가 좋은데 라면 위에 성게를 듬뿍 넣어 라면에서 그윽한 바다향이 난다. 커피도 마실 수 있다.

풀베개

서귀포시 안덕면 화순서서로 492-4
10:00~20:00
주차 가능
원물오름에서 자동차로 6분

제주 감성이 가득한

최근 1~2년 사이에 제주 서남부에서 인기가 부쩍 높아진 감성 깊은 카페이다. 서귀포시 안덕면의 오래된 전통 가옥을 개조해 카페로 만들었다. 제주 분위기를 그대로 살린 점이 매력적이다. 카페 이름에서 자연의 향기가 느껴진다. 주인이 좋아하는 나쓰메 소세키의 소설 제목에서 이름을 따왔다. 나쓰메 소세키는 〈나는 고양이로소이다〉로 유명한 일본 소설가이다. 계절마다 하귤나무, 감귤밭, 동백나무가 감성 깊은 분위기를 만들어준다. 커피, 빵, 아이스티를 즐길 수 있으며, 행주 같은 생활소품도 판매한다.

04 거린오름

OREUM 초원 같은 오름

거린오름엔 나무보다 고운 초지가 더 많다. 산을 오른다기보다 넓은 들판을 걷는 기분이 든다. 정상에 도착하면 분화구 너머로 작은 숲이 보인다. 북오름이다. 남쪽으로는 산방산이 손에 닿을 듯 서 있고 저 멀리 송악산과 형제섬 그리고 태평양이 보인다. 제주의 풍경은 어디서 보아도 장관이다.

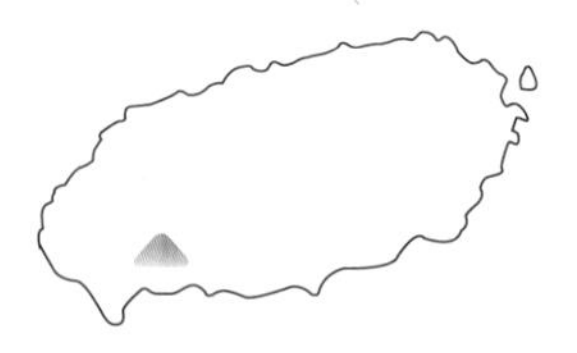

- **주소** 서귀포시 안덕면 동광리 산94
- **순수 오름 높이** 68m
- **해발 높이** 298m
- **등반 시간** 편도 20분

거린오름에서 본 남송이오름

Travel Tip 거린오름 여행 정보

인기도 하 접근성 상 난이도 하 정상 전망 중 등반로 상태 중 편의시설 없음

여행 포인트 목장과 정상 전망 주변 오름 원물오름, 족은대비악

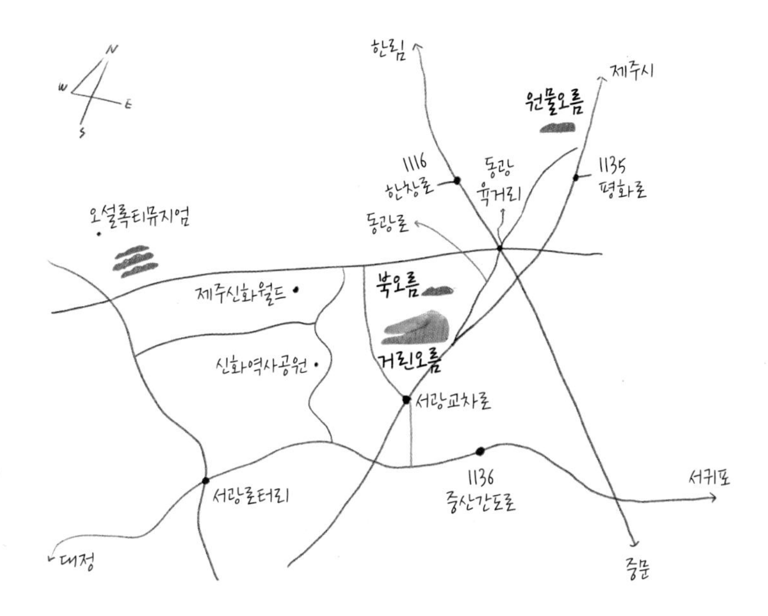

How to go 거린오름 찾아가기

승용차 내비게이션에 '서광2교차로' 입력하고 출발. 서광2교차로에서 북쪽 아스팔트 도로 따라 600m 직진하면 거린오름 주차장서귀포시 안덕면 동광리 1580이다. 주차장 주소를 찍고 출발해도 된다. 제주공항에서 40분, 중문에서 20분, 서귀포에서 37분 소요

콜택시 중문관광단지 **중문호출개인택시** 064-738-1700 **중문천제연** 064-738-5880

안덕면 **이어도콜택시** 064-748-0067 **안덕개인콜택시** 064-794-1400

대정읍 **모슬포호출개인택시** 064-794-0707 **대안콜택시** 064-794-8400

버스 ❶ 제주공항 4번 정류장대정, 화순, 일주서로 방향에서 151, 152번 버스 승차 → 4개 정류장, 26분 이동 → 동광 환승 정류장 하차 → 동광 환승 정류장6모슬포 방면에서 251, 252, 253, 254, 752-1번 버스로 환승 → 2개 정류장, 3분 이동 → 서광동리웃네거리 정류장 하차 → 800m, 12분 도보 이동 → 거린오름 입구. 총 1시간 소요

❷ 서귀포 아랑조을거리 입구 정류장, 서귀포버스터미널, 중문 환승 정류장에서 282번 버스 승차 → 동광육거리 정류장에서 251, 252, 253, 254번 버스로 환승 → 3개 정류장, 4분 이동 → 서광동리 웃네거리 정류장 하차 → 800m, 12분 도보 이동 → 거린오름 입구. 총 1시간 16분 소요

남쪽엔 거린오름, 북쪽엔 북오름

해녀가 제주 바다를 상징한다면 제주 중산간엔 목동 '테우리'가 있다. 테우리가 살던 대표적인 마을이 안덕면의 동광, 서광마을이다. 두 마을 사람들은 원물오름과 거린오름에서 목축을 하며 살았다. 지금도 소와 말을 쉽게 볼 수 있다. 거린오름 북쪽엔 북오름이 있다. 분화구가 길게 누워 두 오름을 가르고 있다. '거리다'는 '갈리다'의 옛말인 '가리다'의 제주방언이다. 산 위가 두 갈래로 갈라져 있어 거린오름이라 부르기 시작했다. 거린오름을 오르는 건 어렵지 않다. 입구에서 10분쯤 능선을 따라 오르면 정상이다. 정상을 둘러보는데 10분이면 가능하므로, 편도 20분이면 오름을 모두 탐방할 수 있다. 오름엔 나무보다 고운 초지가 더 많다. 산을 오른다기보다 넓은 들판을 걷는 기분이 든다. 정상에 도착하면 분화구 너머로 작은 숲이 보인다. 북오름이다. 남쪽으로는 산방산이 손에 닿을 듯 서 있고, 저 멀리 송악산과 형제섬 그리고 태평양이 보인다. 제주의 풍경은 어디서 보아도 장관이다. 배가 출출하면 도민만 아는 동광가든서귀포시 안덕면 동광로 106, 064-794-1888으로 가자. 갈비탕, 순두부, 육개장, 된장찌개, 돼지고기를 먹을 수 있다.

Trekking Map 거린오름 탐방 지도

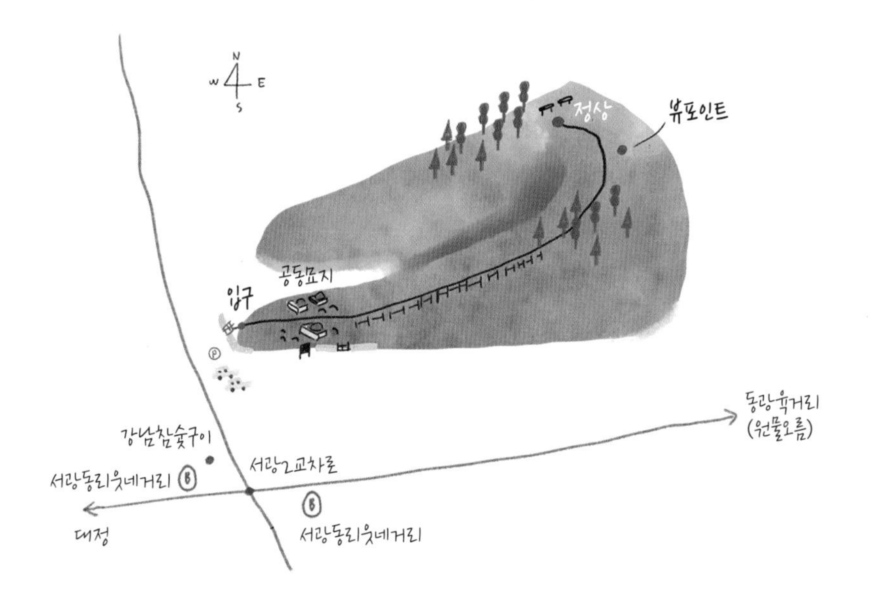

Trekking Tip 거린오름 오르기

❶ 오름 입구 오름 남서쪽 공동묘지 앞에 이정표 및 입구가 있다. 다만 묘지를 가로질러 가야 하므로 걷기가 힘들다. 주차장이 있는 북쪽으로 조금만 올라가 돌담 사이로 보이는 철문을 넘어가는 것이 좋다.

❷ 트레킹 코스 펜스를 따라 걷다가 좌측으로 올라가면 정상이 나온다. 벤치 몇 개가 자리를 비워놓고 여행자를 기다린다.

❸ 준비물 운동화, 모자, 선크림, 선글라스, 생수

❹ 유의사항 오름에 말과 소를 방목한다. 우마의 배설물을 잘 살피며 걷자.

TIP 주변 명소, 맛집, 카페 정보는 276쪽 원물오름을 참고하세요.

05 영아리오름 용와이오름

OREUM

신비로운 습지를 숨겨 놓았다

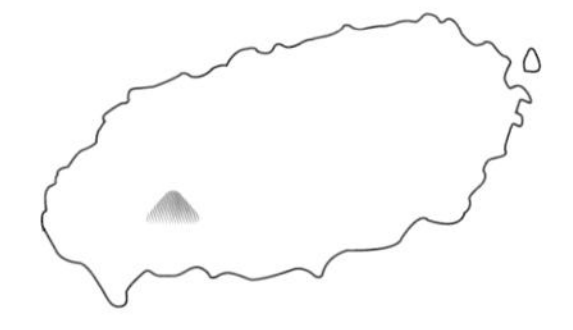

영아리오름은 깊은 산속에 신비로운 습지를 꼭꼭 숨겨 놓고 있다. 삼나무 숲을 지나고 후박나무와 동백나무가 우거진 길을 따라 15분쯤 내려가면 거짓말처럼 습지가 나타난다. 숲으로 둘러싸인 습지는 아름답고 신비롭다. 세상의 소리, 심지어 바람 소리도 들리지 않는다. 서영아리오름이라고도 부른다.

- **주소** 서귀포시 안덕면 상천리 산24
- **순수 오름 높이** 93m
- **해발 높이** 693m
- **등반 시간** 정상 편도 20분, 습지 30~35분

Travel Tip 영아리오름 여행 정보

인기도 상 접근성 중 난이도 중 정상 전망 상 등반로 상태 하 편의시설 없음 여행 포인트 삼나무 숲길, 정상 전망, 신비로운 습지 주변 오름 원물오름, 족은대비악

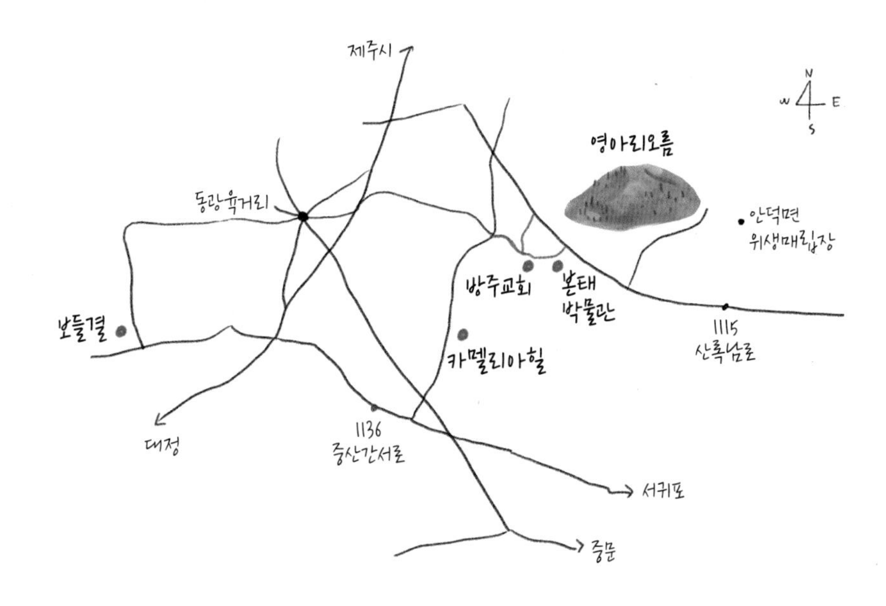

How to go 영아리오름 찾아가기

승용차 내비게이션에 '안덕면위생매립장' 찍고 출발. 제주공항에서 40~50분, 중문에서 20분, 서귀포에서 34분 소요. 안덕면위생매립장 앞 공터에 주차한 후 오른쪽 산불초소가 있는 길을 따라 진입. 첫 번째 나오는 삼거리에서 좌측으로 900m 가면 왼쪽에 오름 입구가 있다.

콜택시

중문관광단지 **중문호출개인택시** 064-738-1700 **중문천제연** 064-738-5880

안덕면 **이어도콜택시** 064-748-0067 **안덕개인콜택시** 064-794-1400

대정읍 **모슬포호출개인택시** 064-794-0707 **대안콜택시** 064-794-8400

버스 대중교통편 없음

아름답고 신비로운 습지

안덕면의 영아리오름은 영이 서린 신령스러운 산이라 해서 서영아리라고 부른다. 용와이라는 다른 이름도 있다. 영아리는 깊은 산속에 신비로운 습지를 꼭꼭 숨겨 놓고 있다. 북쪽의 나인브릿지골프장과 동쪽 안덕면위생매립장에서 오를 수 있는데 동쪽이 접근성이 좋다. 위생매립장에서 삼나무숲 사이로 난 임도를 900m 걸으면 입구가 나온다. 북쪽과 서쪽, 남쪽에 봉우리가 있다. 입구에서 10분쯤 오르면 남봉, 북봉 갈림길이 나온다. 왼쪽 길로 10분 남짓 오르면 남봉 정상이다. 정상 여기저기에 거대한 기암괴석이 버섯처럼 솟아 있다. 인위적으로 설치해 놓은 조각 작품 같다. 정상에 서면 한라산과 옹기종기 오름 군락이 눈에 들어온다. 거칠 것 없는 풍경에 압도된다. 습지는 서쪽에 있다. 서봉에서 삼나무 숲을 지나고 후박나무와 동백나무가 우거진 길을 따라 아래로 내려가야 한다. 15분쯤 내려가면 거짓말처럼 습지가 나타난다. 숲으로 둘러싸인 습지는 아름답고 신비롭다. 세상의 소리, 심지어 바람 소리도 들리지 않는다. 습지를 보기 위해서는 비가 많이 온 뒷날 찾는 게 좋다.

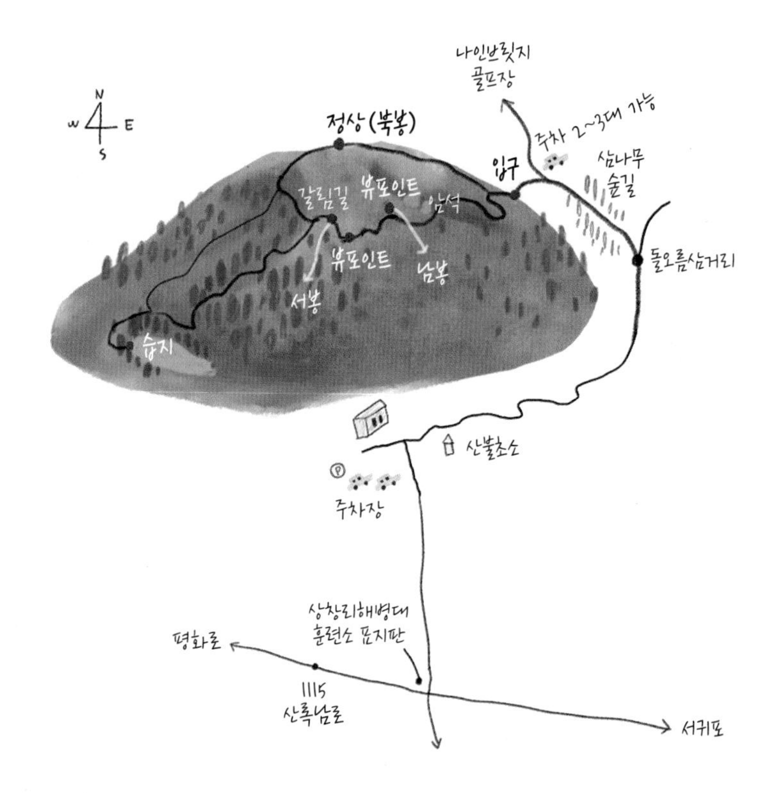

Trekking Tip 영아리오름 오르기

❶ 오름 입구 오름 동쪽에 있다. 북쪽과 남쪽에서 입구로 갈 수 있지만 안덕면위생매립장에서 출발하는 게 가장 수월하다.

❷ 트레킹 코스 안덕면위생매립장 앞 공터에 주차한 후 오른쪽 산불초소가 있는 길을 따라 진입한 뒤 첫 번째 나오는 삼거리에서 좌측으로 임도를 따라 900m, 15분쯤 가면 왼쪽에 오름 입구가 나온다. 입구에서 남봉 정상까지 넉넉잡아 20분, 남봉에서 습지까지는 편도 15분쯤 걸린다.

❸ 준비물 트레킹화, 모자, 선크림, 선글라스, 생수

❹ 유의사항 습지로 가는 길이 조금 거칠다. 남봉에서 서봉을 지나 숲길을 15분쯤 내려가야 한다. 경사가 심하진 않지만, 눈이나 비가 올 때는 미끄럽다.

❺ 기타 입구에 주차장이나 다른 편의시설이 없다.

HOT SPOT

본태박물관

서귀포시 안덕면 산록남로 762길 62
064-792-8108
10:00~18:00
입장료 10,000원~30,000원
영아리오름에서 자동차로 12분

건축이 곧 작품이 되는 곳

안덕면의 핀크스골프장 남쪽에 있는 멋진 박물관이다. 박물관 이름부터 시선을 끈다. 본태박물관의 '본태'本態는 본래의 형태를 뜻한다. 사람과 자연, 예술 작품이 품고 있는 본래의 아름다움을 드러내려는 의도로 이런 이름을 지었다. 건물은 일본의 세계적인 건축가 안도 다다오가 설계했다. 노출 콘크리트 기법에 한국의 전통 담장을 보태고, 빛과 물의 요소를 끌어들여 건축이 하나의 예술 작품처럼 아름답다. 소박함과 화려함을 아울러 보여주는 소반·목가구·보자기 같은 우리 수공예품과 현대회화, 조각 작품을 박물관 안팎에서 감상할 수 있다.

HOT SPOT

방주교회

서귀포시 안덕면 산록남로 762길 113
064-794-0611
영아리오름에서 자동차로 12분

노아의 방주를 닮았다

본태박물관에서 자동차로 1분 거리에 있다. 재일교포 건축가 유동룡이타미 준이 노아의 방주에서 영감을 얻어 설계했다. 교회는 노아의 방주처럼 물에 떠 있는 배를 닮았다. 연못이 교회를 둘러싸고 있는데, 바다를 항해하는 배를 떠올리게 한다. 자동차로 1~2분 거리에 있는 수풍석박물관도 유동룡이 디자인했다. 예약을 해야 하지만 그래도 같이 둘러보면 더 좋을 것이다. 아이와 함께 여행 중이라면 동물 먹이 주기 체험을 할 수 있는 바램목장과 파더스가든을 추천한다. 뽀로로&타요 테마파크도 근처에 있다.

HOT SPOT

카멜리아힐

서귀포시 안덕면 병악로 166
064-792-0088
08:30~17:30
(여름 18:30, 겨울 17:00까지)
₩ 입장료 7,000원~10,000원
영아리오름에서 자동차로 18분

동백과 수국이 피는 풍경

동백수목원 카멜리아힐은 겨울이 되면 더 아름다워지는 곳이다. 동백의 꽃말은 '그대만을 사랑해'이다. 11월이면 하나둘 피기 시작하여 이듬해 4월까지 분홍, 선홍, 붉은 꽃이 꽃말처럼 수목원을 붉고 사랑스럽게 물들인다. 동백꽃 터널에서는 누구나 저절로 카메라 버튼을 누르게 된다. 동백꽃이 떨어져도 걱정할 필요는 없다. 봄에는 벚꽃과 100여 종의 철쭉이, 여름엔 수국이 흐드러지고, 가을에는 핑크뮬리가 바람 따라 춤을 춘다. 카페에서 동백 오일, 에코백, 다양한 기념품, 제주도를 담은 여행책을 살 수 있다.

RESTAURANT

보들결

서귀포시 안덕면 중산간서로 1914-3
064-794-5658
매일 11:00~21:00
(브레이크타임 16:00~17:00)
영아리오름에서 자동차로 21분

제주산 한우 전문점

안덕면의 서광리와 동광리는 예부터 목장이 많은 고을이어서 한우가 맛있기로 유명했다. 지금도 그 명성을 이어가고 있다. 보들결은 서광리에 있는 한우 전문 음식점이다. 서귀포시축협에서 운영하기에 신선도와 고기 품질은 믿을만하다. 모두 제주산 한우만 사용한다. 살치살, 안창살, 토시살, 생갈비 등 한우의 거의 모든 부위를 맛볼 수 있다. 현지 주민들이 점심을 먹기 위해 주로 찾는데, 메뉴로는 한우탕, 된장찌개, 물냉면 등이 있다. 바로 옆에는 제주산 소고기와 돼지고기 축산물판매장도 있다.

06 족은대비악

OREUM 선녀가 놀던 오름

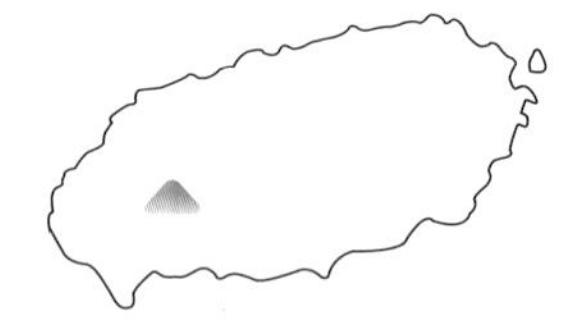

족은대비악엔 '대비'라는 선녀가 놀았다는 전설이 내려온다. 오름의 첫인상은 너그럽고 다정하다. 북쪽을 제외하고는 온통 풀이 덮고 있다. 정상에 서면 사방이 오름의 바다다. 시선을 더 멀리 던지면, 그곳은 망망한 태평양이다. 내려가기 싫을 만큼 평화롭고 아름답다. 선녀가 여기에서 논 까닭을 알겠다.

주소 서귀포시 안덕면 광평리 산 59
순수 오름 높이 71m
해발 높이 541m
등반 시간 편도 15분

©제주도청

Travel Tip 족은대비악 여행 정보

인기도 중 접근성 상 난이도 하 정상 전망 상 등반로 상태 중 편의시설 없음

여행 포인트 목장 풍경, 정상 전망 주변 오름 원물오름, 영아리오름

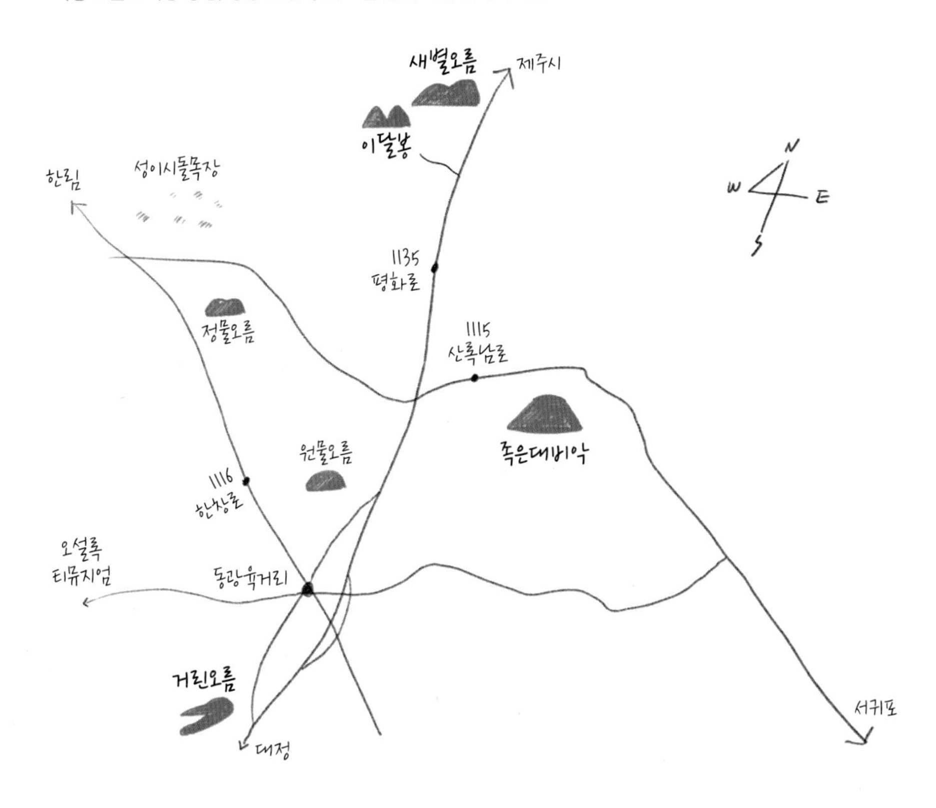

How to go 족은대비악 찾아가기

승용차 내비게이션에 '족은대비악' 찍고 출발. 제주공항에서 35분, 중문에서 22분, 서귀포에서 35분. 산록남로 1115번 만불사 근처 사거리서귀포시 안덕면 광평리 산 52-1에서 남쪽 농로로 진입 후 약 300m 직진

콜택시 중문관광단지 **중문호출개인택시** 064-738-1700 **중문천제연** 064-738-5880

안덕면 **이어도콜택시** 064-748-0067 **안덕개인콜택시** 064-794-1400

버스

대중교통편 없음

내려가기 싫을 만큼 평화롭고 아름답다

족은대비악은 안덕면 광평마을에 있다. 옛날에 '대비'라는 선녀가 놀던 곳이라는 전설이 내려온다. '족은'은 '작은'이라는 제주도 말이다. 주변에 큰대비악이라는 오름이 있어야 박자가 맞을 것 같은데 그런 오름은 없다. 족은대비악은 귀여운 쌍분화구를 품은 복합 화산체다. 첫인상은 너그럽고 다정하다. 북쪽을 제외하고는 온통 풀이 덮고 있다. 인기가 덜해 탐방로를 잡풀이 침범하고 있지만, 길이 평탄해 오르는 건 어렵지 않다. 입구에서 15분 정도 오르면 정상이다. 정상은 푸른 운동장 같다. 바람에 날리는 억새와 초지가 곱게 덮여있다. 북동쪽으로 한라산이 제주의 대지를 품에 안고 병풍처럼 서 있다. 그 아래로는 오름의 바다다. 북쪽엔 왕이메오름과 영아리오름이, 서쪽엔 새별·원물·당오름, 남서쪽으로는 산방산과 거린오름이 펼쳐진다. 그리고 시선을 더 멀리 던지면, 그곳은 망망한 태평양이다. 오름 여기저기에는 철조망이 있다. 근처에서 말을 방목하기 때문이다. 조선 시대 광평마을엔 국마장이 있었다. 지금도 오름 주변엔 크고 작은 목장이 많다. 정상에서 내려다보는 풍경은 내려가기 싫을 만큼 평화롭고 아름답다. 이 풍경에 반해 선녀가 터를 잡고 논 게 아닐까?

Trekking Map 족은대비악 탐방 지도

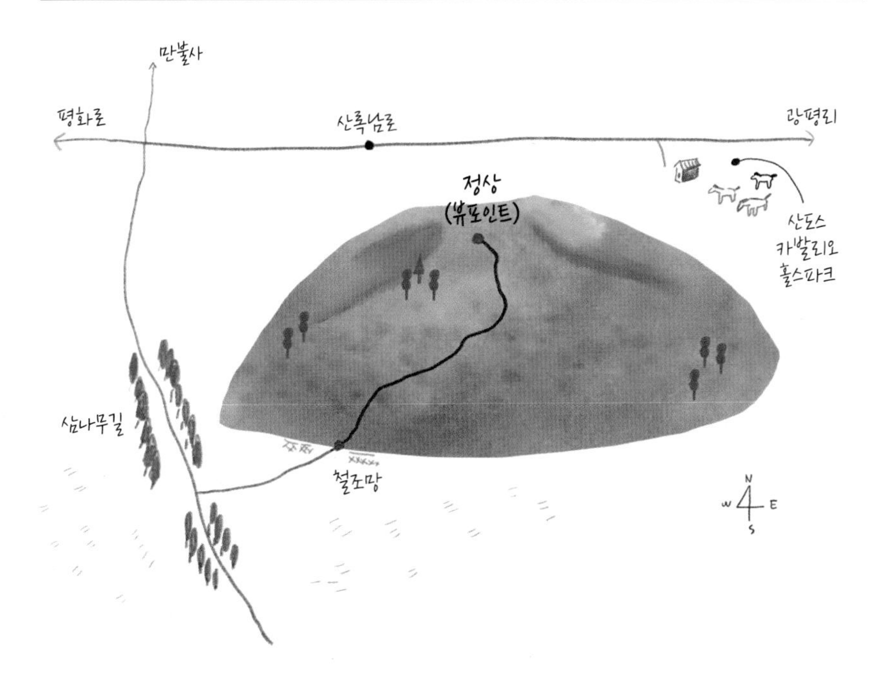

Trekking Tip 족은대비악 오르기

❶ 오름 입구 사유지라 오름 입구가 따로 없다. 오름 서쪽 철조망을 문처럼 만들어놓은 곳을 입구처럼 이용한다. 철조망 문을 열고 들어간 뒤 꼭 다시 닫아야 한다.

❷ 트레킹 코스 입구에서 탐방로를 따라 15분 정도 오르면 정상이다.

❸ 준비물 트레킹화, 모자, 선크림, 선글라스, 생수

❹ 유의사항 탐방로에 잡풀이 많아 긴 바지를 입고 가는 게 좋다.

❺ 기타 주차장이나 다른 편의시설이 없다. 자동차로 2분 거리에 한라산아래첫마을영농조합에서 운영하는 제주메밀식당서귀포시 안덕면 산록남로 675, 064-792-8259, 10:30~18:30, 월요일 휴무이 있다. 국수, 묵, 빙떡, 만두, 아란치니, 쿠키까지 메밀로 만든 다양한 음식을 즐길 수 있다.

TIP 주변 명소, 맛집, 카페 정보는 276쪽 원물오름을 참고하세요.

07 고근산

OREUM

전망 좋은 서귀포 뒷동산

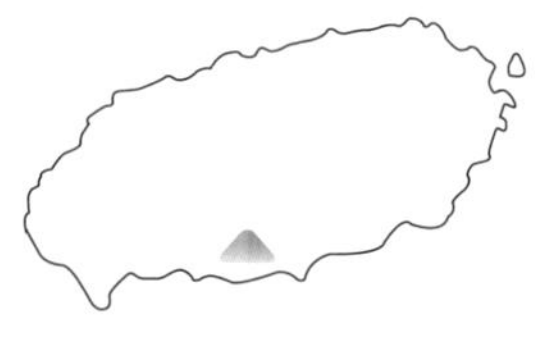

고근산은 서귀포 신시가지 북쪽에 있다. 정상부에는 아담한 분화구가 있다. 길이 나 있어 분화구 안으로 들어가 볼 수 있다. 분화구 둘레길 전망이 아주 근사하다. 북쪽에는 한라산이 수문장처럼 당당하게 서 있고 남쪽에는 서귀포와 태평양이 환상적인 풍경을 펼쳐놓는다. 손꼽히는 서귀포 야경 명소이기도 하다.

- **주소** 서귀포시 서호동 1286-1
- **순수 오름 높이** 171m
- **해발 높이** 394m
- **등반 시간** 편도 15분, 분화구 둘레길 15분

Travel Tip 고근산 여행 정보

인기도 중 접근성 중 난이도 중 정상 전망 상 등반로 상태 상 편의시설 주차장, 화장실입구 부근, 정상 쉼터, 야간 가로등 여행 포인트 한라산 눈에 담기, 남서쪽의 산방산·송악산·군산 전망 즐기기, 분화구 체험, 일몰과 서귀포 야경 즐기기, 야간 산행 즐기기, 올레 7-1코스 걷기 주변 오름 삼매봉

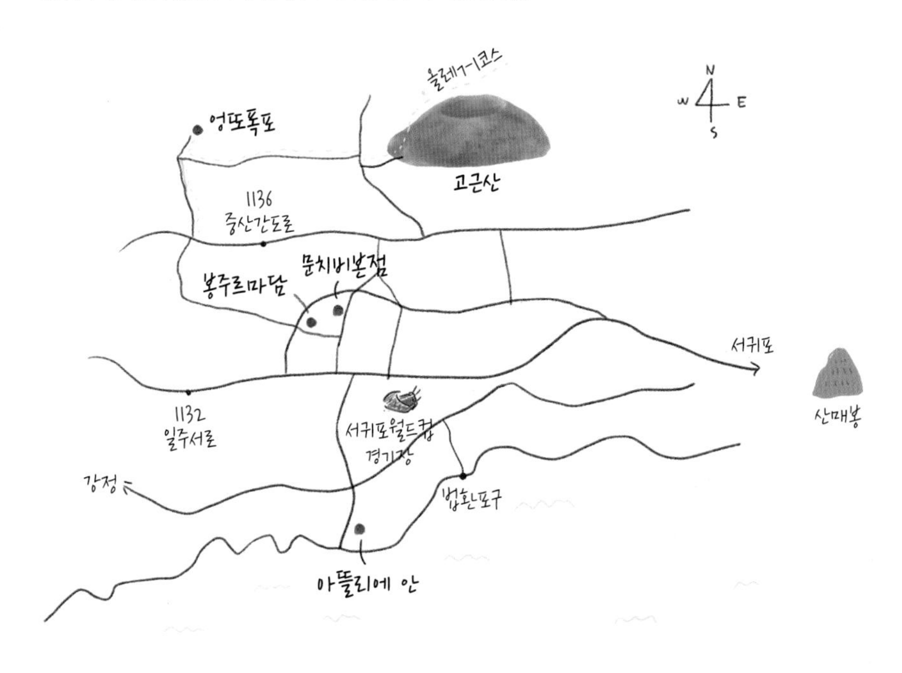

How to go 고근산 찾아가기

승용차 내비게이션에 '고근산 주차장' 찍고 출발. 제주공항에서 55분, 중문에서 17분, 서귀포에서 14분

콜택시 서귀포시 **OK콜택시** 064-732-0082 **서귀포콜택시** 064-762-0100 **서귀포인성호출택시** 064-732-6199
중문관광단지 **중문호출개인택시** 064-738-1700 **중문천제연** 064-738-5880

버스 ❶ 제주공항 5번 정류장평화로 방면에서 800번 승차 → 9개 정류장 이동 → 강창학 종합경기장 정류장 하차 → 도보 1.4km, 23분 이동 → 고근산 등산로 입구. 총 1시간 25분 소요
❷ 서귀포여자중학교 정류장에서 641, 644, 691번 승차 → 17분, 14개 정류장 이동 → 고근산 정류장 하차 → 도보 950m, 14분 이동 → 고근산 등산로 입구. 총 35분 소요
❸ 서귀포시청 제2청사 후문 정류장에서 643번 승차 → 2개 정류장 이동 → 신시가지 정류장 하차 → 도보 860m, 13분 이동 → 고근산 등산로 입구. 총 22분 소요

서귀포 야경 명소

고근산은 외로운 산이라는 뜻이다. 산이 자리한 입지에도 외로움이 묻어있다. 고립된 섬에 있는 것으로도 모자라, 주위에 산 하나 없이 서귀포 시가지 북쪽에 홀로 서 있으니 말이다. 정상부에는 아담한 분화구가 있다. 길이 나 있어 분화구 안으로 들어가 볼 수 있다. 분화구 둘레길 전망은 아주 근사하다. 산 북쪽에는 한라산이 수문장처럼 당당하게 서 있고 남쪽에는 서귀포와 태평양이 환상적인 풍경을 펼쳐놓는다. 이런 지리적 특징 때문에 설문대할망이 심심할 때면 한라산을 베고 누워 고근산 분화구에 엉덩이를 얹어 놓고, 서귀포 앞바다 범섬에 다리를 걸치고 물장구를 치며 놀았다는 전설이 전해진다. 고근산은 옛날 동쪽 정의현과 서쪽 대정현의 경계를 이루는 산이었다. 중문면과 서귀읍이 통합되기 전 경계 역시 고근산이었다. 지금은 서귀포시 신도시가 고근산을 주산으로 삼아 그 아래에 자리를 틀었다. 도시 설계자들은 고근산을 경계에서 중심으로 이동시켰다. 이제 시민들이 고근산을 찾는다. 올레길 7-1코스도 고근산을 지난다. 소문난 신시가지 야경 보러 가야 하지 않겠나?

Trekking Map 고근산 탐방 지도

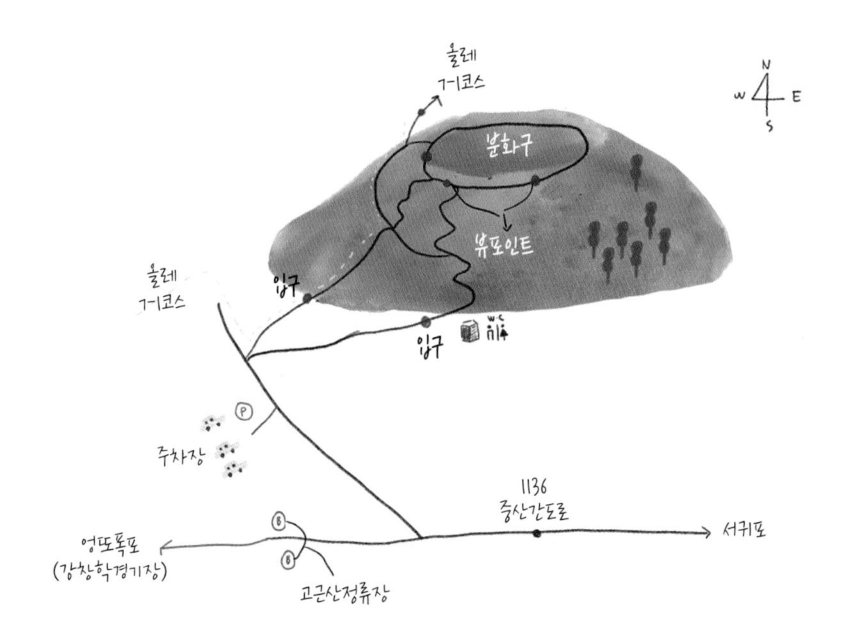

Trekking Tip 고근산 오르기

❶ 오름 입구 북쪽과 남서쪽에 입구가 있다. 북쪽서호마을 게이트볼장 부근은 올레 7-1코스의 입구이고, 남서쪽 입구는 7-1코스의 출구이다. 일반적으로 남서쪽 입구, 즉 올레 7-1코스 출구로 많이 오른다. 남쪽에도 입구가 있다.

❷ 트레킹 코스 남서쪽 입구에서 정상까지 15분 남짓 걸린다. 분화구 탐방 시간은 왕복 10분, 둘레길 산책 시간은 15분 정도 걸린다.

❸ 준비물 운동화, 모자, 선크림, 선글라스, 생수

❹ 기타 남서쪽 입구에서 2~3분 오르면 화장실이 있다.

HOT SPOT

엉또폭포

서귀포시 강정동 1587
고근산에서 자동차로 6분

50m 폭포의 위용

제주도엔 비가 많이 내리지만, 현무암층으로 스며들어 물이 흐르는 하천이 거의 없다. 비가 올 때만 개울이 흐르는 간헐천은 부지기수다. 엉또폭포는 악근천이라는 간헐천 절벽에 있다. 한라산에 70mm 이상 비가 내릴 때만 볼 수 있는 아주 귀한 폭포다. 큰비가 지나간 뒤에 가장 멋진 장관을 이룬다. 50m 절벽 위에서 물이 쏟아진다. 사람들은 평생 한 번 볼까 말까 한 광경 앞에서 입을 다물지 못한다. 한라산에 제법 큰 비가 내리면 잊지 말고 엉또폭포로 가시라. 제주도를 떠난 뒤에도 한동안 엉또폭포를 잊지 못할 것이다.

RESTAURANT

문치비 본점

서귀포시 신서로32번길 14
(강정동 172-2)
본점 064-739-2560
매일 11:30~24:00
주차 전용 주차장
고근산에서 자동차로 7분

노릇노릇 맛있는 근고기

서귀포 신시가지에 있는 근고기 맛집이다. 근고기란 한 근으로 썰어 덩어리째 내오는 제주식 돼지고기이다. 제주에 가면 꼭 먹어야 하는 향토 음식이다. 덩어리 고기가 나오는 순간 너무 커 입이 떡 벌어진다. 직원이 직접 노릇노릇하게 구워준다. 근고기는 멸치젓 소스에 찍어 먹어야 제맛이 난다. 서귀포 구시가지 엠스테이호텔 근처에 지점이 있다. 돼지고기가 아니라 싱싱한 생선회가 먹고 싶다면 서귀포올레시장 근처에 있는 형아시횟집서귀포시 동홍로 29, 064-739-5688을 추천한다. 서귀포 켄싱턴리조트 근처에 있는 바닷가 횟집이다.

CAFE

봉주르마담

서귀포시 대청로 33
0507-1440-2900
매일 09:00~21:00
(빵 소진 시 마감)
주차 길가 주차
고근산에서 자동차로 8분

프랑스 전통 빵 즐기기

서귀포 신시가지에 있는 베이커리 카페이다. 유기농 밀가루와 유기농 생크림, 유기농 버터만 사용하는 곳으로 알려지면서 인기를 끌고 있다. 가게 문을 열고 들어가면 고소한 빵 냄새가 달려와 먼저 반긴다. 프랑스 전통 빵 맛을 느낄 수 있는 곳으로, 제일 유명한 빵은 18세기 프랑스 보르도 지방 수도원에서 만들기 시작한 카넬레다. 겉은 바삭하고 속은 우유처럼 부드럽다. 한입 베어 물면 안에 갇혀있던 바닐라 향이 입안 가득 퍼진다. 버터 브레첼과 사르르 녹는 초콜릿 크루아상도 손님들이 즐겨 찾는다. 커피도 마실 수 있다.

CAFE

아뜰리에안

서귀포시 막숙포로 166
0507-1346-8100
매일 09:00~17:00
주차 길가 주차
고근산에서 자동차로 10분

오션 뷰 카페에서 브런치 즐기기

올레 7코스 옆에 있는 오션 뷰 카페이다. 카페에서 법환 앞바다와 바다 위에 떠 있는 범섬을 눈에 가득 담을 수 있다. 카페 건물에 제주 감성이 잘 스며들었는데, 아니나 다를까, '제주다운 건축상'을 받았다. 날이 좋으면 야외벤치에 앉아 커피를 마시자. 멋진 바닷가 풍경 덕에 커피가 더 맛있다. 카페 뒤뜰도 매력적이다. 아담하고 아기자기한 공간이 동화 속에 들어온 듯 매혹적이다. 커피와 차 외에 브런치 메뉴도 있다. 카페 앞에서 법환포구까지 이어진 해변 산책로가 아름답다. 올레 7코스를 거슬러 가볍게 산책을 즐겨도 좋다.

08 삼매봉

OREUM 서귀포의 전망 명소

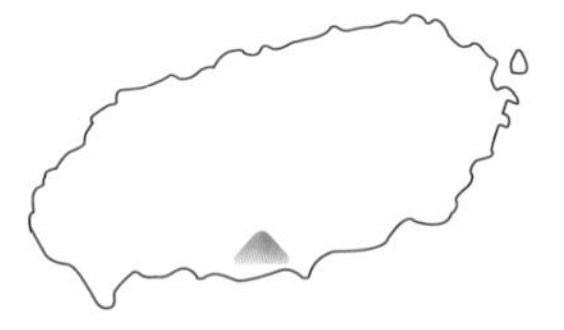

삼매봉은 서귀포 도심과 가까워 시민들에겐 친숙한 오름이다. 탐방로를 따라 15분 남짓 걸으면 정상에 닿는다. 정상으로 가는 숲길도 좋지만, 바깥 풍경이 더 아름답다. 범섬, 문섬, 서귀포 앞바다가 시야 가득 들어온다. 정상에 서면 한라산도 막힘없이 바라볼 수 있다. 올레 7코스가 삼매봉을 지난다.

- **주소** 서귀포시 서홍동 801
- **순수 오름 높이** 104m
- **해발 높이** 154m
- **등반 시간** 편도 10~15분

Travel Tip 삼매봉 여행 정보

인기도 중 접근성 상 난이도 하 정상 전망 상 등반로 상태 상 편의시설 주차장, 화장실, 전망대, 휴게소
여행 포인트 올레 7코스 산책, 삼매봉 정자 남성대에 올라 '카노푸스'남극노인성 찾아보기

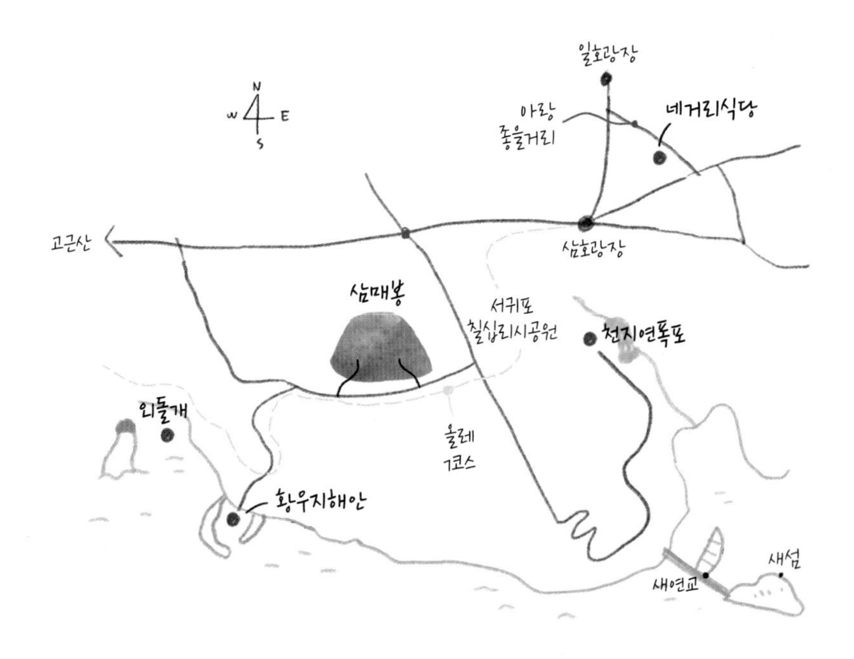

How to go 삼매봉 찾아가기

승용차 내비게이션에 '외돌개 주차장'오름 남쪽 입구 또는 '삼매봉 중계소'서쪽 산책로 입구로 검색. 제주공항에서 1시간 5분, 중문관광단지에서 22분, 서귀포에서 5분 소요

콜택시 서귀포시 **OK콜택시** 064-732-0082 **서귀포콜택시** 064-762-0100 **서귀포인성호출택시** 064-732-6199
중문관광단지 **중문호출개인택시** 064-738-1700 **중문천제연** 064-738-5880

버스 ❶ 제주공항 6번 정류장평화로, 800번에서 800, 800-1번 승차 → 12개 정류장, 1시간 7분 이동 → 삼다체육공원 입구 정류장에서 691번 환승 → 외돌개 정류장 하차. 총 1시간 19분 소요
❷ 제주버스터미널에서 181번 탑승 → 14개 정류장, 1시간 3분 이동 → 서귀포 환승 정류장서귀포등기소 하차 → 중앙로터리로 도보 120m 이동 → 중앙로터리 정류장에서 692번 승차 → 7개 정류장, 8분 이동 → 외돌개 정류장 하차. 총 1시간 15분 소요
❸ 서귀포버스터미널에서 202, 282, 510, 531, 532, 633번 승차 → 7개 정류장, 8분 이동 → 삼매봉 정류장 하차 → 외돌개 주차장까지 662m 도보 이동. 총 20분 소요

올레 7코스 따라 삼매봉 트레킹

서귀포 시민들에게 친숙한 오름을 하나 꼽으라면 삼매봉이 맨 앞자리를 차지한다. 오름이 높지 않은 데다가 시내에서 가까워 시민들의 휴식 장소인 까닭이다. 게다가 서귀포시립 기당미술관과 삼매봉도서관, 서귀포예술의 전당이 동쪽 자락에 안겨 있어서 삼매봉을 더 친숙하고 특별하게 여긴다. 오름 입구는 남쪽과 동쪽에 있다. 잘 조성된 산책로를 따라 15분 남짓 걸으면 정상에 닿는다. 정상으로 가는 숲길도 좋지만, 바깥 풍경이 더 아름답다. 범섬, 문섬, 서귀포 앞바다가 시야 가득 들어온다. 정상에 서면 한라산도 막힘없이 바라볼 수 있다. 삼매봉 정상엔 '남성대'라는 정자가 있다. 이곳에선 겨울철 밤하늘에서 시리우스 다음으로 밝게 빛난다는 '카노푸스'남극노인성를 볼 수 있다고 해서 이런 이름을 얻었다. 삼매봉 주변으로는 서귀포의 절경과 관광 명소가 부챗살처럼 펼쳐져 있다. 문섬, 새섬과 새연교, 천지연폭포, 황우지해안, 외돌개……. 그리고 제주 올레 7코스가 삼매봉을 지난다. 동쪽 입구에서 정상을 거쳐 남쪽 입구로 나온다면 올레 7코스의 삼매봉 구간을 다 걸은 셈이다.

Trekking Map 삼매봉 탐방 지도

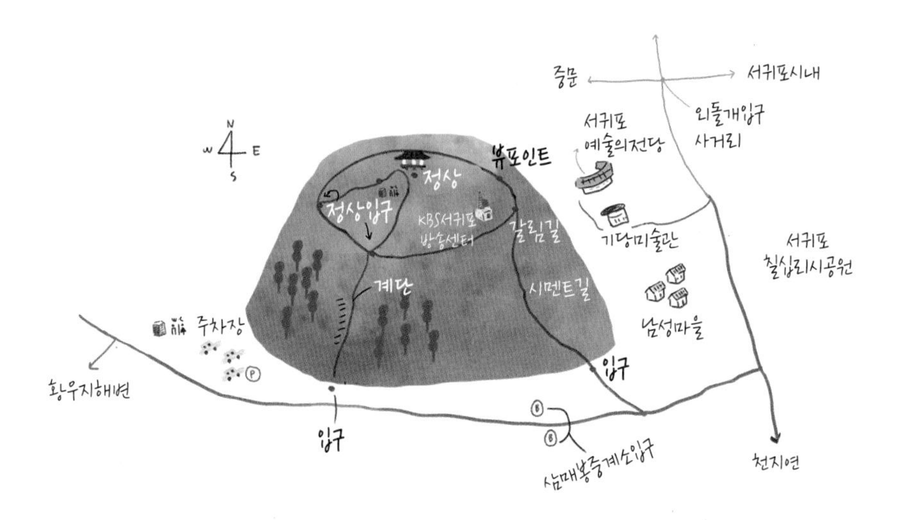

Trekking Tip 삼매봉 오르기

❶ 오름 입구 동쪽삼매봉 중계소 입구과 남쪽외돌개 주차장에 입구가 있다. 어느 곳에서 출발하든 정상에 오를 수 있다.

❷ 트레킹 코스 삼매봉 중계소 입구 쪽에서 오르면 정상 부분의 둘레길과 만나 둘레길을 걷다 정상으로 오를 수 있다. 15분 소요된다. 외돌개 주차장에서 오르면 정상까지 10분이면 직선으로 오를 수 있다. 동쪽 입구에서 출발해 올레 7코스 삼매봉 구간을 탐방한 후 외돌개까지 걸어도 좋다. 외돌개까지 30분이면 왕복할 수 있다.

❸ 준비물 운동화, 모자, 선크림, 선글라스, 생수

❹ 기타 겨울철추분에서 춘분까지 밤에는 카노푸스 찾기에 도전해보자.

 HOT SPOT

외돌개

서귀포시 서홍동 791

외돌개주차장에서 도보 10분

기묘한 바닷가 용암 기둥

제주도를 만든 건 화산이다. 마찬가지로 제주도의 신비롭고 아름다운 자연을 만든 것도 화산이다. 한라산과 백록담, 수많은 오름, 성산일출봉과 비양도. 제주의 자연유산은 화산이 우리에게 준 소중한 선물이다. 외돌개도 화산이 만들었다. 외돌개는 서귀포 서쪽 바닷가에 우뚝 솟아 있다. 약 180만 년 전 바닷속에서 화산이 폭발할 때 수면 위로 솟아오른 용암이 바닷물에 급격히 식으면서 굳어 생긴 것이다. 고석포, 장군석이라고 부르기도 한다. 높이 20m의 용암 기둥이 기묘하고 신비롭다. 기둥머리엔 아슬아슬하게 나무가 자란다.

HOT SPOT

황우지해안

서귀포시 서홍동 2593

외돌개주차장에서 도보 5분

신비로운 해안가 천연 수영장

삼매봉 남쪽 해안가에 있다. 천연 수영장으로 잘 알려진 곳이다. 언제, 누가 그랬는지 모르지만, 기암절벽과 바위 사이를 돌로 이어 제법 큰 수영장을 만들었다. 예전엔 현지인만 아는 곳이었으나, 수영과 스노클링을 즐기려는 여행자들이 부쩍 늘었다. 스쿠버 동호인은 물론 일반인들까지 물놀이를 즐기기 위해 찾는다. 물놀이뿐만 아니라 그 모습 자체가 워낙 아름다워 삼매봉에 오면 반드시 들러야 할 곳이다. 고개를 들면 새섬과 문섬, 범섬이 손에 잡힐 듯 바다에 떠 있다. 삼매봉 남쪽 외돌개주차장에서 표지판 보고 5분쯤 걸으면 나온다.

HOT SPOT

천지연폭포

- 서귀포시 서홍동 791
- 064-760-6304
- 09:00~22:00(입장 마감 21:20)
- ₩ **성인** 2,000원 **어린이** 1,000원
- **주차** 가능
- 외돌개주차장에서 자동차로 5분

한라산 물이 폭포가 되어

천지. 하늘과 땅이 만나는 폭포는 서귀포에서 가장 인기가 높은 명소이다. 한라산에서 흘러내린 물이 바다로 나가기 직전 절벽에서 힘차게 몸을 던진다. 높이 22m, 너비 12m, 수심 20m로 물줄기 자체가 장관이다. 천연기념물 27호이다. 폭포를 찾아가는 길도 일품이다. 산책로 주변으로 난대림이 무성해 숲길을 걷는 기분이 특별하다. 밤이 되면 아름다운 조명이 폭포를 더 빛내준다. 서귀포와 새섬을 연결하는 다리 새연교서귀포시 서홍동 707-4도 천지연폭포에 버금가는 명소이다. 제주 전통 뗏목 '태우'를 형상화했다. 일몰과 야경이 장관이다.

RESTAURANT

네거리식당

- 서귀포시 서문로 29길 20
- 064-762-5513
- 07:00~21:40
  (명절 연휴 휴무)
- 주차 공영주차장(서귀동 312-6)
- 외돌개주차장에서 자동차로 4분

수요미식회에 나온 갈치 음식점

서귀포에 갈치 음식점이 많지만 네거리식당은 그중에서 첫손에 꼽힌다. 예전에는 현지인이 좋아하는 도민 맛집이었으나 몇 해 전 <수요미식회>에 나온 뒤로는 서귀포시민보다 여행객이 더 많이 찾는다. 갈치조림, 갈칫국, 성게미역국, 고등어조림, 옥돔구이 등이 두루 맛있지만, 그래도 갈치 음식 인기가 제일 많다. 살집이 좋은 갈치를 쓰는 집으로 평이 좋은 편이다. 갈치 음식이 아니라 전복뚝배기를 먹고 싶다면 삼보식당서귀포시 중정로 2, 064-762-3620으로 가자. 예전에 비해 못하다는 평이 있지만 그래도 <수요미식회>에 나온 맛집이다.

09 제지기오름

OREUM

북쪽엔 한라산, 남쪽엔 쪽빛 바다

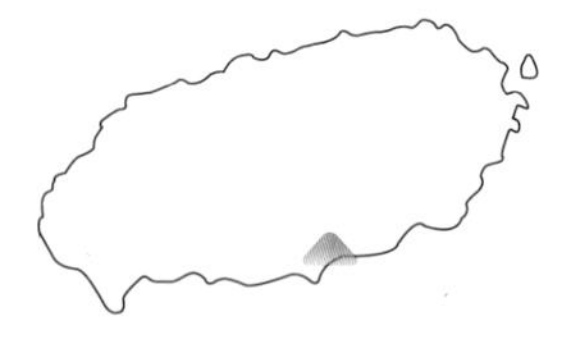

서귀포 동쪽 보목포구 옆에 있다. 정상 잔디밭에서 멋진 전망을 즐길 수 있다. 북쪽으로는 한라산이 보이고, 남쪽으로는 아담한 보목항과 산호초가 아름다운 섶섬이 손에 잡힐 듯 가까이 있다. 오름 탐방 후엔 평화로운 보목마을을 산책하거나 올레 6코스를 천천히 거슬러 쇠소깍까지 가보자.

Information

- **주소** 서귀포시 보목동 275-1
- **순수 오름 높이** 85m
- **해발 높이** 95m
- **등반 시간** 편도 10분

Travel Tip 제지기오름 여행 정보

인기도 중 접근성 상 난이도 하 정상 전망 중 등반로 상태 상(비 오는 날은 미끄러움) 편의시설 벤치, 운동기구
여행 포인트 보목마을, 섶섬, 정상 뷰, 쇠소깍, 올레 6코스

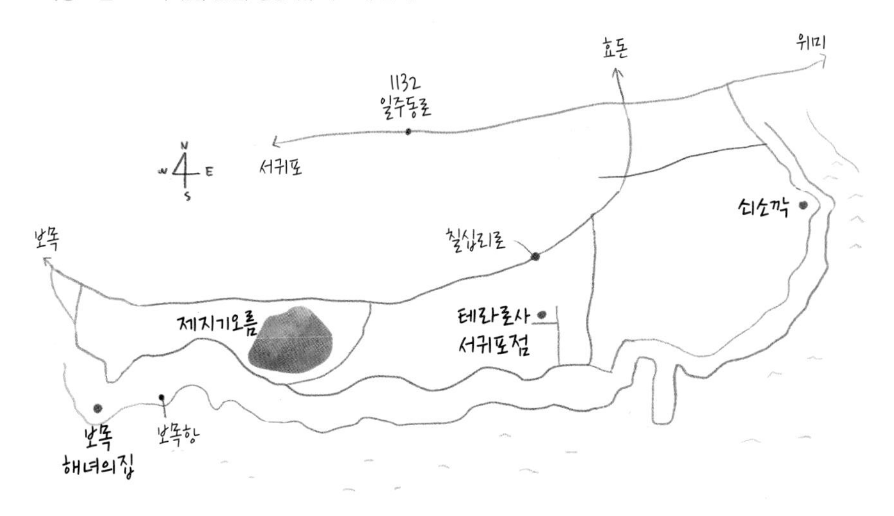

How to go 제지기오름 찾아가기

승용차 내비게이션에 '제지기오름' 검색. 제주공항에서 1시간 10분, 중문에서 45분, 서귀포에서 13분 소요

콜택시
서귀포시 **OK콜택시** 064-732-0082 **서귀포콜택시** 064-762-0100 **서귀포인성호출택시** 064-732-6199

버스
❶ 제주공항 2번 정류장일주동로, 516도로 방면 또는 제주버스터미널에서 181번 승차 → 1시간 이동 후 비석거리 정류장 하차 → 남쪽 방향 효성빌라 정류장까지 도보490m, 7분 이동 → 630번 승차 → 10개 정류장, 10분 이동 → 보목포구 하차 후 제지기오름 입구까지 260m, 4분 도보 이동. 총 1시간 32분 소요
❷ 서귀포 중앙로터리 정류장에서 630번 승차 → 14개 정류장, 23분 이동 후 보목포구 하차 → 제지기오름 입구까지 260m, 4분 도보 이동. 총 27분 소요

올레 6코스가 지난다

서귀포 동쪽 바닷가에 있다. 오름 아래에 보목포구가 있고, 앞바다에는 산호초가 아름답기로 유명한 섶섬이 떠 있다. 그리고 서쪽으로 고즈넉한 보목마을이 평화롭게 누워있다. 85m로 높이가 낮고 덩치도 작지만, 제지기오름에 오르면 이처럼 아름다운 풍경을 모두 눈에 담을 수 있다. 남쪽 중턱에는 커다란 바위 동굴이 있다. 예전에는 이곳에 절이 있었다고 전해진다. 제지기란 이름도 이 절을 지키던 '절 지기'가 오름에 살아서 붙여졌다고 한다. 오름 남쪽과 북쪽에 입구가 있다. 올레 6코스가 지나는데, 북쪽 입구는 6코스의 입구이고, 남쪽 입구는 6코스 출구이다. 남쪽 탐방로는 나무 데크로 이루어져 남녀노소 쉽게 오를 수 있다. 10분이면 정상을 오를 수 있다. 오르는 길은 나무들이 우뚝 서 있어서 바깥 풍경이 잘 보이지 않는다. 하지만 정상엔 커다란 잔디밭이어서 멋진 전망을 즐길 수 있다. 북쪽으로는 아름다운 한라산이 보인다. 남쪽으로는 보목항과 섶섬이 손에 잡힐 듯 가까이 있다. 오름 탐방 후엔 아름다운 보목마을을 산책하거나 올레 6코스를 천천히 거슬러 쇠소깍을 찾아도 좋을 것이다.

Trekking Map 제지기오름 탐방 지도

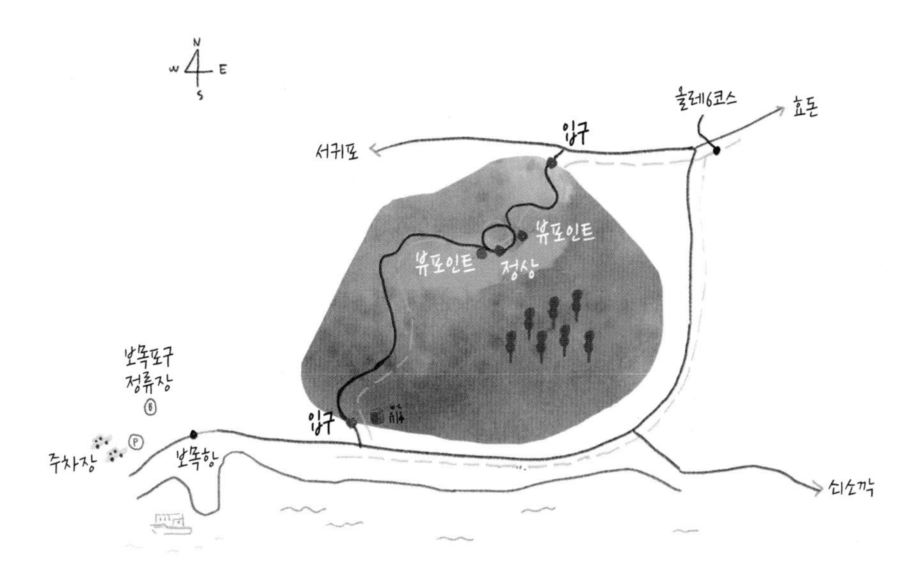

Trekking Tip 제지기오름 오르기

❶ 오름 입구 남쪽과 북쪽에 입구가 있다.

❷ 트레킹 코스 어느 입구에서 오르든 10분이면 정상에 닿는다. 트레킹 코스가 올레 6코스와 겹친다.

❸ 준비물 등산화, 모자, 선크림, 선글라스, 생수

❹ 유의사항 오르는 길에 바위가 있어 운동화보다는 등산화가 편하다.

❺ 기타 오름에 벤치와 운동기구가 있다.

HOT SPOT

쇠소깍

서귀포시 쇠소깍로 128 **테우 체험** 064-732-9998 **카약 체험** 064-762-1619
제지기오름에서 자동차로 5분

남빛보다 더 푸른

민물과 바닷물이 교차하면서 에메랄드 물빛을 만들어내는 곳, 낮에는 사치스러울 정도로 물이 푸르고 밤이 되면 노란 달을 품는 쇠소깍. 쇠소깍은 제주어로 소가 누운 모양의 연못 또는 웅덩이라는 뜻이다. '쇠'는 소, '소'는 연못과 웅덩이, '깍'은 끝이라는 뜻이다. 서귀포시 동쪽에 있는 효돈천은 한라산에서 시작하여 중산간 마을을 적셔준 뒤 천천히 태평양으로 흘러간다. 효돈천은 유네스코 생물권보존구역이다. 효돈천이 바다와 만나는 곳, 그곳이 쇠소깍이다. 이름처럼 민물의 끝, 바다와 맞닿은 연못의 청색 물빛이 비밀스러운 경치를 뽐낸다. 봄에는 하효항 쪽에 유채 꽃밭도 조성한다. 쇠소깍에선 전통 뗏목인 '테우'과 '나룻배'처럼 생긴 카약 체험을 할 수 있다. 테우는 여러 명이 함께 타는데, 25분 정도 천천히 운행한다. 카약은 2인 1조로 노를 저어 쇠소깍을 돌아보면 된다. 카약이나 뗏목 '테우'를 타고 쇠소깍을 즐기다 보면 당신의 마음도 푸르게 물들 것이다.

©송인희

보목해녀의집

서귀포시 보목포로 48
064-732-3959
10:00~22:00
제지기오름에서 자동차로 1분

맛있는 물회가 생각난다면

보목포구에 있는 유명한 자리물회 맛집이다. 자리돔은 몸집이 15cm 내외인 작은 물고기이다. 제주도와 일본 남부 일대에서 주로 자란다. 자리물회는 제주에서 늦봄 또는 초여름부터 냉국 대용으로 먹는 향토 음식이었으나 지금은 여행자들이 더 많이 찾는 대중 음식으로 발전하였다. 가늘게 썬 자리와 제주식 된장 양념, 부추, 미나리, 풋고추, 양파, 식초 등을 물에 넣고 말아먹는다. 한치물회와 자리구이도 판매한다. 제지기오름 남쪽 아래에 있는 어진이네횟집서귀포시 보목포로 93, 064-732-7442도 자리물회와 한치물회로 유명하다.

테라로사 서귀포점

서귀포시 칠십리로658번길 27-16
1688-2764
09:00~21:00
주차 가능
제지기오름에서 자동차로 4분

귤밭이 카페로 들어왔다

강릉에서 불기 시작한 테라로사의 바람이 서울, 부산을 거쳐 제주도까지 건너왔다. 테라로사 서귀포점은 여덟 번째로 오픈했다. 서귀포점도 테라로사의 상징인 주황색 벽돌 건물이다. 카페 옆은 귤밭이다. 귤밭 사이에 있는 안뜰이 아늑해서 인기가 많다. 날이 좋은 날에는 망설이지 말고 귤밭 옆 야외 테이블로 가자. 귤밭에서 커피를 마시고 있으면 낭만과 설렘을 동반한 만족감이 영혼까지 스며드는 기분이 든다. 실내도 나쁘지 않다. 통유리 창문으로 자연을 안으로 끌어들인다. 매장에서 원두를 구매할 수 있다.

10 솔오름 미악산

OREUM **전망 좋은 서귀포의 남산**

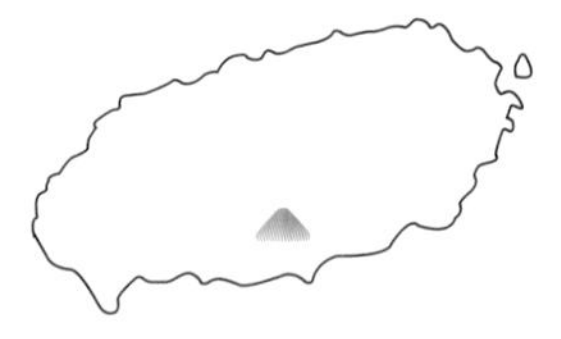

다음이나 네이버 지도를 검색하면 미악산으로 나오지만, 서귀포 사람들은 솔오름이라 부른다. 솔오름전망대에서 산록남로를 따라 동쪽으로 90m쯤 걸어가면 오름 입구가 나타난다. 소나무와 삼나무가 우거진 숲길을 30분 오르면 이윽고 정상이다. 한라산, 북태평양, 서귀포시가지. 360도 절경이 모두 당신 것이다.

- **주소** 서귀포시 동홍동 2150-1
- **순수 오름 높이** 113m
- **해발 높이** 566m
- **등반 시간** 편도 30분

Travel Tip 솔오름 여행 정보

인기도 상 접근성 상 난이도 중 정상 전망 상 등반로 상태 상 편의시설 주차장, 화장실, 전망대, 푸드트럭
여행 포인트 숲길 산책, 서귀포시 앞바다 전망, 한라산 전망

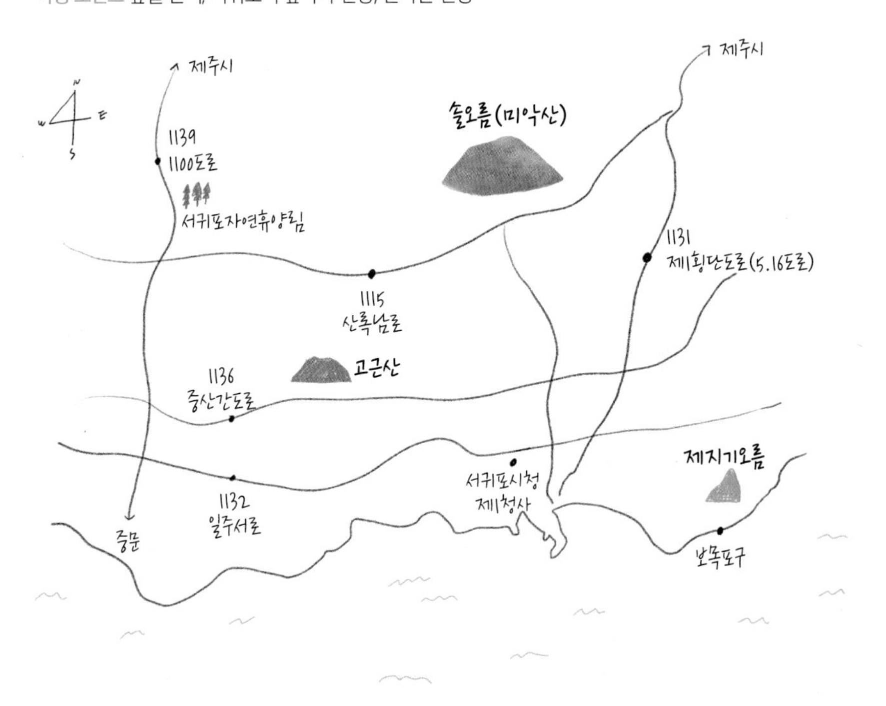

How to go 솔오름 찾아가기

승용차 내비게이션에 솔오름 또는 솔오름전망대 검색. 제주공항에서 56분, 중문관광단지에서 32분, 서귀포에서 20분 소요 솔오름전망대 서귀포시 동홍동 2150-1

콜택시

서귀포시 **OK콜택시** 064-732-0082 **서귀포콜택시** 064-762-0100 **서귀포인성호출택시** 064-732-6199

버스

❶ 제주공항 2번 정류장일주동로, 516도로 방향 또는 제주버스터미널에서 181번 승차 → 1시간 이동 → 서귀포 환승 정류장서귀포등기소 하차 → 중앙로타리동쪽 정류장까지 도보 200m 이동 → 625번 버스 승차 → 11개 정류장 → 솔오름전망대 정류장 하차 → 솔오름 입구까지 동쪽으로 90m 이동. 총 1시간 40분 소요

❷ 서귀포버스터미널에서 101번 승차 → 7개 정류장 이동 → 중앙로터리동쪽 정류장에서 625번 버스로 환승 → 11개 정류장 이동 → 솔오름전망대 정류장 하차 → 솔오름 입구까지 동쪽으로 90m. 총 30분 소요

태평양과 한라산을 한눈에

미악산솔오름은 서울에 비유하면 남산 같은 오름이다. 네이버나 다음 지도를 검색하면 미악산으로 나오지만, 서귀포 사람들은 솔오름이라 부른다. 법정악, 시오름, 고근산, 각시바위 등 시민들이 자주 오르는 오름이 있지만, 요즘엔 고근산만큼이나 솔오름이 인기를 얻고 있다. 솔오름에 가기 위해선 '솔오름전망대'를 먼저 찾아야 한다. 서귀포 북쪽 산록남로1115번 교차로 옆에 있는데, 이곳에서도 서귀포시가지 풍경과 태평양을 조망할 수 있다. 오름 입구에 전망대가 있을 정도이니 솔오름 정상 전망이 얼마나 아름다울지 기대된다. 전망대와 도로 양쪽에 제법 큰 주차장이 있다. 이곳에서 산록남로를 따라 동쪽으로 90m쯤 걸어가면 가면 오름 입구가 나타난다. 탐방로는 잘 정비돼 있다. 소나무와 삼나무 숲길이 아름답다. 입구에서 30분이면 정상에 오를 수 있다. 정상에 서면 한라산을 정면에서 마주할 수 있고, 남쪽으로는 서귀포시와 태평양이 한눈에 들어온다. 솔오름전망대엔 푸드트럭 서너 대가 있다. 어묵과 토스트로 요기한 후 아메리카노 한잔 들고 전망대에 오르자. 360도 풍경이 모두 당신 것이다.

Trekking Map 솔오름 탐방 지도

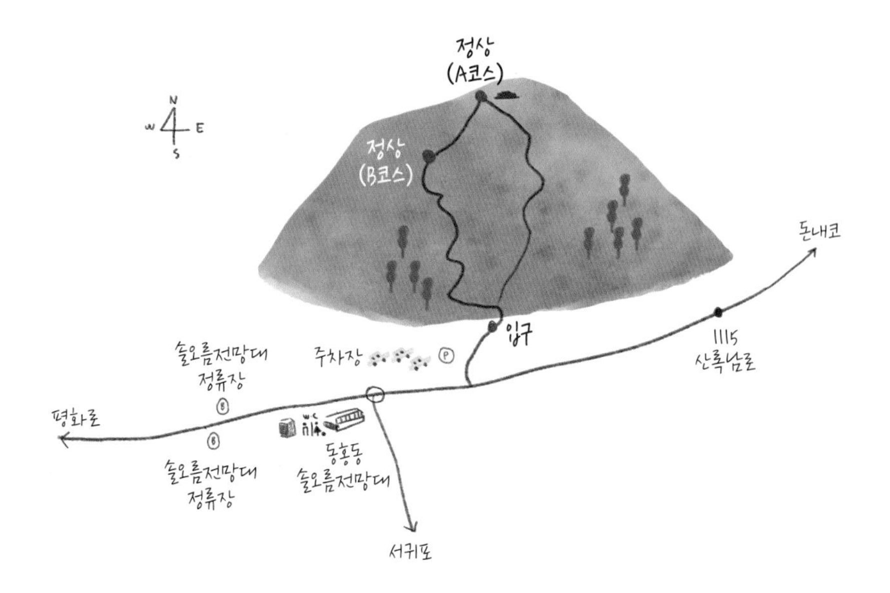

Trekking Tip 솔오름 오르기

❶ 오름 입구 솔오름 남쪽, 솔오름전망대 대각선 방향 도로변 주차장 근처에 입구가 있다. 이곳에 주차하고 탐방을 시작하면 된다.

❷ 트레킹 코스 입구를 조금 지나면 A코스와 B코스가 나오는데. A코스는 사유지가 포함돼 있어서 지금은 폐쇄했다. 30분이면 정상에 오를 수 있다.

❸ 준비물 등산화, 모자, 선크림, 선글라스, 생수

❹ 기타 솔오름전망대 푸드트럭에서 음식과 커피를 즐길 수 있다.

11 **영천악** 영천오름

OREUM

둘레길과 효돈천도 매력적이다

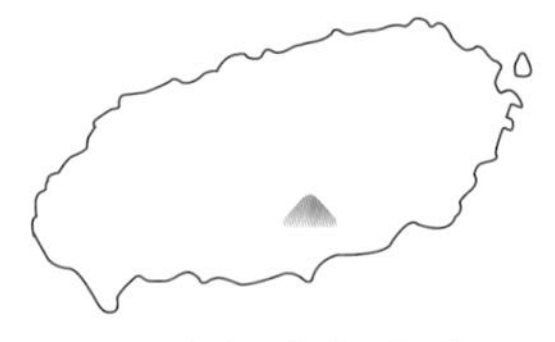

영천악 이름은 옆으로 흐르는 영천에서 따왔다. 순수 오름 높이가 97m에 지나지 않아 20분이면 오른다. 오름 둘레길은 정상 못지않게 매력적이다. 영천과 효돈천이 좌우에서 오름을 부드럽게 감싸며 흐르는데, 하천과 어우러진 둘레길이 환상적이다. 영천오름과 둘레길을 걸은 다음 효돈천을 지나 칡오름에 오르면 완벽한 트레킹 코스가 완성된다.

- **주소** 서귀포시 상효동 산 123
- **순수 오름 높이** 97m
- **해발 높이** 277m
- **등반 시간** 편도 20분

Travel Tip 영천악 여행 정보

인기도 하 접근성 상 난이도 하 정상 전망 중 등반로 상태 중 편의시설 없음 여행 포인트 둘레길 산책, 효돈천과 칡오름 연계 트레킹

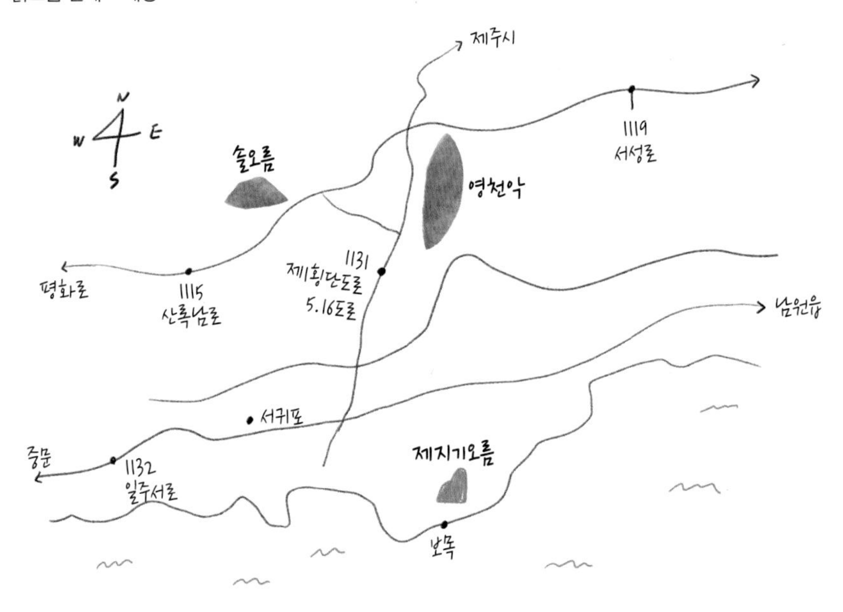

How to go 영천악 찾아가기

승용차 내비게이션에 '서귀포시 상효동 1116-16'으로 검색. 제주공항에서 50분, 중문관광단지에서 30분, 서귀포에서 15분 소요

콜택시

서귀포시 **OK콜택시** 064-732-0082 **서귀포콜택시** 064-762-0100 **서귀포인성호출택시** 064-732-6199

버스

❶ 제주공항 2번 정류장일주동로, 516도로 방향 또는 제주버스터미널에서 181번 승차 → 55분 이동 후 하례 환승 정류장에서 하차 → 영천악 입구까지 797m, 12분 도보 이동. 총 1시간 10분 소요

❷ 서귀포버스터미널과 중앙로터리동쪽 정류장에서 182번 승차 → 하례 환승 정류장 하차 → 영천오름 입구까지 706m, 11분 도보 이동. 총 38분 소요

칡오름과 더불어 트레킹

상효 칡오름과 남북으로 나란히 서 있다. 제주시에서 516도로를 타고 한라산을 넘어오면 영천악이 먼저 나와 반겨준다. 영천악이 보이면 서귀포시에 거의 도착했다는 뜻이다. 오름 이름은 바로 옆으로 흐르는 영천에서 따왔다. 영천오름 서쪽에 한국전쟁 때 육지에서 피난 온 사람들을 위해 만든 마을이 있었다. 법으로 보호해주는 마을이라고 하여 법호촌이라 불렀다. 시간이 지나 사람들은 다시 육지로 나가거나 다른 곳으로 옮겨 정착했으나 법호촌이란 지명은 아직도 남아 있다. 법호촌 사람들의 배경이 되어주었던 영천과 영천오름도 여전히 의구하다. 영천악 입구는 북쪽에 있다. 순수 오름 높이가 97m에 지나지 않는다. 입구에서 탐방로를 따라 천천히 15~20분 남짓 걸으면 정상에 닿는다. 영천오름 둘레길은 정상만큼이나 매력적이다. 영천과 효돈천이 좌우에서 오름을 감싸고 흐르는데, 하천과 어우러진 둘레길이 환상적이다. 남쪽으로 하산 후 잠시 둘레길을 걸어보자. 영천오름과 둘레길을 걸은 다음 효돈천을 지나 칡오름에 오르면 완벽한 트레킹 코스가 완성된다. 오름의 맛은 정상 풍광에만 있는 것이 아니라 이처럼 멋진 트레킹에도 있다.

Trekking Map 영천악 탐방 지도

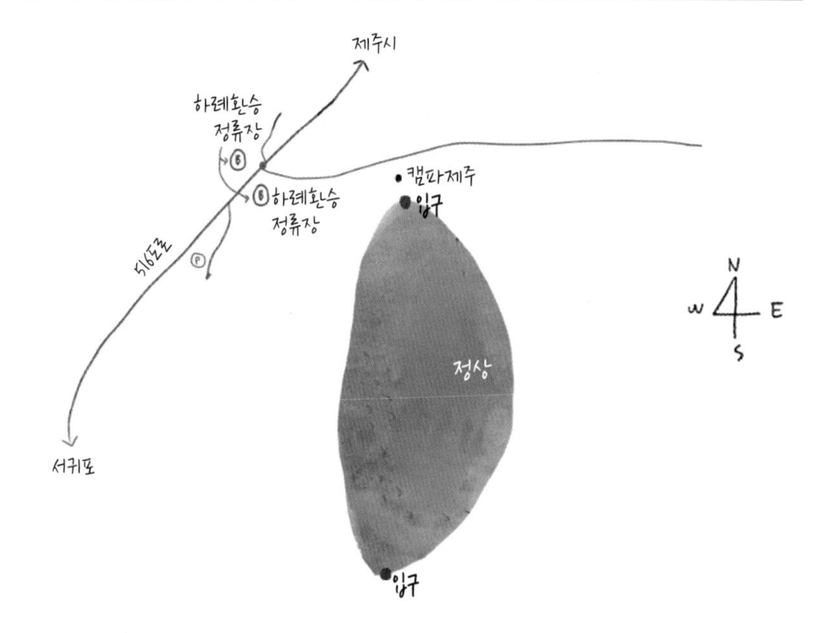

Trekking Tip 영천악 오르기

❶ 오름 입구 오름 북쪽 '캠파제주' 옆에 입구가 있다. 입구에 승용차 몇 대 주차할 공간이 있다.

❷ 트레킹 코스 북쪽 입구에서 정상을 오른 뒤 남쪽으로 내려온다. 잠시 영천오름 둘레길 일부를 걸은 뒤 효돈천 지나 큰길 횡단보도를 지나면 바로 앞으로 칡오름이 보인다. 왼쪽, 오른쪽 어느 곳으로 가도 입구를 찾을 수 있다. 칡오름까지 오르면 영천악, 칡오름 트레킹이 끝난다. 소요 시간은 1시간 30분 남짓 걸린다. 여기에 영천오름 둘레길을 포함하면 최소 2시간 코스이다.

❸ 준비물 운동화, 모자, 선크림, 선글라스, 생수

❹ 기타 녹차원과 감귤농장을 산책하고 싶다면 칡오름 동쪽에 있는 제주농업생태원으로 가자.

TIP 주변 명소, 카페 정보는 318쪽 칡오름상효 칡오름을 참고하세요.

12 칡오름 상효 칡오름

OREUM 귤밭 사이로 트레킹

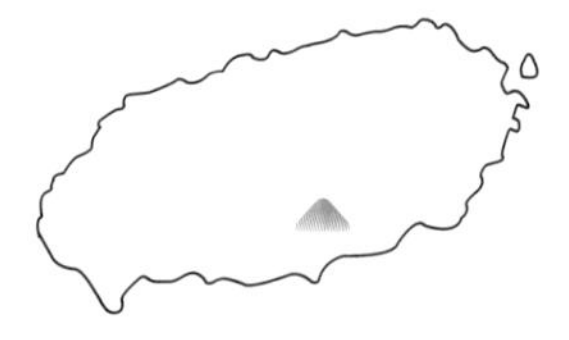

칡오름의 한자어는 갈악葛岳이다. 칡이 많아서 이런 이름을 얻었으나 지금은 오름 입구와 탐방로 전반부에 감귤나무가 더 많다. 5월엔 귤꽃 향기를 맡으며, 늦가을엔 귤 향기를 맡으며 낭만적인 트레킹을 할 수 있다. 이국적인 귤밭 풍경과 따뜻하고 아늑한 효돈마을의 정취를 맘껏 느껴보자.

주소 서귀포시 상효동 산 129
순수 오름 높이 96m
해발 높이 271m
등반 시간 편도 20분

Travel Tip 칡오름 여행 정보

인기도 하 접근성 상
난이도 하 정상 전망 중
등반로 상태 중
편의시설 없음
여행 포인트 영천악, 효돈천과 연계 트레킹

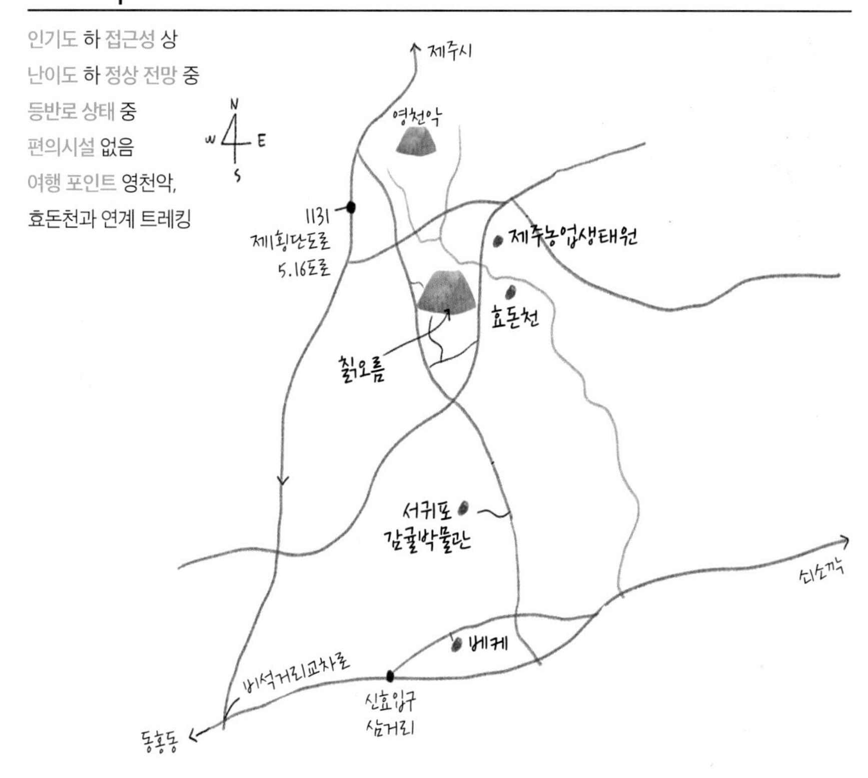

How to go 칡오름 찾아가기

승용차 내비게이션에 '서귀포시 상효동 177-1' 검색. 제주공항에서 1시간 8분, 중문관광단지에서 30분, 서귀포에서 16분 소요.

*내비게이션에 칡오름을 치면 애플망고 과수원이 나온다. 서북쪽 입구이나 사유지이므로 위 주소로 검색해 서쪽, 또는 동쪽 입구로 가는 것이 좋다. 제주시, 서귀포시, 구좌읍 등 '칡오름'이 세 군데에 있다. 다른 곳으로 가지 말자.

콜택시 서귀포시 **OK콜택시** 064-732-0082 **서귀포콜택시** 064-762-0100 **서귀포인성호출택시** 064-732-6199

버스 ❶ 제주공항 2번 정류장일주동로, 516도로 방면 또는 제주버스터미널에서 181번 승차 → 약 55분 이동 후 하례환승 정류장에서 하차 → 하례2리 입구 정류장까지 도보 247m 이동 → 615, 624번 버스로 환승 → 7개 정류장 이동 → 동상효 정류장 하차 → 칡오름 입구까지 429m, 7분 도보 이동. 총 1시간 25분 소요

❷ 서귀포버스터미널에서 201, 281번 승차 → 12개 정류장 이동 → 청소년문화의집 정류장에서 655번 환승 → 동상효 정류장 하차 → 칡오름 입구까지 429m, 7분 도보 이동. 총 40분 소요

봄엔 귤꽃, 가을엔 달큼한 귤 향기

백록담 남쪽 웃방애오름에서 출발한 영천은 서귀포 솔오름 북쪽에서 동홍천과 합류하고, 돈내코 원앙폭포를 지나 영천악을 휘돌아 흐른다. 칡오름은 영천의 물줄기를 효돈천으로 끌어당겨 물줄기를 하나로 만든다. 효돈천은 칡오름의 중매가 고맙다는 듯 동쪽을 부드럽게 적셔주고는 쇠소깍까지 흥얼흥얼 내려간다. 칡오름의 입구는 북서쪽과 서쪽, 동쪽에 있다. 북서쪽 입구애플망고 과수원는 사유지라서 주로 서쪽과 동쪽 입구를 이용한다. 영천오름과 마찬가지로 입구에서 20분이면 족히 정상에 오를 수 있다. 탐방로 숲길은 아름답다. 평화로운 귤밭과 섬이 떠 있는 서귀포 바다를 구경할 수 있으나 나무에 가려 탁 트인 정상 전망은 누릴 수 없다. 하지만 오름 둘레길은 특별하다. 시내를 끼고 오름을 도는 산책로가 아름다워, 정상 전망을 시원하게 감상하지 못한 아쉬움을 한꺼번에 날려준다. 칡오름의 한자어는 갈악葛岳이다. 칡이 많아서 이런 이름을 얻었으나 지금은 오름 입구와 탐방로 전반부에 감귤나무가 더 많다. 5월엔 귤꽃 향기를 맡으며, 늦가을엔 새콤달콤한 귤 향기를 맡으며 낭만적인 트레킹을 할 수 있다. 따뜻하고 아늑한 효돈마을의 정취도 맘껏 느껴보자.

Trekking Map 쳇오름 탐방 지도

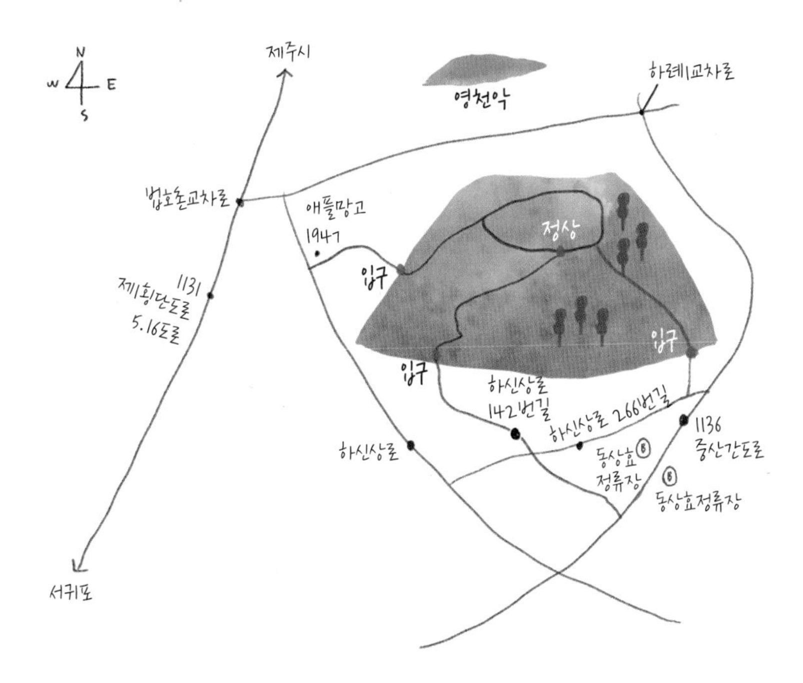

Trekking Tip 쳇오름 오르기

❶ 오름 입구 북서쪽, 남서쪽, 남동쪽 등 입구가 세 곳이다. 북서쪽 입구가 가장 무난하지만, 사유지인 '애플망고 1947' 과수원을 거쳐야 한다. 남서쪽과 남동쪽 입구는 정상과 순환 코스로 이어져 있다. 내비게이션에서 검색한 '서귀포시 상효동 177-1'에서 왼쪽으로 가면 남서쪽 입구, 오른쪽으로 가면 남동쪽 입구이다.

❷ 트레킹 코스 차는 동상효 정류장 옆 주차장서귀포시 상효동 454-4에 세우고 가는 게 편리하다. 쳇오름 산책길 작은 푯말을 따라가면 남서쪽 입구로 갈 수 있다. 정상에 오른 후 남동쪽 입구로 내려와 오름 둘레길 코스를 산책하길 권한다. 총 소요 시간은 1시간 정도이다.

❸ 준비물 운동화, 모자, 선크림, 선글라스, 생수

❹ 유의사항 탐방로는 잘 정비돼 있으나 화장실 등 편의시설은 없다.

HOT SPOT

제주농업생태원

서귀포시 남원읍 중산간동로 7361-13
064-767-3010~1
주차 가능
칡오름에서 자동차로 2분

칡오름 옆 녹차원과 감귤 체험장

서귀포감귤박물관과 함께 감귤 체험을 할 수 있는 대표적인 곳이다. 잔디밭광장, 잔디썰매장, 녹차원, 미로원, 허브동산, 키위 터널, 자생식물 터널, 감귤 따기 체험장, 염색체험장 등 여러 체험 공간을 갖추고 있다. 매년 11월 제주농업생태원에서 감귤 박람회가 열린다. 문화해설사도 상주하며, 커다란 온실에선 다양한 품종의 감귤을 구경할 수 있다. 생태원을 구경하다 배가 출출하면 바로 옆 도우미식당서귀포시 남원읍 중산간동로 7407, 064-767-2783, 11:00~14:00, 매주 일요일 휴무으로 가보자. 생오겹정식이 대표 메뉴이다.

HOT SPOT

효돈천

서귀포시 남원읍 하례리 1894
칡오름에서 자동차로 5분

유네스코 생물권보전지역

서귀포시 상효동에 있는 사찰 효명사 부근에서 발원하여 칡오름 앞에서 지류인 영천과 합류한 뒤 쇠소깍으로 빠져나간다. 유네스코 생물권보전구역이자 환경부가 지정한 국가생태관광지역이다. 효돈천 계곡 주변에 난대식물, 활엽수림, 관목림, 고산림이 골고루 발전해 있다. 특히 법으로 보호받는 한란, 돌매화나무, 솔잎란, 고란초, 으름난초 등이 자생하고 있다. 속괴, 예기소, 몰고랑소, 원앙폭포와 같은 연못과 폭포가 빼어난 비경을 자랑한다. 비가 오지 않을 때 효돈천 트레킹을 즐길 수 있다.

HOT SPOT

서귀포감귤박물관

서귀포시 효돈순환로 441
064-767-3010
09:00~18:00(7~9월 19:00까지, 신정·설날·추석 휴무)
입장료 800원~1,500원
주차 가능
칡오름에서 자동차로 5분

감귤도 따고 감귤 족욕 체험도 하고

제주농업생태원과 더불어 감귤 체험을 할 수 있는 최적의 장소이다. 주황 열매를 주렁주렁 매단 하귤나무 가로수가 여행자를 반겨준다. 감귤 따기 체험은 10월 15일부터 12월 31일까지 할 수 있다. 참가비 6천 원을 내면 직접 귤을 따 1kg 남짓 담아갈 수 있다. 이밖에 감귤 쿠키와 머핀 만들기, 감귤 정유 족욕 체험, 귤밭 길 산책 등 다양한 체험을 1년 내내 할 수 있다. 대형 온실에서 열대과일 나무를 구경하는 재미도 쏠쏠하다. 감귤 체험을 원하면 홈페이지에 예약하면 된다. 시간이 된다면 박물관 옆 작은 오름 월라봉에 올라보자.

CAFE

베케

서귀포시 효돈로 48
064-732-3828
09:30~17:30(화요일 휴무)
주차 가능
칡오름에서 자동차로 7분

식물원 같은 가드닝 카페

서귀포시 효돈동에 있는 가드닝 카페이다. 카페 주변으로 정원 식물과 핑크뮬리가 어우러져 있어서 마치 작은 식물원에 온 것 같다. 대한민국 최고의 정원 전문가로 손꼽히는 김봉찬 대표가 운영한다. 바깥 풍경을 감상하기 좋게 테이블을 창가에 바 형식으로 만들었다. 이곳은 특히 이끼 식물이 유명하다. 넓은 창문으로 바라보는 이끼와 양치식물 정원이 더없이 싱그럽고 매력적이다. 한 폭의 풍경화를 보는 듯해 마음이 저절로 상쾌해진다. 돌담과 이끼, 물안개가 어우러진 풍경이 신비롭기까지 하다. 포토존이 많아 인생 사진 찍기 좋다.

13 물영아리오름

OREUM

신비로운 산정호수

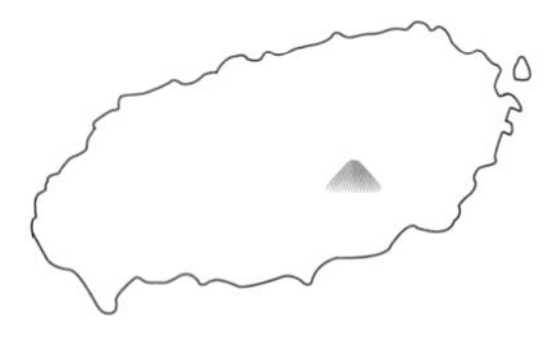

우리나라엔 23개 람사르 습지가 있다. 이 가운데 5개가 제주에 있는데, 가장 먼저 등재된 곳이 물영아리 습지이다. 건기에는 습지이지만, 큰비가 내리면 습지는 산정호수로 변한다. 넓은 목초지와 매혹적인 삼나무 숲길, 그리고 분화구 습지와 산정호수. 신비로운 오름으로 당신을 초대한다.

주소 서귀포시 남원읍 수망리 산188
순수 오름 높이 128m
해발 높이 508m
등반 시간 편도 45분

Travel Tip 물영아리오름 여행 정보

인기도 상 접근성 상 난이도 중 정상 전망 중 등반로 상태 상 편의시설 주차장, 화장실, 식당 여행 포인트 람사르 습지, 삼나무 탐방로, 비 온 뒤 산정호수 감상하기

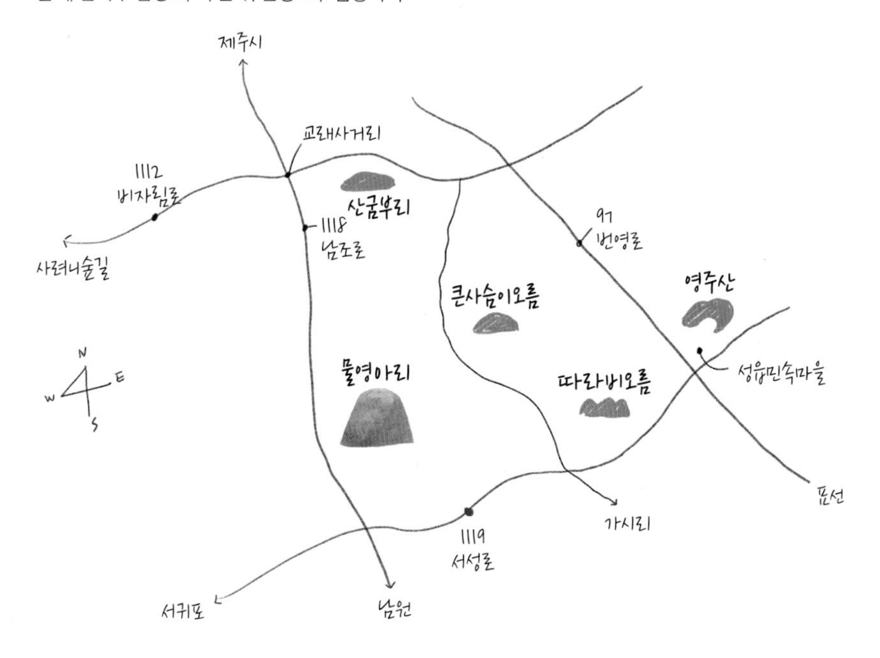

How to go 물영아리오름 찾아가기

승용차 내비게이션에 '물영아리' 또는 주소 '서귀포시 남원읍 남조로 996'으로 검색. 제주공항에서 43분, 중문관광단지에서 55분, 서귀포시에서 33분 소요

콜택시 **남원개인24시** 064-764-3535 **남원콜택시** 064-764-9191

버스 ❶ 제주국제공항 1번 정류장표선, 성산, 남원 방면 또는 제주버스터미널에서 111, 121, 131번 승차 → 봉개동 정류장에서 231번 버스로 환승 → 22개 정류장, 28분 이동 → 남원읍 충혼묘지, 물영아리 정류장 하차 → 물영아리 휴게소까지 도보 102m 이동 → 총 58분 소요
❷ 서귀포 중앙로터리 (서)정류장에서 231번 승차 후 72개 정류장 이동 → 남원읍 충혼묘지, 물영아리 (동)정류장에서 하차 → 물영아리 주차장 입구까지 183m 이동. 총 1시간 19분 소요
❸ 서귀포시버스터미널, 서귀포 중앙로터리 (동)정류장에서 101번 승차 → 남원 환승 정류장에서 하차 → 비안동 정류장까지 도보 126m 이동 → 비안동 정류장에서 231, 232번 승차 → 15개 정류장 이동 → 남원읍 충혼묘지, 물영아리 정류장 하차 → 물영아리휴게소까지 58m 이동. 총 50분 소요

제주 최초의 람사르 습지

조선 시대 제주 목사를 지낸 이형상은 제주의 다양한 행사를 그림으로 묘사한 기록 『탐라순력도』를 남겼다. 이 중에서 '산정구마'山場驅馬 편을 보면 총인원 6,536명이 동원된 말몰이 행사가 기록되어 있다. 큰사슴이오름대록산부터 성판악까지 방목 중이던 수만 마리 말을 일제히 점검하는 '빅 이벤트'였다. 수 만 필의 말을 한 군데 몰아 군집시키던 곳을 '원장'圓場이라고 하는데, 물영아리 부근에 원장이 있었다. 물영아리오름 앞에 펼쳐진 드넓은 목초지를 바라보면 그 옛날 대단했던 광경이 저절로 떠오른다. 지금은 말 대신 소와 노루들이 그 자리를 차지하고 있다. 물영아리오름 정상에는 습지가 있는데, 람사르 습지로 등재되어 있다. 우리나라엔 23개 람사르 습지가 있다. 이 가운데 5개가 제주에 있는데, 가장 먼저 등재된 곳이 물영아리 습지이다. 물장군, 맹꽁이 등 멸종위기 동식물 6종이 서식하고 있다. 건기에는 습지이지만, 큰비가 내리면 습지는 산정호수로 변한다. 산정호수로 가는 길은 삼나무숲이 우거졌다. 아름답고 이국적이다. 탐방로는 깨끗하게 잘 정돈돼 있다. 넓은 목초지와 매혹적인 삼나무 숲길, 그리고 분화구 습지와 산정호수. 신비로운 오름으로 당신을 초대한다.

Trekking Map 물영아리오름 탐방 지도

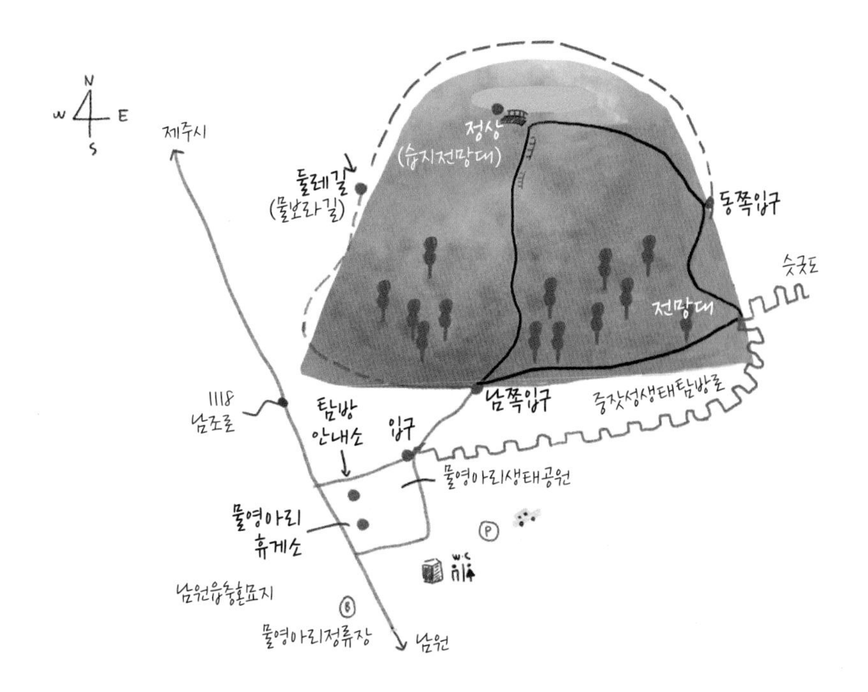

Trekking Tip 물영아리오름 오르기

❶ 오름 입구 남쪽과 동쪽에 입구가 있다. 어느 입구를 가든 물영아리 탐방안내소물영아리 휴게소 옆에서 출발한다.

❷ 트레킹 코스 탐방안내소에서 조금 걸으면 남쪽 탐방로 입구로 가는 길과 중잣성 생태탐방로 갈림길이 나온다. 왼쪽 길로 7분쯤 걸으면 남쪽 입구이다. 정상까지 20분쯤 걸린다. 중잣성 생태탐방로를 따라, 또는 남쪽 탐방로 입구에서 우측 둘레길을 30분쯤 걸으면 동쪽 입구가 나오지만, 이쪽은 이용하는 사람이 많지 않다. 동쪽 입구에서 정상까지는 15분 남짓 걸린다. 정상에서 습지 전망대까지 내려가 보자. 오름 둘레길을 한 바퀴 도는 데는 1시간 30분쯤은 잡아야 한다.

❸ 준비물 운동화, 모자, 선크림, 선글라스, 생수

❹ 유의사항 오름 둘레길과 중잣성 생태탐방로를 걸을 땐 등산화 또는 트레킹화가 필요하다. 하산하고 나면 에어건으로 몸에 붙어 있을 수 있는 진드기, 흙먼지를 털어내자.

❺ 기타 물영아리 휴게소와 그 옆 물영아리식당에서 음식을 판매한다.

14 이승악 이승이오름

OREUM **벚꽃길 따라 오름 탐방**

이승이오름에 가려면 명품 목장길을 지나야 한다. 넓게 펼쳐진 초원에서 소가 한가로이 풀을 뜯는 풍경이 더없이 평화로워 보인다. 이 길의 절정은 봄이다. 목장길 따라 벚꽃이 화사하게 피어나는데 그대로 벚꽃 동산이 된다. 화양연화가 따로 없다.

주소 서귀포시 남원읍 신례리 산2-1
순수 오름 높이 114m
해발 높이 539m
등반 시간 정상과 둘레길 1시간
(목장길 입구부터 걸으면 2.4km,
왕복 70~80분 추가)

Travel Tip 이승악 여행 정보

인기도 중 접근성 중 난이도 중 정상 전망 상 등반로 상태 중 편의시설 주차장, 전망대

여행 포인트 오름으로 가는 아름다운 목장길, 한라산 둘레길, 벚꽃 명소

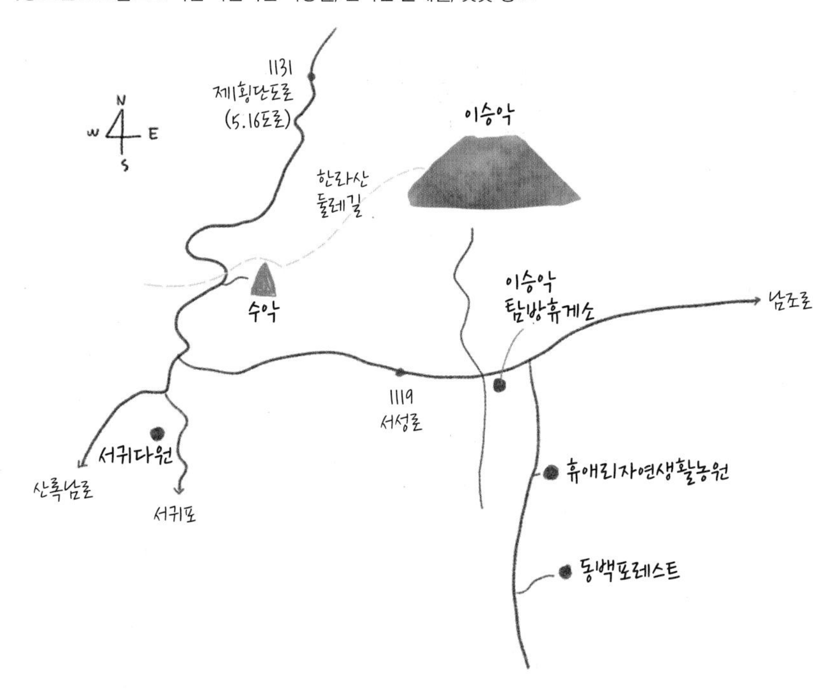

How to go 이승악 찾아가기

승용차 내비게이션에 '이승악 탐방휴게소' 검색. 제주공항에서 53분, 중문관광단지에서 36분, 서귀포시에서 19분 소요. 이승악 탐방휴게소에서 이승이오름 입구까지는 목장길 따라 승용차로 9분, 도보 40분 소요

이승악 탐방휴게소 서귀포시 남원읍 서성로 308 이승악 입구 서귀포시 남원읍 신례리 산 7

콜택시 남원읍 **남원개인24시** 064-764-3535 **남원콜택시** 064-764-9191

버스 ❶ 제주공항 2번 정류장일주동로, 516도로 또는 제주버스터미널에서 181번 승차 → 55분 이동 후 → 하례 환승 정류장 하차 → 하례2리 입구 정류장까지 247m 이동 → 623번 승차 → 8개 정류장, 12분 이동 → 휴애리자연생활공원 정류장 하차 → 이승악탐방휴게소까지 1.3km 도보 이동 → 이승이오름 입구까지 2.4km 트레킹. 2시간 10분 소요

❷ 서귀포버스터미널 또는 매일올레시장 7번 입구 정류장에서 201번 승차 → 하례초등학교 정류장에서 624번 버스로 환승 → 12개 정류장 → 휴애리자연생활공원 정류장 하차 → 이승악탐방휴게소까지 1.3km 이동 → 이승이오름 입구까지 2.4km 트레킹, 총 1시간 50분 또는 1시간 30분 소요

목장길 따라 이승이오름으로

서귀포와 성산포를 잇는 서성로1119번 좌우엔 많은 오름이 있다. 한라산 아래부터 남쪽으로 수악, 이승악, 사려니오름, 한남 넙거리오름, 머체오름이 차례로 군락을 이룬다. 한라산둘레길 중 '수악길'이 이곳을 지난다. 더 정확하게는 사려니오름에서 출발하여 이승악과 수악을 거쳐 서귀포 돈내코까지 이어진다. 한라산둘레길 '수악길'에서 가장 아름다운 오름이 이승악이다. 이승악 외에 이승이오름으로도 불린다. 이승이오름에 가려면 서성로 변에서 오름 입구까지 이어지는 목장길을 지나야 하는데, 서남부 중산간에서 손꼽히는 명품 길이다. 넓은 초원과 한가로이 풀을 뜯는 소들. 이보다 더 평화로운 풍경이 있을까 싶다. 3월 중순 즈음엔 목장길 따라 벚꽃이 화사하게 피어나는데, 너무 아름다워 화양연화가 따로 없다. 이승악탐방휴게소에 차를 세우고 40분 남짓 목장길을 천천히 걸어 들어가면 오름 입구가 나온다. 오름과 둘레길까지 탐방하면 제일 좋겠지만, 시간 여유가 없다면 목장길 트레킹만 해도 충분히 만족스러울 것이다. 한라산, 사라오름, 물찻오름, 붉은오름……. 정상에 오르면 오름 군락이 물결친다.

Trekking Map 이승악 탐방 지도

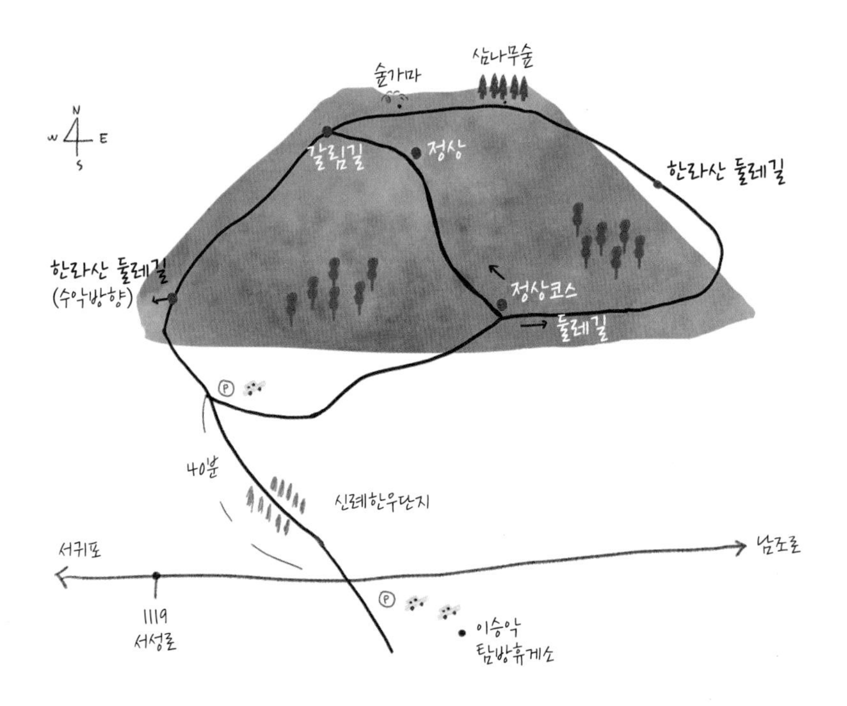

Trekking Tip 이승악 오르기

❶ 오름 입구 목장길 트레킹을 하게 되면 서성로 변 이승악탐방휴게소 주차장이 입구이다. 이곳에서 이승이오름 입구까지 거리는 약 2.4km이다.

❷ 트레킹 코스 이승악탐방휴게소에서 목장길 따라 40분쯤 걸으면 이승이오름 입구가 나온다. 오름 입구 주차장에서 길이 북쪽과 동쪽으로 갈린다. 탐방로는 하나로 연결되어 있으므로, 어느 길로 가든 30분 남짓이면 정상에 오를 수 있다. 오름 둘레길 걷는 데는 30분쯤 걸린다. 오름 둘레길 중간에 한라산둘레길 갈림길이 나온다. 목장길, 정상 코스, 오름 둘레길까지 다 걸으려면 왕복 최소 2시간은 잡아야 한다. 입구 표지판에 탐방로를 잘 안내해 놓았다.

❸ 준비물 등산화, 모자, 선크림, 선글라스, 생수

❹ 유의사항 겨울에는 아이젠이 필요하다.

❺ 기타 3월 중순 이후 벚꽃이 피는 시기와 목장과 숲이 우거지는 5~6월에 풍경이 가장 아름답다.

HOT SPOT

휴애리자연생활공원

서귀포시 남원읍 신례동로 256 064-732-2114 09:00~18:00
₩ 10,000원~13,000원 이승악에서 자동차로 10분

사계절 꽃 정원

휴애리자연생활공원은 사시사철 다양한 꽃이 피어나는 곳이다. 이승이오름에서 가까워 함께 여행하기 좋다. 이승이오름에서 자동차로 10분, 이승이오름 탐방휴게소에선 자동차로 2분 거리에 있다. 동백, 매화, 수국, 핑크뮬리 축제가 계절별로 열린다. 2월~3월엔 봄을 여는 매화 축제가 열린다. 매화정원과 매화 올레길을 산책하며 겨울을 이겨내고 제일 먼저 피는 매화를 구경할 수 있다. 4월부터 7월까지는 공원 전체가 수국 꽃밭으로 변한다. 하양, 보라, 붉은 수국이 매혹적이어서 저절로 카메라를 들게 된다. 8~9월엔 청귤 따기 체험 프로그램을 운영한다. 청귤 따기 체험은 어린이만 참여할 수 있다. 9월부터 11월까지는 분홍빛 핑크뮬리 축제가 열린다. 핑크빛 핑크뮬리를 배경으로 인생 사진을 얻을 수 있다. 11월과 12월엔 공원에서 애기 동백 축제가 열린다. 축제 기간 내내 붉은 동백이 몽환적인 풍경을 연출해준다. 휴애리는 '사진찍기 좋은 곳'이다. 아이들과 다녀도 힘들지 않고, 연인들은 사진을 찍느라 여념이 없다.

HOT SPOT & CAFE

동백포레스트

서귀포시 남원읍 생기악로 53-38

0507-1331-2102

09:00~18:00(11월~2월 말 매일)

입장료 4,000원~6,000원

이승악에서 자동차로 15분

카페에서 바라보는 몽환적인 동백숲

동백포레스트는 경흥농원, 동백수목원 등과 더불어 손꼽히는 동백 핫플이다. 11월부터 2월까지, 동백포레스트엔 붉은 동백이 몽환적으로 피어난다. 주차장에 차를 세우면 하얀 벽에 오렌지빛 기와지붕을 이고 있는 카페 동백포레스트가 눈에 들어온다. 동백숲 방향으로 난 큰 창가에 포토존을 만들어놓았다. 2층으로 오르면 전망대이다. 멋진 동백숲 파노라마를 즐길 수 있다. 카페를 나와 동백 숲을 거닐면 동화 속으로 들어온 기분이 든다. 동백 시즌이 아니어도 카페와 동백숲 풍경이 아름답다. 발길 옮기는 곳마다 포토존이다.

HOT SPOT & CAFE

서귀다원

서귀포시 상효동 516로 717

064-733-0632

09:00~17:00(화요일 휴무)

이승악에서 자동차로 13분

한라산 아래 꼭꼭 숨은 녹차밭

오설록, 도순다원과 함께 제주도에서 유명한 녹차밭이다. 해발 250m, 한라산 아래 청정지역에 푸른 녹차밭이 펼쳐진다. 차밭은 키 큰 삼나무 가로수를 중심으로 양쪽으로 넓게 펼쳐져 있다. 차밭과 낮은 돌담이 어우러져 제주도 특유의 이국적인 풍경을 연출해준다. 녹차밭 중간에 작은 카페가 있다. 1인당 5천 원을 내면 두 종류의 차를 넉넉하게 내어준다. 붉은 차 한입, 푸른 차 한입 번갈아 맛보고, 곁들임으로 나오는 달콤한 귤정과도 별미로 즐겨 보자. 카페에서 바라보는 녹차밭 풍경이 더없이 평화롭고 낭만적이다.

15 수악 물오름, 수악오름, 수악산

OREUM

딱따구리가 산다

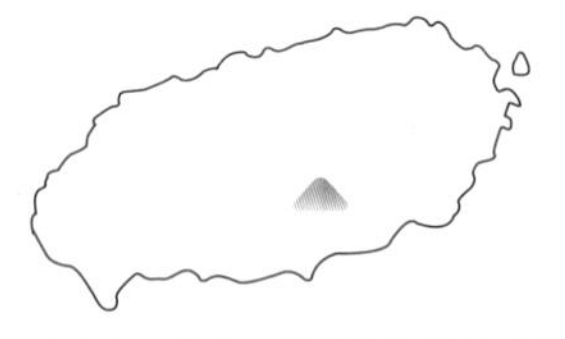

물이 많아 수악이라는데, 물오름엔 습지나 호수가 없다. 그 대신 양탄자를 깔아놓은 듯 푹신한 흙길과 삼나무 숲길이 환영해준다. 그리고 내려오는 길엔 이별이 아쉬운지 물오름의 딱따구리가 당신을 배웅해준다. 딱딱, 따닥, 딱따. 숲이 울리도록 큰 소리로 배웅해준다.

- **주소** 서귀포시 남원읍 하례리 산 10
- **순수 오름 높이** 149m
- **해발 높이** 474m
- **등반 시간** 순환 코스 편도 30분

Travel Tip 수악 여행 정보

인기도 중 접근성 중 난이도 중 정상 전망 상 등반로 상태 중 편의시설 주차장, 전망대 여행 포인트 정상 전망, 발길을 멈추고 조용히 딱따구리 소리 들어보기

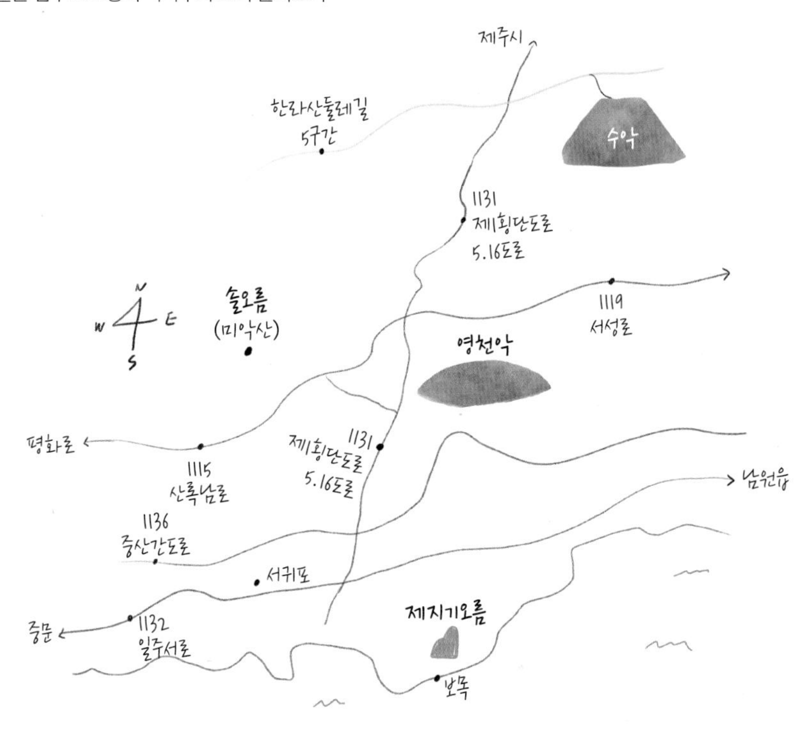

How to go 수악 찾아가기

승용차 내비게이션에 '수악오름' 또는 '한라산둘레길 정류장' 또는 '서귀포시 남원읍 516로 1032'한라산둘레길 갓길 주차장으로 검색. 주소 검색 추천. 제주공항에서 41분, 중문에서 33분, 서귀포에서 20분 소요

* 제주시에서 516도로를 내려오다 한라산둘레길 정류장 근처에서 U턴이나 좌회전하면 매우 위험하므로, 반드시 서귀포시 한라산지 유통센터 앞 신호등까지 내려와서 U턴 받고 다시 위 주소로 올라가야 한다.

콜택시 남원읍 **남원개인24시** 064-764-3535 **남원콜택시** 064-764-9191

버스 ❶ 제주공항 2번 정류장일주동로, 516도로 방면 또는 제주버스터미널에서 181번 승차 → 약 55분 이동 → 하례 환승 정류장 하차 → 하례 환승 정류장까지 114m 이동 → 281번 승차 후 2개 정류장 이동 → 한라산둘레길 정류장 하차 → 수악 입구까지 980m, 15분 도보 이동. 총 1시간 25분 소요

❷ 서귀포버스터미널 또는 서귀포 구 버스터미널에서 281번 승차 → 약 42분 이동 → 한라산둘레길 정류장 하차 → 수악 입구까지 980m, 15분 도보 이동. 총 57분 소요

양탄자를 깐 듯 푹신한 숲길

제주시에서 516도로1131 도로를 따라 서귀포로 오다 보면 최고 급경사에 급커브길을 만나게 된다. 한라산을 넘은 도로가 수악에 막혀 우회하며 'S'자 모양으로 내려간다. 수악은 도로를 우회시킬 만큼의 힘이 있다. 물이 많아 물오름 또는 수악이라 하는데, 정작 정상엔 습지나 호수가 없다. 수악에 가려면 남원읍 하례리의 516도로에 있는 '한라산둘레길 정류장'을 찾아야 한다. 정류장 부근 갓길 주차장에 차를 세우고 이정표를 따라 숲길로 들어서면 된다. 숲길로 들어서면 흙길과 키 큰 삼나무 덕에 마음이 편안해진다. 길이 양탄자를 깔아놓은 듯 푹신하다. 오름 서북쪽에서 시작해 동북쪽으로 천천히 10분쯤 걸으면 수악 입구로 가는 길과 한라산둘레길 갈림길이 나온다. 여기에서 5분쯤 내려가듯 걸으면 오름 입구이다. 경사가 평탄해 7~8분이면 정상에 닿는다. 입구도 갈림길이다. 하나는 정상으로 가는 길이고 다른 하나는 동쪽 입구에 다다르는 오름 순환길이다. 순환길은 동쪽 입구에서도 정상으로 이어진다. 산불감시초소 겸 전망대에 오르면 남부의 오름이 그렇듯 한라산, 표선, 남원, 서귀포, 중문의 풍경을 다 보여준다. 오름을 내려오는 길엔 딱따구리가 배웅하듯 울기 시작한다. 딱, 따닥, 딱따.

Trekking Map 수악 탐방 지도

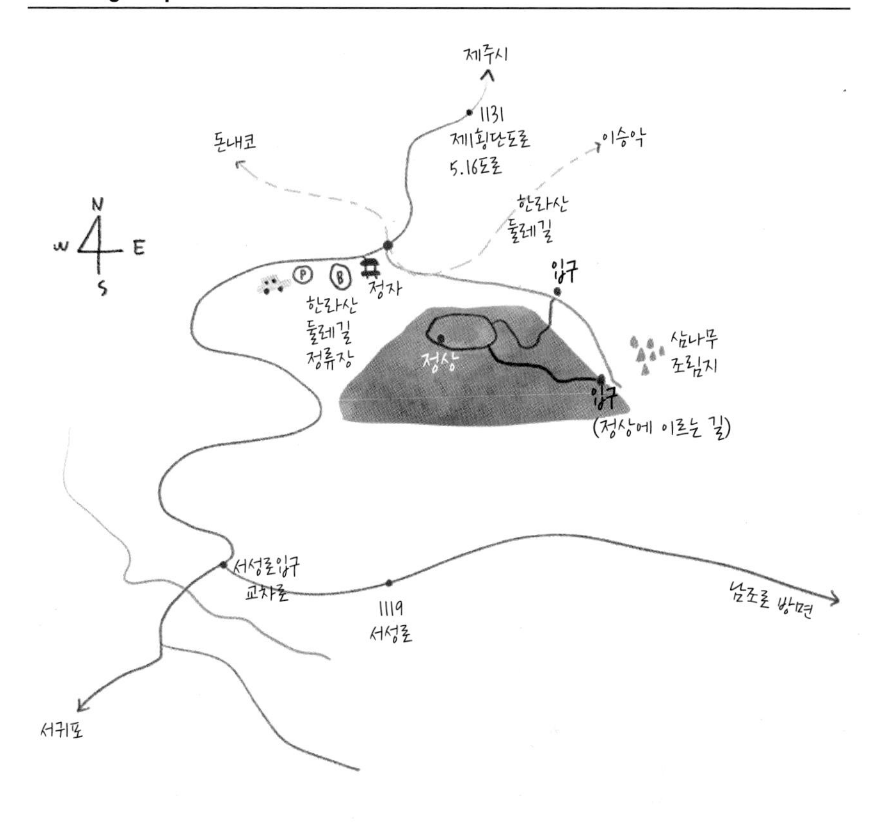

Trekking Tip 수악 오르기

❶ 오름 입구 '한라산둘레길 정류장' 옆 갓길 주차장에 주차하고 15분 걸으면 오름 입구가 나온다.

❷ 트레킹 코스 입구가 두 개이다. 북동쪽과 동쪽에 있다. 북동쪽 입구에서 정상 탐방로와 동쪽 입구 쪽으로 연결되는 탐방로로 갈라진다. 하지만 순환 코스라서 두 개의 입구는 모두 정상과 연결된다. 북동쪽 입구로 올랐다가 순환 코스 따라 동쪽 입구로 내려오길 추천한다. 순환 코스는 경사가 급하다. 주차장에서 순환 코스를 돌아 나오면 1시간 정도 걸린다.

❸ 준비물 운동화, 모자, 선크림, 선글라스, 생수

❹ 유의사항 간혹 오름 입구까지 들어오는 차가 있는데 비포장도로인 데다가 빗물에 패인 데가 많아 위험하다.

❺ 기타 수악엔 딱따구리가 산다. 하산길, 숲이 울창한 곳에서 조용히 귀 기울여보자. 딱, 따닥, 딱따. 딱따구리가 산을 울리며 당신을 배웅해줄 것이다.

TIP 주변 명소, 카페 정보는 332쪽 이승악을 참고하세요.

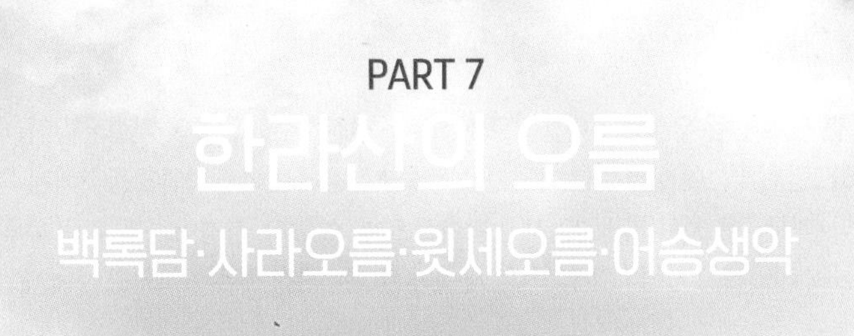

PART 7
한라산의 오름
백록담·사라오름·윗세오름·어승생악

01 한라산 백록담

OREUM

걸어서 하늘 끝까지

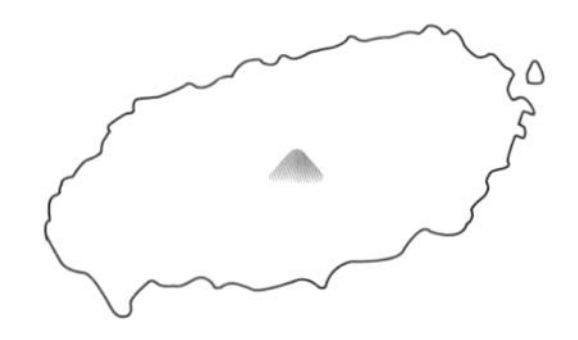

약 2만5천 년 전, 화산은 우리에게 아름답고 신비로운 산정호수를 만들어주었다. 깊이 108m, 둘레 1,720m. 1875년 한라산에 오른 면암 최익현은 백록담 절경에 반해 맹자와 소동파에게 꼭 보여주고 싶다고 했다. 백록담은 성판악과 관음사 탐방로로 오를 수 있다. 환경 보호를 위해 하루 1,000명, 500명에 한해 예약제를 시행하고 있다. 흰 사슴이 산다는 산정 연못 백록담으로 가자.

주소 서귀포시 토평동 산 15-1 **전화** 064-725-9950(성판악 탐방로), 064-756-9950(관음사 탐방로)
순수 오름 높이 1,842m **해발높이** 1,950m **백록담 둘레** 1,720m **백록담 깊이** 108m
등반 시간 성판악 탐방안내소에서 편도 4시간 30분(9.6km), 관음사지구 야영장에서 5시간(8.7km)
탐방 통제 시간 성판악과 관음사 탐방로 10월~3월 11:30부터, 4월~9월 12:30부터
탐방 예약 http://visithalla.jeju.go.kr

©제주도청

오름의 여왕, 오름의 어머니

뫼가 높아 은하수를 잡을 수 있는 산과 흰 사슴이 사는 연못. 한라산은 이름부터 시적이고, 백록담은 이름부터 신비롭다. 면암 최익현은 1873년 경복궁을 중건하느라 재정을 파탄시킨 흥선대원군을 비판한 죄로 제주도로 유배당했다. 유배에서 풀려난 1875년 봄, 그는 한라산에 올랐다. 최익현은 백록담의 절경에 반해 "태산에 오르면 천하가 작게 보인다."라고 말한 맹자를 떠올리고, 적벽을 일러 "신선이 되어 하늘에 오른다."라고 표현한 소동파의 시를 떠올린다. 그들이 한라산과 백록담을 보았다면 이 산과 산정호수를 두고도 틀림없이 같은 표현을 했을 거라고 확신했다. 그는 특히 소동파에게 한라산과 백록담을 꼭 보여주고 싶다고 했다. 깊이 108m, 둘레 1,720m, 남북 길이 400m, 동서 길이 600m. 약 2만5천 년 전, 화산은 우리에게 아름답고 신비로운 산정호수를 만들어주었다. 한라산에 탐방로는 많지만, 백록담까지 오를 수 있는 길은 딱 두 곳이다. 성판악과 관음사 탐방로이다. 편도 거리는 10km에 가깝고, 5시간 남짓 걸어야 백록담에 닿을 수 있다.

Trekking Map 백록담 탐방 지도

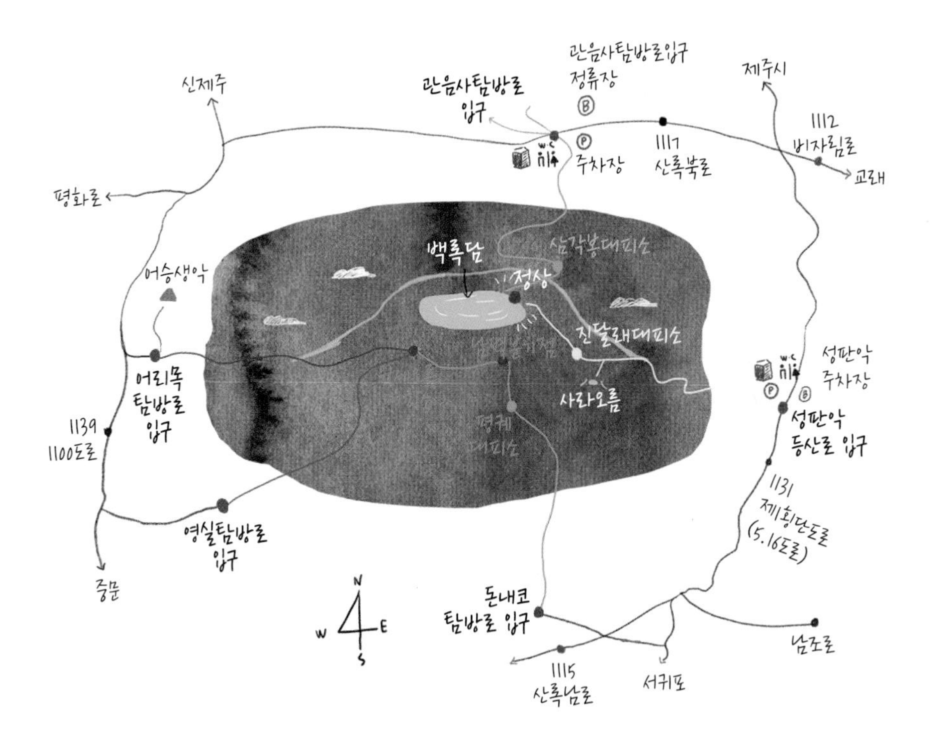

Trekking Tip 백록담 탐방 시 유의 사항 9가지

❶ 식수 준비 한라산에서 식수를 조달하기 쉽지 않으므로 미리 식수를 챙기자.

❷ 비상식량 등반 시간이 길다. 사탕, 초콜릿, 김밥, 소금 등을 미리 준비하자.

❸ 여벌 옷 준비 한라산은 기상 변화가 심하다. 우비, 바람막이 옷, 여벌 옷을 갖추자.

❹ 등산화 착용 산이 험하므로 일반 운동화는 피하는 게 좋다. 꼭 등산화를 갖추자.

❺ 겨울철 장비 겨울철엔 아이젠, 장갑, 방한복, 따뜻한 물 등을 꼭 준비하자.

❻ 입산 시간 확인 일몰 전에 하산할 수 있도록 계절별로 입산 시간을 정해 통제하고 있다.

❼ 배낭 무게 줄이기 몸이 힘들면 작은 짐도 부담이 된다. 배낭 무게를 줄이자.

❽ 위치 번호 확인 위급 시엔 탐방로 주변에 설치한 위치표시판 번호를 확인하자.

❾ 탐방 예약제 실시 환경 보호를 위해 성판악은 하루 1,000명, 관음사 코스는 하루 500명만 오를 수 있다. 한라산 탐방예약시스템http://visithalla.jeju.go.kr에서 예약할 수 있다.

*한라산국립공원 사무소 064-713-9950~1

코스1

성판악 탐방로따라 백록담으로

주소 제주시 조천읍 516로 1865
064-725-9950
거리 편도 9.6km
등반 시간 편도 4시간 30분
등반 금지 시간 4~10월 11:30부터, 4~9월 12:30부터

사라오름 지나 백록담으로

성판악은 한라산 동쪽 코스이다. 거리는 9.6Km로 한라산 탐방로 중에서 가장 길다. 해발 750m에 있는 성판악 탐방안내소에서 출발한다. 계절에 따라 12~13시까지 탐방안내소에 도착해야 등반이 허락된다. 하산하는 시간을 고려해야 하기 때문이다. 탐방로는 속밭 대피소, 사라오름 입구, 진달래밭 대피소를 거쳐 정상까지는 이어진다. 숲길이 많아 삼림욕을 즐기기에 최적 코스이다. 탐방로에서 내려다보는 오름 군락은 신비롭고 환상적이다. 해발 1,300m 지점에 백록담 같은 산정호수를 품은 사라오름이 있다. 비가 많이 내린 다음 날 가면 멋진 산정호수를 감상할 수 있다. 한라산은 크리스마스 나무로 알려진 구상나무 자생지이다. 자주 보이던 구상나무가 보이지 않을 즈음, 거대하고 가파른 벽이 앞을 가로막는다. 숨차게 급경사를 오르면, 흰 사슴이 산다는 백록담이 와락 다가온다. 내려올 때는 관음사 코스를 이용해도 된다.

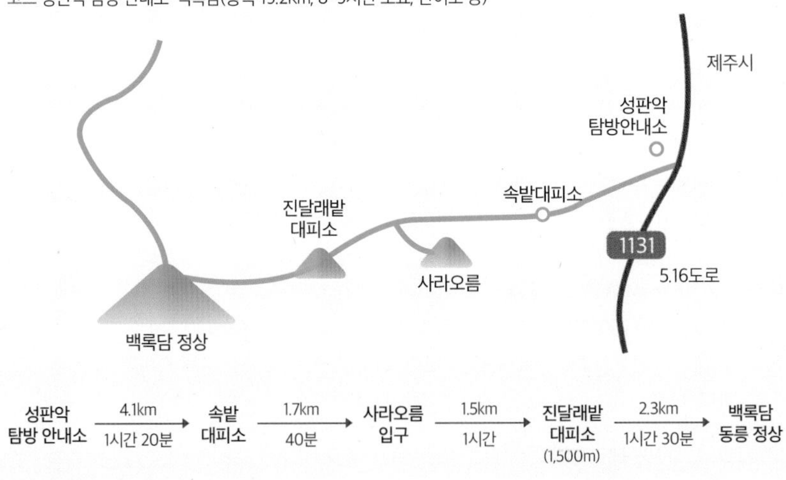

How to go

성판악 탐방로 찾아가기

승용차 내비게이션에 성판악 또는 성판악 휴게소로 검색. 제주공항에서 자동차로 32분, 중문관광단지에서 45분, 서귀포에서 30분 소요

콜택시

제주시 **제주개인브랜드콜택시** 064-727-1111 **제주사랑호출택시** 064-726-1000 **5.16콜택시** 064-751-6516, 064-762-6516

서귀포시 **서귀포브랜드콜택시** 064-762-4244 **OK콜택시** 064-732-0082 **서귀포콜택시** 064-762-0100 **중문콜택시** 064-738-1700

중문관광단지 **중문호출개인택시** 064-738-1700 **중문천제연** 064-738-5880

버스

❶ 제주공항 2번 정류장일주동로, 516도로 방향에서 181번 승차 → 10개 정류장 이동→ 한라산 성판악 매표소 정류장에서 하차. 45분 소요

❷ 제주버스터미널에서 281번 탑승 → 29개 정류장 이동 → 한라산 성판악 매표소 정류장에서 하차. 38분 소요.

❸ 서귀포버스터미널과 서귀포 (구)버스터미널에서 182번 탑승 → 성판악 정류장 하차. 45분 소요

코스2

관음사 탐방로따라 백록담으로

- 제주시 산록북로 588
- 064-756-9950
- 거리 편도 8.76km
- 등반 시간 편도 5시간
  등반 금지 시간 10~3월 11:30부터, 4~9월 12:30부터

관음사 탐방로, 산세가 웅장하다

관음사 탐방로는 한라산 북쪽 코스다. 제주시에서 출발할 때 이용하기 좋다. 성판악과 마찬가지로 탐방로 입구에 계절에 따라 12~13시까지 도착해야 오를 수 있다. 탐방로 길이는 8.7㎞이다. 성판악 탐방로 다음으로 길지만, 등반 시간은 편도 5시간 안팎으로 오히려 더 많이 걸린다. 그만큼 탐방로가 험한 까닭이다. 실제로 성판악 코스보다 계곡이 깊고 산세가 웅장하다. 해발 고도 차이도 커 한라산의 진면목을 제대로 볼 수 있다. 관음사 코스는 전문 산악인이나 등산을 자주 하는 사람이 많이 이용한다. 구린굴, 탐라계곡, 숲이 울창한 개미등, 삼각봉 대피소, 왕관릉을 지나 숨이 턱까지 차오를 즈음 정상에 닿는다. 구름이 걷히면 그제야 백록담이 신비로운 자태를 온전히 보여준다. 감격스러워 감탄사가 절로 나온다. 정신을 차리고 주위를 둘러보면, 이제 더 오를 곳이 없다. 당신이 서 있는 그곳이 하늘에서 제일 가까운 곳이다.

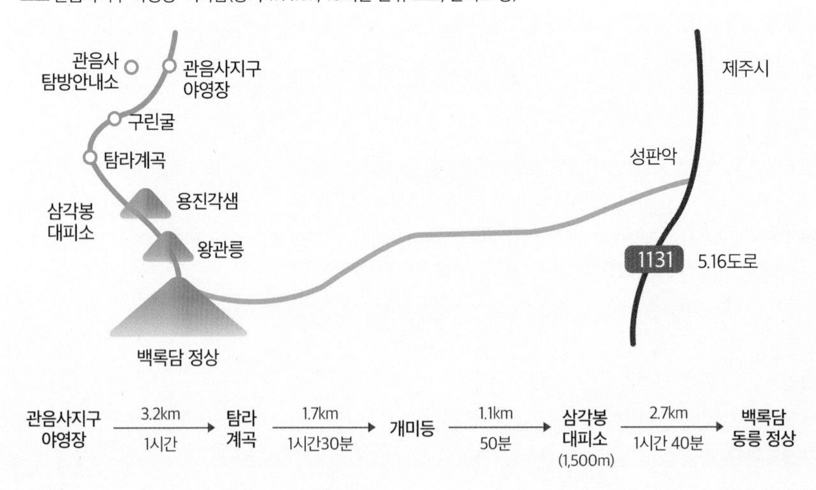

How to go

관음사 탐방로 찾아가기

승용차 내비게이션에 관음사지구야영장 검색. 제주공항에서 자동차로 28분, 중문관광단지에서 47분, 서귀포에서 49분 소요 관음사지구야영장 제주시 산록북로 588 064-756-9950

콜택시

제주시 **제주개인브랜드콜택시** 064-727-1111 **제주사랑호출택시** 064-726-1000 **5.16콜택시** 064-751-6516, 064-762-6516

서귀포시 **서귀포브랜드콜택시** 064-762-4244 **OK콜택시** 064-732-0082 **서귀포콜택시** 064-762-0100 **중문콜택시** 064-738-1700

중문관광단지 **중문호출개인택시** 064-738-1700 **중문천제연** 064-738-5880

버스

❶ 제주공항 2번 정류장일주동로, 5.16도로 방면에서 181번 탑승 → 약 8개 정류장 이동 후 산천단 한국폴리텍대학 (서) 정류장에서 하차 → 475번 버스로 환승 → 관음사 탐방로 입구 정류장에서 하차. 총 1시간 31분 소요

❷ 서귀포버스터미널에서 181번 탑승 → 34개 정류장, 56분 이동 → 산천단 폴리텍대학 정류장 하차 후 산천단 정류장까지 100m, 2분 이동 → 475번 버스로 환승 → 관음사 탐방로 입구 정류장에서 하차. 총 1시간 15분 소요

02 사라오름

OREUM

하늘호수를 보러 가는 길

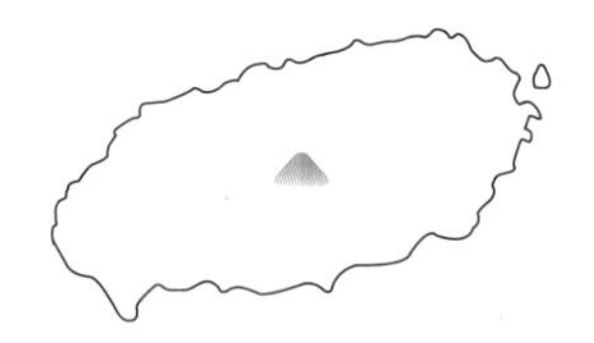

사라오름은 해발 1325m에 아름다운 호수를 품고 있다. 호수 둘레가 250m로 웬만한 축구장 크기이다. 산정호수를 보고 있으면 마치 하늘에 호수가 떠 있는 것 같다. 그래서 사람들은 사라오름의 호수를 '작은 백록담'이라 부른다.

주소 서귀포시 남원읍 신례리 산2-1 **순수 오름 높이** 150m **해발높이** 1,325m **산정호수 둘레** 250m
등반 시간 성판악 탐방안내소에서 편도 2시간~2시간 30분 **등반 금지 시간** 10~3월 11:30부터,
4~9월 12:30부터 입산 금지(성판악 탐방로 입구 기준)

Travel Tip 사라오름 여행 정보

인기도 중 접근성 하 난이도 상 정상 전망 상 등반로 상태 상 편의시설 전망대 여행 포인트 산정호수, 호반 산책로
기타 사전예약 필수, 겨울에는 중무장 필요

How to go 사라오름 찾아가기

승용차 내비게이션에 성판악 또는 성판악 휴게소로 검색. 제주공항에서 자동차로 32분, 중문관광단지에서 45분, 서귀포에서 30분 소요. 성판악 탐방안내소에서 사라오름까지 도보 2시간 소요
성판악 탐방안내소 제주시 조천읍 516로 1865 064-725-9950

콜택시

제주시 **제주사랑호출콜택시** 064-726-1000 **516콜택시** 064-751-6516 **제주개인브랜드콜택시** 064-727-1111
서귀포시 **OK콜택시** 064-732-0082 **서귀포콜택시** 064-762-0100 **중문콜택시** 064-738-1700
중문관광단지 **중문호출개인택시** 064-738-1700 **중문천제연** 064-738-5880

버스

❶ 제주공항 2번 정류장일주동로, 516도로 방향에서 181번 승차 → 10개 정류장 이동→ 한라산 성판악 매표소에서 하차. 45분 소요
❷ 제주버스터미널에서 281번 탑승 → 29개 정류장 이동 → 한라산 성판악 매표소에서 하차. 38분 소요.
❸ 서귀포버스터미널과 서귀포(구)버스터미널에서 182번 탑승 → 성판악 정류장 하차. 45분 소요

백록담 아래 산정호수

금오름, 물찻오름, 물영아리오름. 제주엔 한라산 말고도 호수를 품은 오름이 있다. 사라오름도 아름다운 호수를 품고 있다. 사라오름은 백록담 아래에 자리 잡고 있어 더 특별하다. 한라산의 품에 안긴 오름 중에 가장 높은 곳 해발 1,325m에 산정호수가 있고, 그 둘레가 250m로 웬만한 축구장 크기이다. 산정호수를 보고 있으면 마치 하늘에 호수가 떠 있는 것 같다. 그래서 사람들은 사라오름의 호수를 '작은 백록담'이라 부른다. 아쉬운 것은 그 수심이 깊지 않아 비가 오지 않을 때는 물이 말라서 사시사철 호수를 볼 수 없다는 점이다. 이런 까닭에 사라오름은 비가 올 때마다 숨은 보석이 된다. 조선시대에 제작된 〈탐라순력도〉, 〈조선지형도〉, 〈제주3읍도총지도〉엔 사라악이라 표기되어 있다. 사람들은 사라오름을 제주도의 6대 명혈 중 제1명당으로 친다. 사라오름의 산정호수는 언제나 고요하고 신성하다. '사라'는 고어의 '신성하다' 또는 '크고 높고 넓은 땅, 살기 좋은 땅'에서 유래한다. 사라오름은 성판악 매표소에서 5.8km 떨어져 있다. 어른 걸음으로 편도 2시간 거리다. 사라오름을 오르고서 백록담에 오르지 않는 이 없다. 명혈의 기운을 받아 한라산 정상까지 올라보자.

Trekking Map 사라오름 탐방 지도

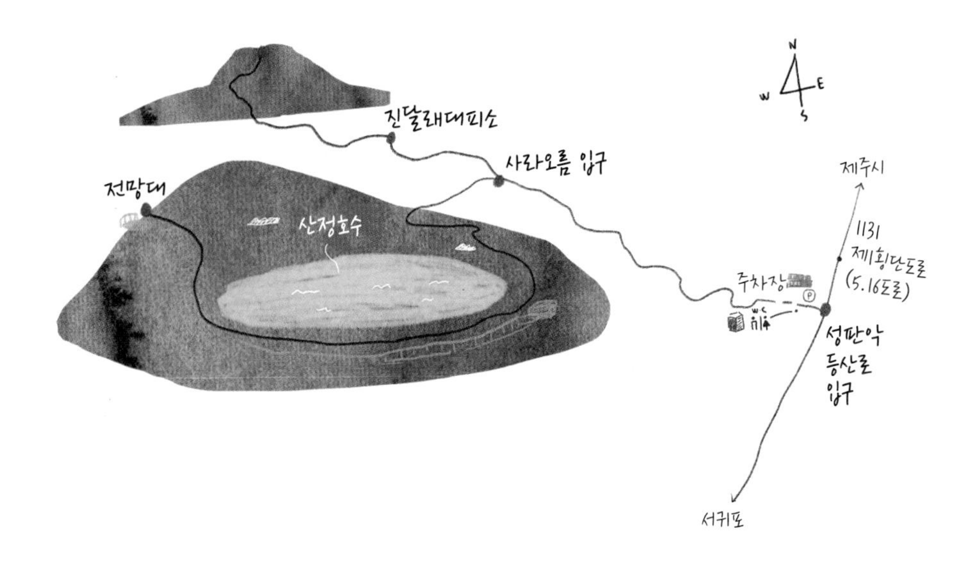

Trekking Tip 사라오름 오르기

❶ 오름 입구 사라오름은 성판악 탐방안내소에서 출발한다.

❷ 트레킹 코스 1시간 30분 남짓 오르면 속밭대피소가 나온다. 이곳에서 주로 간식을 먹는다. 라면과 뜨거운 물을 챙겨가자. 속밭대피소에서 다시 40~50분 정도 걸으면 사라오름 입구가 나온다. 사라오름 입구에서 사라오름 산정호수까지 15분, 전망대까지 20분 정도 걸린다.

❸ 준비물 등산화, 등산복, 등산 스틱, 모자, 선크림, 선글라스, 생수, 뜨거운 물, 컵라면, 나무젓가락. 겨울에는 아이젠, 방한복, 장갑 필수

❹ 유의사항 지상과 기온 차이가 크다. 여름에도 긴 팔 여벌 옷을 준비하자. 계절별 입산 금지 시간 이전에 성판악 탐방로 입구에 도착해야 한다. 한라산 탐방로 중 성판악과 관음사 코스는 예약제이다. 성판악은 하루 1,000명, 관음사 코스는 하루 500명만 오를 수 있다. 한라산 탐방예약시스템http://visithalla.jeju.go.kr에서 '성판악 탐방로'를 선택하고 날짜와 인원을 지정한 후 예약한다. 예약하지 않으면 사라오름은 물론 한라산에 오를 수 없다.

03 윗세오름

OREUM 위에 있는 오름 세 개

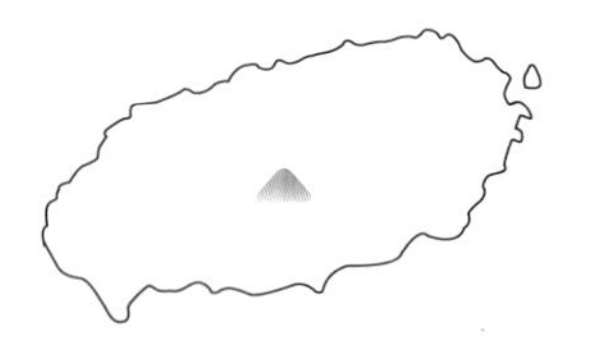

윗세오름은 가장 높은 곳에 있는 오름 가운데 하나이다. 해발높이 1,740m에 있는데, '위쪽에 있는 세 개 오름'이라는 뜻이다. 한라산의 붉은오름, 족은오름, 누운오름을 통칭하여 이렇게 부른다. 백록담을 제외한 한라산 최고 절경과 신비로운 오름 군락, 멀리 바다까지 탁 트인 전망을 모두 체험할 수 있다.

주소 서귀포시 서호동 산 183-1 **순수 오름 높이** 75m **해발높이** 1,740m **등반 시간** 편도 2시간~2시간 30분 **등반 금지 시간** 10~3월 13:00부터, 4~9월 14:00부터 입산 금지

Travel Tip 윗세오름 여행 정보

인기도 상 접근성 중 난이도 상 정상 전망 상 등반로 상태 상 편의시설 주차장, 화장실, 매점
여행 포인트 한라산 등산, 영실 계곡, 오백나한, 장엄한 한라산 남벽 감상하기 기타 겨울에는 중무장 필요

How to go 윗세오름 찾아가기

승용차 ❶ 내비게이션에 '어리목 주차장'으로 검색. 제주공항에서 34분, 중문관광단지에서 58분 소요
어리목주차장 ◎ 제주시 1100로 2070-61
❷ 내비게이션에 '영실 휴게소'로 검색. 제주공항에서 54분, 중문관광단지에서 32분 소요
영실휴게소 ◎ 서귀포시 영실로 226

콜택시

제주시 **제주개인브랜드콜택시** 064-727-1111 **제주사랑호출택시** 064-726-1000 **5.16콜택시** 064-751-6516, 064-762-6516
서귀포시 **서귀포브랜드콜택시** 064-762-4244 **OK콜택시** 064-732-0082 **서귀포콜택시** 064-762-0100 **중문콜택시** 064-738-1700

버스

어리목탐방로
❶ 제주국제공항 4번 정류장대정, 화순, 일주서로 방향에서 151, 152번 승차 후 한라병원 (서)정류장에서 240번, 1100번 버스 환승 → 어리목 입구 정류장 하차 → 어리목 주차장까지 1km, 15분 도보 이동 → 어리목 탐방로 입구. 총 1시간 소요
❷ 서귀포 아랑조을거리 입구 정류장에서 202, 282번, 또는 서귀포버스터미널에서 202, 282, 510, 531, 532번 탑승 → 중문초등학교 정류장 하차 후 157m 이동하여 1100도로 입구 정류장에서 240번으로 환승 → 어리목 입구 정류장 하차 → 어리목 주차장까지 1km, 15분 도보 이동 → 어리목 탐방로 입구. 총 1시간 18분 소요

영실탐방로
❶ 제주국제공항 4번 정류장대정, 화순, 일주서로 방향에서 151, 152번 승차 → 한라병원 (서)정류장에서 240번, 1100번 버스 환승 → 영실 매표소 정류장 하차 → 영실 휴게소까지 2.4km, 40분 도보 이동 → 어리목 탐방로 입구. 총 1시간 37분 소요
❷ 서귀포 아랑조을거리 입구 정류장에서 202, 282번, 서귀포시버스터미널에서 202, 282, 510, 531, 532번 탑승 → 중문초등학교 정류장 하차 후 157m 이동하여 1100도로 입구 정류장에서 240번으로 환승 → 영실 매표소 정류장 하차 → 영실 휴게소까지 2.4km, 40분 도보 이동 → 어리목 탐방로 입구. 총 1시간 21분 소요

등산은 어리목으로, 하산은 영실 코스로

윗세오름은 '위쪽에 있는 세 개 오름'이라는 뜻이다. 한라산의 윗세붉은오름, 윗세족은오름, 윗세누운오름을 통칭하여 부르는 말이다. 해발높이 1,740m에 있는데, 가장 높은 곳에 있는 오름 가운데 하나이다. 세 오름 중에서 윗세족은오름만 오를 수 있다. 윗세오름은 어리목 탐방로, 영실 탐방로, 돈내코 탐방로에서 갈 수 있다. 다만, 돈내코 탐방로는 거리가 멀어 많이 이용하지 않는다. 어리목 코스는 완만한 등반로가 장점이며, 사제비동산의 아름다운 숲길과 한라산 정상의 절경을 올려볼 수 있어서 매력적이다. 어리목 탐방로의 최고 구간은 윗세오름 대피소에서 한라산 남벽 분기점에 이르는 구간이다. 고산 평원과 장엄한 한라산 남벽이 압도적이다. 시간 여유가 있다면 윗세오름뿐 아니라 이 구간도 걸어보자. 영실코스로 가면 그 유명한 오백나한, 오백장군의 전설이 깃든 수려한 영실기암을 볼 수 있다. 대중교통을 이용한다면 등산은 어리목으로, 하산은 영실코스로 해보길 권한다. 이렇게 하면 한라산의 매력을 더 다채롭게 경험할 수 있다. 백록담을 제외한 한라산 최고 절경과 신비로운 오름 군락, 멀리 바다까지 탁 트인 전망을 모두 체험할 수 있다.

Trekking Map 윗세오름 탐방 지도

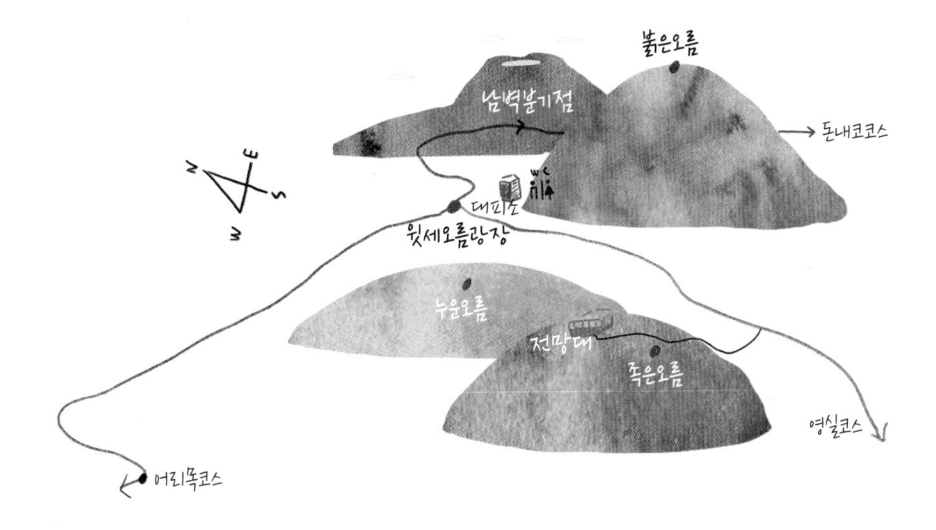

Trekking Tip 윗세오름 오르기

❶ 오름 입구 세 탐방로가 만나는 윗세오름 광장이 입구이다.

❷ 트레킹 코스 어리목 주차장에서 출발하는 어리목 코스는 편도 2시간, 영실 휴게소에서 출발하는 영실코스는 편도 1시간 30분 남짓 걸린다. 돈내코 코스는 4시간 30분 걸린다. 윗세오름 광장에서 윗세족은오름 정상까지는 20분 남짓 걸린다. 정상에 전망대가 있다.

❸ 준비물 등산화, 등산복, 등산 스틱, 모자, 선크림, 선글라스, 생수, 간식, 뜨거운 물, 컵라면, 나무젓가락, 쓰레기 넣을 비닐봉지. 겨울에는 아이젠, 방한복, 장갑 필수

❹ 유의사항 지상과 기온 차이가 크다. 여름에도 긴 팔 여벌 옷을 준비하자. 이제 윗세오름 대피소에서 컵라면을 판매하지 않는다. 먹고 싶으면 컵라면과 뜨거운 물을 미리 직접 준비해야 한다.

❺기타 계절별 입산 금지 시간이 정해져 있다. 11~2월엔 12:00, 3~4월·9~10월엔 14:00, 5~8월 15:00 이전까지 어리목과 영실 탐방로 입구에 도착해야 한다.

04 어승생악

OREUM 고요한 산정호수를 품은

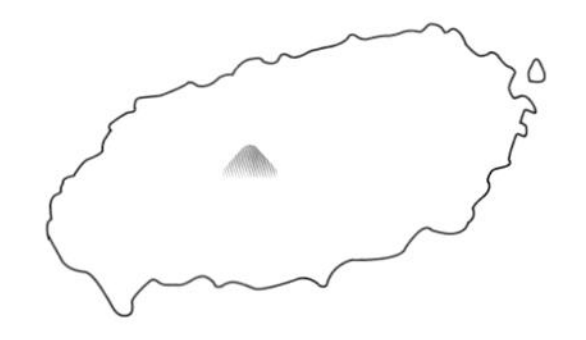

한라산은 수많은 오름을 거느리고 있다. 어승생악은 크기와 위용에서 다른 오름을 압도한다. 한라산 어리목 탐방안내소에서 30분 남짓 숲길을 쉬엄쉬엄 걸으면 정상에서 닿는다. 오름 군락, 제주 시가지, 비양도, 우도, 성산일출봉, 그리고 바다 너머 추자도까지 파노라마처럼 펼쳐지는 전망을 보고 있으면 가슴이 벅차오른다.

- **주소** 제주시 해안동 산 218
- **순수 오름 높이** 350m
- **해발** 1,169m
- **등반 시간** 30~35분
- **탐방 안내** 064-713-9952
  등반 금지 시간 17:00

Travel Tip 어승생악 여행 정보

인기도 상 접근성 중 난이도 중 정상 전망 상 등반로 상태 상 편의시설 주차장, 화장실, 매점 여행 포인트 한라산, 정상 전망 감상하기, 일본군 해군사령부 동굴 진지 탐방

How to go 어승생악 찾아가기

탐방로 시작점 제주시 1100로 2070-61

승용차 내비게이션에 '어리목 주차장' 또는 '한라산 어리목 탐방안내소'로 검색. 제주공항에서 34분, 중문관광단지에서 58분 소요

콜택시

제주시 **제주사랑호출콜택시** 064-726-1000 **516콜택시** 064-751-6516 **제주개인브랜드콜택시** 064-727-1111
서귀포시 **OK콜택시** 064-732-0082 **서귀포콜택시** 064-762-0100 **중문콜택시** 064-738-1700
중문관광단지 **중문호출개인택시** 064-738-1700 **중문천제연** 064-738-5880

버스

❶ 제주공항 4번 정류장대정, 화순, 일주서로 방면에서 151, 152번 승차 → 2개 정류장 이동 → 한라병원 (서)정류장에서 240번, 1100번 버스 환승 → 16개 정류장 이동 → 어리목 입구 정류장 하차 → 어리목 주차장까지 1km 도보 이동. 총 1시간 소요
❷ 제주버스터미널에서 240번 승차 → 21개 정류장 이동 → 어리목 입구 주차장 하차 → 어리목 주차장까지 1km 도보 이동. 총 1시간 소요
❸ 서귀포버스터미널에서 202, 282, 510, 531, 532, 633, 5005, 5006번 탑승 → 중문초등학교 정류장 하차 → 1100도로 입구 정류장까지 157m 도보 이동 → 1100도로 입구 정류장에서 240번으로 환승 → 15개 정류장 이동하여 어리목 입구 정류장 하차 → 어리목 주차장까지 1km 도보 이동. 총 1시간 18분 소요

한라산을 호위한다

한라산은 수많은 오름을 거느리고 있다. 그중에서도 크기와 위용에서 다른 오름을 압도하는 오름이 몇 있다. 동쪽의 사라오름과 물찻오름, 서북쪽의 어승생악어승생이이 그렇다. 서귀포에서 1139번 도로를 타고 1100고지를 지나 제주시 방면으로 내려오다 보면 어승생의 위용에 놀라 브레이크를 여러 번 밟게 된다. 임금이 타던 말이 이 오름에서 태어났다고 하여 붙여진 이름이 '어승생'이다. 어승생은 어리목 탐방안내소에서 출발한다. 해발 970m 지점에서 시작하여 해발 1,169m 정상까지 편도 30분 남짓 이어진다. 숲길을 쉬엄쉬엄 걸어 정상에서 서면 웅장한 한라산이 손에 닿을 것 같다. 날이 맑은 날에는 한라산이 거느린 오름 군락과 제주 시가지, 비양도, 우도, 성산일출봉, 그리고 바다 너머 추자도까지 시야에 담을 수 있다. 파노라마처럼 펼쳐지는 전망을 보고 있으면 가슴이 벅차오른다. 분화구에 작은 연못이 있다. 한라산의 동물 친구들에게 더없이 소중한 생명수이다. 어승생악 정상에는 태평양 전쟁 말기에 만든 일본군 해군사령부 동굴 진지가 있다. 수세에 몰린 일본이 제주도를 저항기지로 삼으려 한 사실을 알려주는 지휘부 요새 시설이다. 다크투어리즘의 주요 코스이다.

Trekking Map 어승생악 탐방 지도

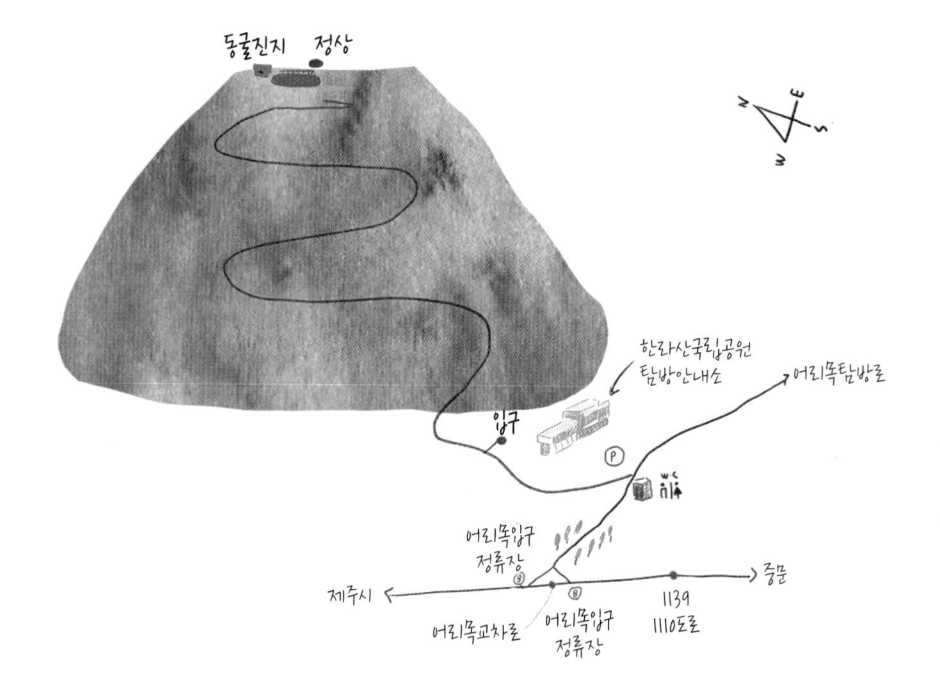

Trekking Tip 어승생악 오르기

❶ 오름 입구 어리목 주차장에서 어승생악 탐방로로 입산한다. 버스를 이용하면 정류장에서 어리목 주차장까지 약 1km를 걸어들어와야 한다. 이 숲길 역시 나쁘지 않다.

❷ 트레킹 코스 탐방로는 1개이며, 산 정상까지 거리는 1.3km이다. 30분~35분이면 오를 수 있다.

❸ 준비물 간편복, 운동화, 모자, 선글라스, 생수, 여벌 옷. 겨울철에는 아이젠, 등산 스틱, 장갑 필수

❹ 유의사항 굼부리 연못까지는 들어갈 수 없다. 평지보다 기온이 4~5도 정도 낮다. 여벌 옷을 꼭 준비하자.

Index

찾아보기